渡槽质量检测与安全评估

王 祥 梁经纬 喻 成 姜 楚 著

黄河水利出版社
·郑州·

内 容 提 要

渡槽作为跨越河流、道路、山冲、谷口等地的架空输水建筑物,安全问题至关重要。本书主要介绍了渡槽质量检测和安全评估两个方面,分析了渡槽的主要病害及其产生原因,并有针对性地提出了渡槽安全检测的主要任务和要求,基于渡槽的主要荷载,总结出了渡槽可靠性复核的相关技术要求,考虑到渡槽老化病害的特点,提出了层次分析法和模糊综合评判法。

图书在版编目(CIP)数据

渡槽质量检测与安全评估/王祥等著. —郑州：
黄河水利出版社,2022.8
ISBN 978-7-5509-3367-5

Ⅰ.①渡… Ⅱ.①王… Ⅲ.①渡槽-质量检验②渡槽
-安全评价 Ⅳ.①TV672

中国版本图书馆 CIP 数据核字(2022)第 158988 号

出 版 社:黄河水利出版社   网址:www.yrcp.com
  地址:河南省郑州市顺河路黄委会综合楼 14 层 邮政编码:450003
发行单位:黄河水利出版社
  发行部电话:0371-66026940、66020550、66028024、66022620(传真)
  E-mail:hhslcbs@ 126. com
承印单位:河南瑞之光印刷股份有限公司
开本:787 mm×1 092 mm 1/16
印张:14
字数:325 千字
版次:2022 年 8 月第 1 版   印次:2022 年 8 月第 1 次印刷

定价:80.00 元

前　言

渡槽,也称高架水渠,是跨越河流、道路、山冲、谷口等地的架空输水建筑物,除用于输送渠水外,还可排洪、排沙、通航和导流。新中国成立以来,渡槽在农业灌溉方面发挥了巨大作用,带给缺水地区人们生活的变化是翻天覆地的。进入21世纪,渡槽的管理理念逐步从“重建轻管”向“加强管理”转变,但由于渡槽长年满负荷运行,加之受水工建筑物的自然老化和地震等地质灾害影响,面临混凝土缺陷、渗漏、整体不稳、承载力不足等安全运行隐患,因此对这些当年承载缺水地区人民梦想的“人造天河”进行质量检测与安全评估是十分重要,是其继续工作或退役保留或拆除的关键。

作者多年从事水工建筑物的质量检测与安全评估工作,曾经采用各种技术手段和评价方法对渡槽进行了质量检测与评估,成功的经验表明要全面评估渡槽的性状不仅要从位移与变形、承载力、强度、混凝土老化方面对其进行安全检测,还要复核其可靠性,结合具体工程案例,总结出模糊综合评判法对渡槽进行老化病害评估,并对渡槽质量检测与安全评估发展方向进行了探讨。

全书以实用为目的,对渡槽质量检测与安全评估技术进行了探讨;书中的工程实例主要以作者的研究成果为主,同时也借鉴了国内外同行的一些研究成果。全书共4章。第1章主要对渡槽工程的发展历史进行了梳理和回顾,并总结了渡槽加固和改造的重要性。第2章分析了渡槽的主要病害及其产生原因,并有针对性地提出了渡槽安全检测的主要任务和要求,并结合具体工程案例,总结了渡槽工程的位移与变形检测、承载力与病害检测、强度检测、混凝土老化检测的技术特点。第3章分析了渡槽工程的主要荷载,总结出了渡槽的稳定性复核、过流能力复核、结构承载力安全性复核的主要内容和相关计算要求,提出了渡槽可靠性复核的技术特点。第4章分析了渡槽工程老化病害评估的目的及意义,介绍了老化病害评估的方法,并结合具体工程案例,总结了层次分析法和模糊综合评价法的技术特点。

在本书编写过程中,湖南省水利水电科学研究院杨媛丽硕士、陈迪硕士做了大量细致的工作,为本书内容提供了宝贵意见;长沙理工大学谢青松、郭旭遥两名硕士对书稿做了仔细的校对工作;湖南省水利水电科学研究院硕士廖婉容、李钦铭、朱渊,工程师李璐、尚宁、王钦,以及长沙理工大学硕士江雄、张蒙、陈玉江参加了大量室内外试验。在此一并表示衷心的感谢!

书中的错误或不当之处,敬请读者批评指正。

作　者
2022年6月

目　录

第 1 章 绪 论

　　渡槽是输送渠道水流跨越河渠、道路、山冲、谷口等的架空输水建筑物,在水工建筑物中应用较广,除用于输送渠水外,还可供排洪、排沙、通航和导流之用。当挖方渠道与冲沟相交时,为排泄冲沟来水和泥沙,不使山洪及泥沙进入渠道,可在渠道上建排洪渡槽。在流量较小的河道上修建闸、坝,用上、下游围堰拦断河道时,可在基坑上架设导流渡槽,使上游来水通过渡槽泄向下游。与涵洞相比,渡槽在跨越沟谷和河道时能通过较大的洪水,不影响沟谷和河道行洪;与倒虹吸相比,渡槽槽身较短,施工较为简便,且水头损失小,可以扩大灌溉效益;对有交通要求的地方,渡槽上面还可以作为交通便道,这使得渡槽的应用相当广泛。

1.1 国内外渡槽工程的发展历史

1.1.1 国外渡槽的发展

　　根据相关文献记载,世界上最早的渡槽位于中东和西亚地区。公元前 2900 年,为向首都孟菲斯供水,古埃及人在尼罗河上建造了高 15 m、长 450 m 的考赛施干砌石坝,并且在这座大坝上修建了负责向城内供水的渡槽,这也是历史上最早见于记载的渡槽结构。印度戈麦蒂渡槽位于萨尔达-萨哈亚克调水工程总干渠 163 km 处,是目前世界上已建成的最大的渡槽之一。此外,由西班牙水利工程师于 1962 年设计建造的西班牙藤普尔渡槽是世界上第一座钢筋混凝土斜拉结构渡槽,渡槽结构的形式多样性发展也由此开始。19世纪 30 年代,美国纽约市曼哈顿地区的老巴豆渡槽经过 3 年时间终于建造成功,该渡槽为曼哈顿地区输送清洁的淡水资源,每天大约可供水 34 万 m³,成为曼哈顿地区不可或缺的水利输水工程,1883 年,在当地建造了第 2 座渡槽,并被命名为新巴豆渡槽,通过垂直立管向遍布纽约市 5 个区的给水总管道输送淡水。从那以后,包括曼哈顿、布鲁克林等多个区域的供水系统一直在持续使用中,除因为风化原因而在原有的基础上进行了加固外,这两条渡槽从未出过任何问题,堪称完美。

1.1.2 国内渡槽的发展

　　渡槽在我国同样也有悠久的历史。古代,人们凿木为槽用以引水,即为渡槽的原型之一。据《水经注疏》:长安城故渠"上承沉水于章门西,飞渠引水入城,东为仓池,池在未央宫西。""飞渠"中的渠即为渡槽,建于西汉时期,距今约 2 000 年。又据《中国水利史稿》上册考证,《水经·沮水注》中所述的郑国渠,"绝冶谷水""绝清水"中的"绝"就是指一种原始形态的渡槽。这都说明渡槽在中国已有 2 000 年以上的历史。

　　20 世纪 50 年代初期,我国修建的渡槽多为木、石结构。木渡槽因木材宝贵且维修费用大、寿命不长,故除少数用作临时性引水外,已不再采用。石拱渡槽是就地取材的建筑工程,由于石料的开采、加工和砌筑常为手工操作,需用大量劳力,但可节约水泥、钢材,且施工技术易为群众掌握,因而 20 世纪 50 年代,在不少灌区的渡槽工程中石拱渡槽仍占有相当大的比例。20 世纪 50 年代中后期,随着经济建设的发展,采用钢筋混凝土来修建渡槽日渐增多,并逐渐取代了木、石结构的渡槽,施工方法以现场浇筑为主。1995 年,黑龙江省首先采用了装配式渡槽,装配式渡槽较现场浇筑渡槽可节省大量木材和劳力、显著降低工程造价、加快施工进度,并便于施工管理和提高工程质量,因而到 20 世纪 60 年代初期以后,在许多省(区)逐渐得到推广,其中以广东省发展最为迅速。广东省湛江地区除在建筑物形式及预制分块构件的造型等方面不断有所创新外,并在研究国外单向曲率壳槽的基础上,提出了 U 形薄壳槽身的结构形式及其计算方法。此外,我国南方地区还建了一些钢丝网水泥 U 形薄壳渡槽,但这种结构不耐久,已较少采用。

20 世纪 60 年代后期至 70 年代中期,在钢材、水泥供应较困难的条件下,渡槽工程中出现了各种类型的少筋、无筋混凝土结构,如三铰片拱式、马鞍式、拱管式、双曲拱式渡槽等,这些形式由于存在一些缺点,现已很少采用,但代表了渡槽结构形式发展的一个阶段。桁架拱式渡槽也是这一阶段发展起来的,山东省吸取桥梁工程中这一形式的特点,提出并自 20 世纪 70 年代初期开始在山东省兴建桁架拱式渡槽。山东是我国修建桁架拱式渡槽数量最多、类型最齐全的省份。

从 20 世纪 70 年代中期至 80 年代的这一阶段,水利事业发展中有几项工作与渡槽形式的变化发展密切相关:一是水利工作集中抓了渠系配套工程建设,以充分发挥水利工程效益;二是大型灌区建设有了进一步发展;三是相继兴建了一些跨流域、跨省的调水工程,如引滦入津、引大入秦等。这些工作使这一时期兴建的渡槽的输水流量,由过去的几、十几立方米每秒发展到几十甚至上百立方米每秒,从而促进了渡槽结构形式的改进与创新。主要体现在下述几个方面:

(1)各种大跨度拱式渡槽不断涌现,如广西玉林的万龙双曲拱式渡槽,跨度达 126 m;湖南郴州乌石江渡槽,主拱采用钢筋混凝土箱形断面,跨度达 110 m 等。这些大跨度渡槽的宽跨比远小于 1/20,其侧向稳定往往成为设计及保证安全运行的突出问题,为了解决此问题,这一时期我国先后试建了十几座拱体变宽、造型新颖、布局轻巧的板拱及肋拱渡槽,其跨径在 80~100 m,最小宽跨比达 1/40~1/50,取得了成功。工程实践证明,这一阶段建造的变宽拱是解决大跨度小宽跨比拱式渡槽侧向稳定性的合理造型。

(2)预制吊装程度进一步提高,吊装重量不断增大,施工技术不断发展。如湖北引丹灌区的排子河渡槽,为简支梁式,一节预制槽身长 21.7 m,吊装质量达 200 t,而槽墩高达 30~40 m,采用滑升式模板法施工,加快了施工进度,保证了浇筑质量,为浇筑高墩、柱开拓了新途径。在此期间,渡槽工程引用交通部门的转体施工法取得成功,使用的最大跨度达 78.65 m。

(3)发展了新的结构形式,如上槽下洞式、斜拉式等。上槽下洞式是为了解决与之交叉的河流洪枯流量及相应水位悬殊而渠底高程不大这一矛盾而提出的一种渡槽形式,如河北省引沟入潮的穿鲍邱河渡槽,上部为引沟运河挡水渡槽,设计流量 830 m³/s,校核流量 1 080 m³/s;下部为鲍邱河输水涵洞。斜拉结构较早用于桥梁,20 世纪 50 年代以来斜拉桥得到迅速发展,我国于1975年在四川云阳汤溪河上建成第一座斜拉桥,1982年开始斜拉结构被引入渠道输水建筑物,建成当时我国的最大斜拉渡槽北京二道河斜拉渡槽,渡槽全长276.1 m,斜拉段长258 m,主跨126 m,槽身为普通钢筋混凝土半封闭U形薄壳结构,设计流量5 m³/s,1988年建成通水。

(4)在大、中型渡槽工程中较普遍地使用了预应力混凝土结构,显著地提高了渡槽的承载力及抗裂性。如河南省陆浑灌区铁窑河渡槽,设计过流能力为322 m³/s,槽身段长41.4 m,共分19跨,中间8跨采用双排架顶应力空腹桁架槽身,跨度为37.4 m。

20世纪90年代以来,随着计算机技术的迅猛发展,利用电子计算机及先进设计理论进行了各种流量、各种跨度渡槽结构形式的研究,以及结构形式优选的研究,使得渡槽设计更趋先进合理。各种新材料、新技术也不断应用于渡槽工程。例如,1990年在湖南省铁山灌区建成的由桁架拱发展而来的第一座拱梁组合式渡槽——凉清渡槽,设计流量19.5 m³/s,校核流量21.54 m³/s,槽身全长75.2 m,由一跨50.4 m的拱梁组合式结构和两端各一跨12.4 m的简支结构组成,槽身采用半圆薄壳断面,内径为5.52 m,直段高0.39 m,槽壁13 cm,拱柱采用二次抛物线形等截面双铰折线拱,矢跨比1/5.6,截面尺寸0.5 m×1.0 m。又如广东省东江—深圳供水改造工程,是为香港、深圳以及工程沿线东莞城镇提供饮水及农田灌溉用水的跨流域大型调水工程,该工程中的樟洋渡槽设计流量Q=90 m³/s,采用预应力混凝土U形槽身,纵、横两个方向施加预应力,槽壁厚仅30 cm,一节槽身跨度达到24 m,同时又将桥梁工程的先进施工技术——移动模架施工法用于渡槽施工,取得了良好的经济效益和社会效益。

从20世纪50年代中后期到现在,我国已经修建了很多渡槽工程,然而大部分已临近甚至超出其设计使用年限,大量渡槽结构面临失稳、漏水、混凝土碳化、结构耐久性不足等问题。湖南省韶山灌区始建于1965年7月,干渠全长约190 km,是湖南省最大的灌区,其中共有渡槽26座,经过50多年的输水运行,灌区内渡槽大部分出现混凝土脱落、钢筋锈蚀,渡槽槽身裂缝等情况,对湖南省双峰、湘乡、韶山等地的农业灌溉造成了极大的影响。河南省焦作市引沁灌区始建于1965年,有干渠15条,支渠138条,灌区内共有建筑物1 746座,其中损坏657座。灌区工程在经过50多年的运行后,渠道衬砌老化,渗漏淤积严重,总干渠滑坡、塌陷时有发生。据不完全统计,我国195处灌区的10 213座在役渡槽,其中需要整修加固和重建的占45%。因此,针对在役水工建筑物的健康诊断与安全性评估已成为水利工程中一个重要的研究分支。

1.2 渡槽加固和改造的重要性

1.2.1 加固和改造的可行性

渡槽和其他建筑结构一样,随着使用年限的延长,出现老化病害的现象是难以避免的。渡槽的结构设计和其他水工建筑物一样,都是根据一定的设计工况、荷载和荷载组合来进行的,而结构的实际工况往往与设计工况不完全吻合,在绝大多数的情况下,实际工况引起结构的稳定及内力不会超出设计工况给定的范围,但是,也会有极个别的偶然因素造成所谓的超载,对结构或构件造成损坏或损伤。此外,建筑物的施工也不可能是百分之百的保质保量,大都是局部存在某些不足,即缺陷。这也给建筑物运行中出现损伤留下了隐患。所以,随着建筑物运行年限的延长,由于偶然不利因素的产生,建筑物长期受荷而使材料处于疲劳状态,材料性能的降低或因先天隐患,就使结构的某些部位或构件破坏或损伤。

由于渡槽的设计是建立在大量的科学研究、设计经验、工程实践等基础上的,所以,新建筑物通常是可靠的。绝大多数建筑物的老化病害是从局部开始的,在很长一段时间内仅存在于其局部,而瞬间的完全破坏只是极其个别的。这就给我们留有对建筑物进行维修、加固与改造的时间。而且,随着科学技术的发展,对建筑物老化病害的各种产生机制的深入研究,水工建筑物的一般性病害,都已有较为有效的修补与加固措施。

1.2.2　加固和改造的重要性

20世纪50年代中后期,随着经济建设的发展,采用钢筋混凝土来修建渡槽日渐增多,并逐渐取代了木、石结构的渡槽,而早期设计修建的渡槽由于施工技术及管理水平较低,当时国家设计规范标准相对于现行国家规范标准较低,加上长期运行等,如今很多渡槽结构表现出越来越严重的安全问题,亟须维修加固。渡槽的老化病害主要表现为混凝土剥落、渗水、钢筋锈蚀等,具体到渡槽的不同构件上主要有以下几种表现形式:

(1)槽身表面混凝土碳化严重,混凝土保护层厚度减小,碳化深度甚至超过混凝土保护层厚度。

(2)槽身钢筋裸露,锈蚀严重,导致钢筋有效截面面积减小。

(3)槽身承载能力偏低,出现多处裂纹,甚至出现贯穿裂缝,漏水渗水严重,影响渡槽的输水能力。

(4)渡槽内部混凝土冻融剥蚀,同时水流冲刷表层混凝土,致其磨损和剥落。

(5)混凝土排架柱出现裂纹,钢筋外露,同时表面碳化严重。

(6)渡槽的墩柱出现不均匀沉降,可能伴有水平位移,且有进一步沉降甚至倾覆的风险,槽身同时出现严重的偏移、错位。墩柱基础由于未落到基岩上而是建立在软弱层地基上,基础迎水面被流水冲刷严重。

对渡槽建筑物可能出现的各种老化病害问题需进行病害检测与安全性评价,还要及时进行维修加固或改造,一是要缓解其老化病害的进程,避免出现工程事故;二是要延长建筑物的使用年限。

以下列举了几个渡槽工程在长期运行中出现的老化病害问题的例子。

(1)高壁渡槽。

高壁渡槽位于郴州市北湖区高壁村境内,是仙岭水库灌区左干渠重要渠系建筑物。渡槽工程横跨同心河及郴桂公路,距郴州市中心约2.0 km,距107国道和G4京港澳高速分别为1.7 km、9.3 km,郴桂公路可直通渡槽,交通非常便利。该渡槽于1977年开始修建,渡槽设计使用年限50年,已使用40多年,进入了使用寿命的后期,加上当时施工质量无法保证,渡槽目前老损问题突出。经现场检查,发现渡槽内、外壁露筋锈蚀严重,基础下沉,槽身错位,排架顶部破损严重。渡槽最大跨高近50 m,槽下是通往汽车总站、新107

国道和桂阳县城的交通要道,车流量大,一旦出现险情,损失将难以估量。因此,必须对渡槽存在的问题进行修补加固处理。

(2)养鱼塘渡槽。

养鱼塘渡槽是在湖南省黄材灌区总干渠桩号 75+630 处、横跨 319 国道宁乡—益阳段、距宁乡县城 6 km 处修建的一座渡槽,该渡槽建于 1967 年,由于当时施工条件较差施工方法存在缺陷,工程在施工过程中就产生了结构上的一些问题,经过多年的运行,长期风吹雨淋日晒,工程老化损毁严重。槽身内外表面普遍脱落露筋,钢丝网锈蚀,碳化现象严重,由此带来严重的安全隐患及渗漏量相当大,严重威胁着渡槽的使用寿命。虽然于 1996 年及 1998 年经过两次防渗补强,但是,由于长时间使用,加上设计、管理、维护等方面的原因,养鱼塘渡槽现状不容乐观。在长期使用中,养鱼塘渡槽目前面临的主要问题不是结构方面的问题,而是随着使用年限的增加,结构耐久性的问题。主要表现在这几个方面:①渡槽外壁 1998 年喷射的改性砂浆薄层脱落;②砂浆碳化导致钢筋锈蚀;③钢筋锈蚀后体积膨胀,从而导致砂浆开裂;④渡槽伸缩缝处止水带老化,渗水漏水严重;⑤人行道护栏、预制板等维护结构破损严重,露筋、锈蚀;⑥渡槽内壁横向细微裂缝分布比较普遍,尤其是支座附近,对结构耐久性产生严重影响。因此,养鱼塘渡槽的修缮加固迫在眉睫。

(3)永丰渡槽。

永丰渡槽地处浏阳文家市镇永丰村境内,位于南川河水系,是清江水库灌区的主要输水建筑物。永丰渡槽是在经济比较困难的时期兴建的,由于当时物资和施工机械紧缺,设计采用钢丝网薄壳渡槽,经过 40 多年的运行,长期的雨淋日晒,工程老化损毁严重,目前渡槽存在较多安全隐患。主要存在问题如下:①排架结构单薄,结构承载力和抗风抗倾能力较弱。渡槽空载时,遇大风天气,槽身摆度过大,存在安全隐患。②槽身过流达不到设计要求。因基础不均匀沉降和渡槽结构变形,影响正常过流。③渡槽普遍存在露筋、保护层剥落、结构裂缝问题。槽身多处出现露筋现象,钢丝网与钢筋锈蚀严重;排架多处出现保护层剥落和露筋问题。④槽身渗水严重,接缝处止水失效。内槽防渗材料失效,通水运行时,整个槽底湿润,局部区域集中渗漏;槽身端部接缝处,橡胶带已老化,甚至脱落,止水功能失效。⑤部分槽段结构变形严重,2008 年冬的冰灾后,结构材料老化加速,表面保护层剥落,7#~9#渡槽槽身悬臂端发生严重变形,存在严重安全隐患。6#和 7#、8#和 9#渡槽悬臂梁接缝处采用脚手架临时支护,但由于年代已久,脚手架已锈蚀,槽身结构严重损伤。

世界上经济发达国家的建筑行业,大致经历了三个不同的发展阶段,即大现模建设阶段、新建建筑与既有建筑加固改造并举阶段以及建筑物维修加固与现代化改造阶段。目前,英美等大部分经济发达国家都已把建设的重点转移到了第三阶段。我国的城市建设也已经从大规模建设阶段进入到新建与既有建筑加固改造并举的阶段,并逐步向第三个阶段迈进。

对既有建筑的加固改造,具有投资少、成效显著、不占用新的耕地、节约资源等特点,因此对既有建筑进行定期的检测、鉴定、维护加固及改造,以延长其使用寿命,具有很大的社会经济效益。在建筑结构加固方面,我国已有许多专家和学者做了很多卓有成效的工作,全国建筑物鉴定和加固标准技术委员会于 1990 年成立,编制出版了各类检测、鉴定技术标准和加固技术规范。

第2章 渡槽工程安全检测

2.1 渡槽工程的历史与现状的调查

无论是为避免旧建筑物出现事故,对需进行加固改造的建筑物进行投资排序,或是确定建筑物加固改造的合理方案,首先就要对建筑物进行全面、系统和科学的检测,找出和了解其隐患。

由于国外的混凝土建筑物修建较早,加之人们早期对混凝土建筑物的材料、施工方法和维修养护方面的认识还不足,所以建筑物老化病害现象的出现也较早,因此对混凝土建筑物老化病害检测方法的研究在国外发展得较早。从20世纪40~80年代建筑物诊断研究的进程可分为以下三个阶段:

(1)探索阶段(20世纪40~50年代),主要特点是检测工作多以目测为主,注重建筑物病害原因分析和修补方法的研究。

(2)发展阶段(20世纪60~70年代),主要特点是注重建筑物检测技术和评价方法的研究。提出了破损和非破损检测、试验检测等几十种现场测试技术,并探索出总体评价、分项评价、对照规范评价、模糊评价及概率评价等多种评价方法。

(3)完善阶段(20世纪80年代以后),主要特点是完善传统的检测、评价方法,并探索检测、评价的新技术、新方法,特别注重评价标准的探讨和制定。

在对建筑物进行安全检测之前,详细调查其历史与现状,能对安全检测起到事半功倍的效果。同时,在对建筑物进行病因分析、安全等级评价和加固与改造方案的制订过程中,也同样需要对建筑物的历史与现状进行一步步更深入的调查,以便得出可靠的评价结果和最优的加固改造方案。由于对建筑物的历史与现状调查贯穿于建筑物加固与改造的全过程,所以这也是建筑物加固与改造的一个重要组成部分。

2.1.1 设计情况调查

建筑物老化病害的不少病因都是起源于先天不足,而设计方面的缺陷又是最主要因素之一,因此在对某一建筑物进行安全检测之前,首先应对其设计情况进行较为详细的调查,从中发现设计方面的不足,并由此确定重点检测的项目和内容。

2.1.1.1 设计程序

设计程序的调查主要是了解工程和建筑物设计中各个阶段的有关批文及程序是否齐全、设计单位资质等。一般来说,水利工程的设计是在整体规划的基础上进行的。在规划中,为使各建筑物相互协调、配合、共同而充分发挥作用,对各建筑物的作用都有十分具体的要求。设计程序主要包括对工程的初步设计和技施设计等。

2.1.1.2　设计资料

水利工程和其他工程一样,设计所需的基本资料是影响设计成果好坏的最重要的先决条件之一。建筑物的设计资料比较多,概括起来主要包括以下几个方面的资料。

1. 规划资料

规划对建筑物的任务和要求都十分明确,是建筑物设计的最主要依据之一。若设计时无规划资料,或规划不够合理,建筑物的设计也就不可能合理。因此,在对建筑物安全检测之前,了解建筑物设计时有无规划资料及规划对建筑物的任务和要求与运行以来工程所担负的任务是否一致或一致的程度,就反映出规划是否合理或合理的程度。由此则可能发现一些老化病害的病因。

2. 水文气象资料

众所周知,水文气象资料主要包括水文分析及水力计算、当地的气象等有关资料,是建筑物设计所不可缺少的基础资料之一。水文气象资料是否齐全,设计中是否正确运用了这些资料,都直接影响着结构设计、施工设计方案的合理与否。有些工程的设计中,水文气象资料不足或根本没有,这就造成了这些建筑物挡水高度不够,输水或泄水能力不足等;有的泄水建筑物不满足汛期过洪的要求,或对建筑物基础严重冲刷等;而另外一些建筑物则相反。对水文气象资料的收集、分析与研究,对确定老化病害的原因是十分有益的。

3. 工程地质与水文地质资料

一切水工建筑物都是修建在一定的地基之上的,地基的好坏直接影响着建筑物的稳定性,是决定建筑物安全与否的关键因素。在大规模的水利工程建设中,由于对工程地质与水文地质问题的忽视或认识不够,致使工程产生严重后果的教训是非常多的。有关统计资料表明,仅20世纪的前50年中,世界上遭受破坏的1 000多座水工建筑物中,就有80%是因为收集的地质资料不足或设计、施工时未充分考虑工程地质条件或考虑不当所引起的。许多建筑物在结构方面存在的病害都是由地基问题引起的。因此,在对病害建筑物进行检测之前,收集和了解工程设计时和以后补测的有关工程地质与水文地质勘测报告及相关资料,对确定安全检测的项目,寻找老化病害的原因是非常有益的。

4. 设计图纸和计算书与说明书

设计图纸和计算书与说明书是建筑物的最为重要的档案,也是安全检测、安全复核、可靠性评定及加固改造的最为基础的关键资料,所以在进行安全检测之前,一定要设法收集到这些重要资料,特别是工程的竣工图尤为重要。对于曾经加固或改造过的工程,其加固改造的设计图纸更是必不可少的。通过了解和分析研究,初步确定老化病害的可能病因,如是否可能因为结构形式不合理、截面尺寸偏小、混凝土的标号偏低、配筋量不足等。这样就可以在安全检测之前选择较为具体的检测项目,做到有的放矢,达到事半功倍的目的。

2.1.2　施工情况调查

一般来说,设计质量、施工质量及运行与维修养护的好坏,是决定质量和工程寿命的三大因素。因此,收集施工资料,研究施工质量,并从施工质量上寻找老化病害的原因是必要的。需要收集的施工资料主要有:当时施工依据的技术标准、规范、规程的名称,钢材、水泥的出厂合格证和试验报告,砂石料的来源及质量报告或记录,混凝土的配比和试块的试验报告,混凝土材料中外加剂(若有)的品种与数量,砂浆的配比与试块的试验报告,焊条(剂)的合格证,焊接试(检)验报告,地基承载力试验报告,地基开挖验槽记录,施工日志,沉降观测记录,隐蔽工程验收报告,结构吊装、验收记录,工程分项、分部和单元工程质量评定验收报告,与施工有关的其他技术资料。特别应对施工期间发现的质量问题和处理的详细情况进行重点而细致的调查。

2.1.3　运行与维修养护情况调查

运行与维修养护情况的调查主要包括运行环境、作用荷载、运行故障(事故)及其处理方法、日常的维修与管理等。

2.1.3.1　运行环境

与其他土建类工程相比,渡槽工程所处的环境更为恶劣,所以环境对其影响尤为显著。因此,更应注意对环境进行详细的调查。

渡槽工程的运行环境主要包括水文气象,如多年平均与极端最高和最低温度、昼夜的极端温差、建筑物运行(如过水)时的最大温差,地区平均及最大降雨强度,空气中的最大湿度及有害物质(氯离子 Cl^- 等)的含量等。

2.1.3.2　作用荷载

任何一座渡槽工程都是依据一定作用荷载进行设计的,也就是说它只能适应于一定范围的荷载作用。在工程运行中,出现设计中任何未预计到的或"超标准"荷载的作用都会对建筑物造成危害,甚至是致命的破坏。

在调查中应详细了解各种可能出现的作用荷载。对那些有可能作用且属于设计中未曾预计到的荷载或"超标准"荷载,是否真的出现过,以及将来可能出现的概率要特别加以重视,务必了解清楚。

2.1.3.3　维修养护

正常的维修养护能够提高建筑物的耐久性,否则将会大大缩短其使用寿命。

正常的维修养护主要包括定期的全面检查、不定期的重点检查。建筑物满负荷运行前、后及运行过程中应细心观察,有观测设施的应进行观测,了解建筑物的变形、位移和内力等,并做好记录。当发现异常现象时,应及时进行分析研究,并制定有关的措施。对建筑物出现的一般性的、局部的破坏,应及时修复。对于较大的问题(病害),应有详细的记载,包括发生的时间、发生时运行的详细状况、破坏的程度、不同时期的形态、上报主管部门的时间及主管部门的有关意见等。

首先要调查对建筑物是否进行了正常的维修养护和相应情况,收集上述维修养护资料中的重要内容。如若关键的资料不详,或对资料中的内容有疑问,尚应找有关当事人进行详细调查,以获得可靠而有价值的资料。

2.1.4　老化病害情况调查

建筑物老化病害症状是安全检测、等级评价、加固改造方案制订的最重要、最直接的依据,所以是建筑物进行最初的调查中最主要、最关键的内容。

对建筑物的老化病害症状的调查内容主要包括以下诸方面:老化病害的种类,发生或

发现的时间,最初的症状和程度,症状的发展过程及目前的程度,是否还在继续恶化,症状
是否随荷载变化及随荷载变化的程度,观测的频度和所采用的方法及使用的仪器设备,严
重病害发生后运行是否正常和是否采取了降低标准运行的措施,是否进行过修复及加固
与改造(若进行过,加固的时间,加固设计与施工的单位,采用的方法、材料与工艺,加固
后的效果等均属调查的内容),管理人员或有关专家对老化病害产生的原因和对加固与
改造方法的初步意见等,所有这些都十分重要。

2.2　渡槽工程的位移与变形检测

渡槽工程的位移与变形是渡槽主要病害最主要的原因(渡槽主要病害不包括其结构
病害),所以对渡槽工程的位移与变形进行检测是渡槽安全检测的主要内容。由于渡槽
位移与变形的检测方法直接、简单、明了而可靠,所以通常将其作为首要的检测项目。

渡槽工程的位移与变形检测的内容主要包括整体和局部的水平位移检测与竖直位移
测量。

2.2.1　水平位移检测

水平位移常用的观测方法有以下几种:基准线法、大地测量法、专门测量法、GPS 测
量法。基准线法是变形检测的常用方法,该方法特别适用于直线形建筑物的水平位移检
测(如直线形大坝等),其类型主要包括:视准线法、引张线法、激光准直法和垂线法等。
大地测量方法是水平位移检测的传统方法,主要包括:三角网测量法、精密导线测量法、交
会法等。专用测量法即采用专门的仪器和方法测量两点之间的水平位移,如多点位移计、
光纤等。GPS 测量法利用 GPS 自动化、全天候观测的特点,在工程的外部布设检测点,可
实现高精度、全自动的水平位移观测。

大地测量法、专门测量法、GPS 测量法这些方法多用于蓄水枢纽中的大坝、溢洪道和
取水枢纽中的拦河建筑物。对于渡槽来说,水平位移一般要简单得多。渡槽水平位移常
用的观测方法有视准线法、小角度法。

2.2.1.1　视准线法

视准线法的基准线是一条设置在观测对象两端外侧的永久性牢固控制基墩(工作基
点)上的虚拟线(视准线)。在视准线一侧的控制基墩上安置精密经纬仪或全站仪,在另
一侧的控制基墩上安装固定觇标或棱镜,在视准线上设置若干观测墩(测点),在观测墩
上布置活动觇标或棱镜。用经纬仪或全站仪瞄准另一侧控制基墩上的固定觇标中心,形
成视准线,测点与视准线的偏离值即为各测点的水平位移,如图 2-1 所示。

图 2-1　渡槽水平位移观测平面布置

　　视准线应布设工作基点、校核基点和观测点,工作基点必须在观测断面上且不受建筑物变形影响的两岸岩基或坚实土基上,且便于安置仪器和观测。同时,为校核工作基点在垂直于观测断面方向上的位移,还应在观测断面工作基点的延长线上、不受建筑物及工作基点变形或位移影响的岩基或坚实土基上设 1~2 个校核基点。各观测点基本位于视准基面上,且与被检核的建筑部位牢固地成为一体。整条视准线离各种障碍物需有一定距离,以减弱旁折光的影响。

　　工作基点和观测点应浇筑混凝土观测墩,埋设强制对中底座。墩面离地表 1.2 m 以上,以减弱近地面大气湍流的影响。为减弱观测仪竖轴倾斜对观测值的影响,各观测墩面力求基本位于同一高程面内。

　　位移标点的标墩应与变形体连接,从表面以下 0.3~0.4 m 处浇筑。其顶部也应埋设强制对中设备。常常还在位移标点的基脚或顶部设铜质标志,兼作垂直位移的标点。

　　如图 2-1 为某灌区总干渠上跨越洼地的一座渡槽。图中 AB 为槽身一侧墙的轴线,即观测断面,A、B 为工作基点,A'、B' 为校核基点,a、b、c、d、e、f 为观测点。通过设在工作基点 A(或 B)的精密经纬仪,观察在对岸工作基点 B(或 A)上安装的固定觇标中心,该视线即为视准线。由于 A、B 两点位于不受建筑物变形影响的两岸稳定的岸坡上,即认为视准线 AB 是固定不变的,可作为观测渡槽变形的基准线。各观测点即水平位移标点安装好后,测出其中心与视准线的距离 Δ_{a0}、Δ_{b0}、Δ_{c0}、Δ_{d0}、Δ_{e0}、Δ_{f0},即为各位移标点安装的初始偏距,并将其记录下来。在以后的观测中,先将经纬仪安置于一个工作基点,如 A 点,后视工作基点 B 上的固定觇标,构成视准线,固定经纬仪上、下盘,前视 A 点侧 1/2 渡槽长度范围内的标点。观测时指挥标点处的持标者移动活动觇标,使觇标中心线与经纬仪望远镜的竖丝重合,持标者根据位移标点在活动觇标分划尺上所对应的刻度,记录读数,读数一般取两次的平均值。然后再按上述方法倒镜观测一次,取两次观测值的平均值作为第一测回的观测结果。随后按同样方法观测第二测回,两次测回的差值不应大于 4 mm,否则应重新测。按上述方法测定工作基点 A 至渡槽中点间的各位移标点后,再将经纬仪移至 B 点后,按上述方法与步骤观测 B 点至渡槽中点间的各位移标点。

　　当建筑物长度超过 500 m 时,因受到经纬仪望远镜放大倍率和折光等因素的影响,往往误差较大。为提高观测精度,在建筑物的适当位置设 1 个或几个非固定工作基点,如图 2-2(a)中的 M 点。由于 M 点随建筑物的变形而产生位移至 M',所以在位移观测时,应先通过固定工作基点测出 M' 点的位置,即得 M 点的位移量。因 M 点的位移量很重要,一般应进行 8 个测回,每个测回的成果与平均值的偏差不应大于 2 mm。此时可将 M' 点作为工作基点,以 AM' 和 BM' 分别作为新的视准线,测定 M' 附近 250 m 范围内各标点的位移量。以标点 i 为例,各标点的实际位移量按式(2-1)求得

$$\Delta_i = \Delta_{i1} + \Delta_{i2} - \Delta_{i0} \tag{2-1}$$

式中:Δ_i 为标点 i 的实际位移量;Δ_{i1} 为 M 点位移至 M' 点引起 i 点的位移量;Δ_{i2} 为相对于视准线 AM' 的 i 点的位移量;Δ_{i0} 为 i 点相对于视准线 AB 的初始偏距。

　　当建筑物轴线为折线时,如图 2-2(b)所示,除轴线及其延长线上的 A、B、C 三点为固定工作基点外,尚应增设轴线折点处 M 为非固定基点。M 点的位移以 AB 为视准线测得,应观测 8 个测回取平均值。FG 范围内标点的位移以 AM' 为视准线观测,并用前述方法求

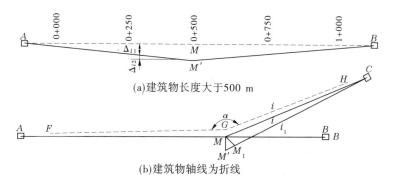

(a)建筑物长度大于 500 m

(b)建筑物轴线为折线

图 2-2　增设非固定基点的水平位移观测

各标点的实际位移量。GH 范围内标点的位移以 $M'C$ 为视准线观测,也用前述方法求各标点的实际位移量,其中因 M 点位移至 M' 引起 i 点的位移量由式(2-2)求得

$$\Delta_{i1} = \frac{\overline{Ci}}{\overline{CM}}\overline{MM'}\cos(180° - \alpha) \tag{2-2}$$

式中:Δ_{i1} 为 M 点位移至 M' 点引起 i 点对视准线 MC 的位移量;$\overline{Ci}$、$\overline{CM}$、$\overline{MM'}$ 分别为各相应点间的距离;α 为建筑物轴线的折转角。

视准线法所用设备普通、操作简便、费用少,在工程安全监测的早期,是一种应用较广的观测方法,但该方法受照准精度、大气折光等因素的影响,观测精度一般较低,特别是当视距较长时,远离视镜一端的测点观测精度更低。

2.2.1.2　小角度法

小角度法观测建筑物水平位移的步骤与视准线法基本相同,先将经纬仪安置于工作基点 A,将水平度盘对准零,固定上盘,后视工作基点 B 构成视准线 AB,再固定下盘,放松上盘,前视位移后的标点 i_1,读出 Ai_1 方向线与视准线 AB 间的夹角 α_{i_1},见图 2-3。因 α_{i_1} 一般均较小,所以 i_1 点偏离视准线的距离 ii_1(mm)和 i 点的实际位移值 i_0i_1(mm)可近似按式(2-3)、式(2-4)计算:

$$ii_1 = \frac{2\pi l_i \times 1\ 000}{360 \times 3\ 600}\alpha_{i_1} = K l_i \alpha_{i_1} \tag{2-3}$$

$$i_0i_1 = K l_i (\alpha_{i_1} - \alpha_{i_0}) \tag{2-4}$$

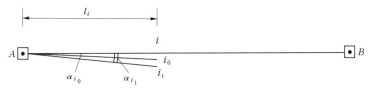

图 2-3　小角度法水平位移观测示意

式中:K 为常数,$K = 0.004\ 848$;l_i 为位移标点 i 与工作基点 A 的距离,m;α_{i_1} 为 Ai_1 方向线与视准线 AB 的夹角[″,即$(1/3\ 600)°$];α_{i_0} 为位移标点 i 的实际安装位置 i_0 点和工作基点 A 的连线与视准线 AB 的夹角(″),即初始偏离角。

2.2.2　竖直位移测量

竖直位移与水平位移一起,构成建筑物的位移和变形。竖直方向上的变形特征和变形过程主要表现为上升或沉降变化,在建筑物自重、水重及其他外界因素影响下,基础沿竖直方向产生均匀或不均匀沉降,可能导致建筑物倾斜、裂缝甚至破坏。所以,沉降检测是变形检测中一项重要的检测内容。

渡槽竖直位移观测多采用几何水准测量法和静力水准测量法。

2.2.2.1　几何水准测量法

几何水准测量法是指采用水准仪量测监测对象不同测点的高程,从而确定不同时期各测点上升量或下沉量的方法。水准测量法常采用三级点位——水准基点、起测基点和竖直位移标点;两级控制——由水准基点校测起测基点、由起测基点观测竖直位移标点。当建筑物距水准基点较近时,也可直接由水准基点观测竖直位移标点。

精密水准测量精度高、方法简便,是沉降检测最常用的方法。

(1)水准基点。水准基点是竖直位移的参照基准点,一般3~4个点构成一组,形成近似正三角形或正方形。为保证其坚固与稳定,应选择在不受建筑物位移影响,地基坚实稳固,与建筑物距离适当、便于引测的位置,埋设应可靠。为了检查水准基点自身的高程有否变动,可在每组水准基点的中心位置设置固定测站,定期观测水准基点之间的高差,判断水准基点高程的变动情况。也可以将水准基点构成闭合水准路线,通过重复观测的平差结果和统计检验的方法分析水准基点的稳定性。水准基点多采用普通混凝土标、井式混凝土标、深埋钢管标或双管标等,其高程一般由国家大地控制网观测成果提供,每数年更新一次。

(2)起测基点。当水准基点距建筑物较远,或与竖直位移标点的高差较大,每次观测都从水准基点起测很不方便时,可在竖直位移标点延长线的两端设置起测基点,其埋设高程与竖直位移标点的高程不宜相差太大。起测基点一般为混凝土墩,将起测基点与水准基点组成水准环线,按国家一等水准测量的要求进行联测,通过水准基点高程校测起测基点高程。由于起测基点是垂直位移标点观测的基础,因此要求起测基点埋设在坚实牢固、稳定可靠的位置,且每年对其进行一次校测以判断其是否变化,当起测基点发生较大变化时,应对各垂直位移标点观测成果进行修正。

(3)竖直位移标点。布设在被检测建筑物上。布设时,要使其位于建筑物的特征点上,能充分反映建筑物的沉降变化情况。点位应当避开障碍物,标志应稳固,还要考虑建筑物基础地质、建筑结构、应力分布等。竖直位移标点的排数,通常视具体情况确定,一般设1~2排即可。每排测点布置,一般应在伸缩缝的两侧各布一个,重要部位应适当增加测点。同时,对竖直位移标点的布置,应兼顾纵、横向。检测点标志形式一般有盒式、窖井式和螺栓式。

在进行各测点垂直位移观测时,采用精密水准仪和因瓦水准尺,从起测基点开始,遵照国家二等水准测量要求,按照预定施测路线,观测相应各竖直位移标点后,闭合回原起测基点或附合至另一起测基点,闭合误差要求不大于$\pm 0.6\sqrt{n}$(mm),其中 n 为测站数目。根据各测站平差后的高程值求出各测站高程,然后根据各测站高程推算各竖直位移标点的高程。将标点本次观测高程减去首次观测时相应标点的高程即为各标点本观测日相对于首次观测日的竖直位移值。

2.2.2.2　静力水准测量法

静力水准仪所依据的基本原理是连通管内液面相等的原理,因此也称连通管法。在两个内径相等、相互连通的容器中充满液体,仪器安装后,当液体完全静止时,两个连通容器内的液面处于同一大地水准面上,观测两容器内液体的位置,作为初始基准值。当容器的基墩下沉或上升时,两连通容器内液面达到新的水准面,观测此时新水准面相对于基墩面的高度变化。分别测出液面变化量 Δb_1、Δb_2,即可求得两测点之间的相对高差,从而获得各测点的垂直位移。

如图 2-4 所示,为了测量 A、B 两点的高差 h,将容器 1 和 2 用连通管连接,其静力水准测头分别安置在上面。由于两测头内的液体是相互连通的,当静力平衡时,两液面将处于同一高程面上,因此 A、B 两点的高差 h 为

$$h = H_1 - H_2 = (a_1 - a_2) - (b_1 - b_2) \tag{2-5}$$

式中:a_1、a_2 分别为容器的顶面或读数零点相对于工作底面的高度;b_1、b_2 分别为容器中液面位置的读数或读数零点到液面的距离。

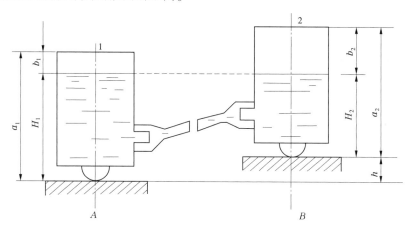

图 2-4　静力水准测量原理　(单位:mm)

由于制造的容器不完全一致,探测液面高度的零点位置(起始读数位置)不可能完全相同,为求出两容器的零位差,可将两容器互换位置,求得 A、B 两点的新的高差 h 为

$$h = H'_2 - H'_1 = (a_2 - a_1) - (b'_2 - b'_1) \tag{2-6}$$

式中:b'_1 和 b'_2 为对应容器中液面位置的新读数。

联合解算式(2-5)和式(2-6)得:

$$h = \frac{1}{2} [(b_2 - b_1) - (b'_2 - b'_1)] \tag{2-7}$$

$$C = a_2 - a_1 = \frac{1}{2} [(b_2 - b_1) + (b'_2 - b'_1)] \tag{2-8}$$

式中:C 为两容器的零位差。

对于确定的两容器,零位差是个常量。若采用自动液面高度探测的传感器,两容器的零

位差就是两传感器对应的零位到容器顶面距离不等而产生的差值。对于新仪器或使用中的仪器进行检验时,必须测定零位差。当传感器重新更换或调整时,也必须测定零位差。

根据上述原理,不仅可以观测两测点之间的相对垂直位移,也可以布置多个测点并连成系统来观测多个测点之间的相对垂直位移,如图 2-5 所示。

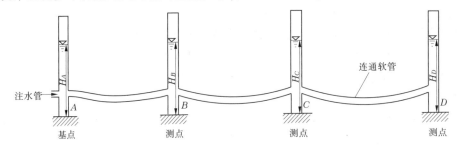

图 2-5 静力水准垂直位移监测系统示意

静力水准观测到的垂直位移是相对于基点的相对位移。当需要获得各测点的绝对垂直位移时,应将工作基点布置在相对不动点。当无法布置在相对不动点时,应在工作基点处布置一个几何水准测点,在每次静力水准观测时,同时观测几何水准测点的垂直位移,但这种方法很不方便。目前较为常用的方法是,在静力水准工作基点处布置双金属管标来获得静力水准工作基点的垂直位移。

静力水准法精度较高,测量方便,特别适用于光学测量困难的部位,但如连通管两端的温度差异较大时,温差引起的两端底座混凝土变形将影响观测精度,因此常用于两端温差较小、气温变化不大的部位。

2.2.2.3 工程实例——高壁渡槽槽身沉降变形观测

高壁渡槽槽身沉降变形观测采用精密水准法测量,在渡槽进出口岸边段相对稳定部位布置水准基点,各槽段每隔一定距离设置水准点,共设 25 个观测水准点,水准点现场布置情况如图 2-6 所示。

图 2-6 渡槽现场水准点布置

2015 年 8 月 12 日和 11 月 3 日对高壁渡槽分别进行了两次水准观测,测得渡槽各槽段历史变形(相对设计线形累积变形情况)及现状变形情况(3 个月内的变形情况),结果整理如图 2-7 所示。

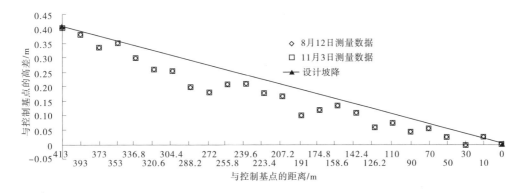

图 2-7　渡槽槽身沉降变形观测

由于历史原因,未对渡槽进行沉降变形监测,也没有布置控制水准点,因此无法与原始资料对比,但对比渡槽各点高程和槽身设计坡比可知,渡槽经过多年运行槽身发生了一定程度的沉降变形。对比两次测量数据可知,其沉降变形基本稳定。

2.3　地基和基础的承载力与病害检测

2.3.1　地基基础病害

用来承担建筑物全部荷载的下部土(岩)层叫作地基。它的范围大小受建筑物上部荷载影响,是可变的,同时又与本地土(岩)层性质有关。基础是建筑物的最下部结构,是建筑物传递荷载给地基的部分。做结构分析时,习惯把二者分开研究,而实际二者是紧密联系在一起的,有时它们是不可分的,基础垫层可以作为地基,有时也习惯叫作基础。如我们经常看见的灰土基础。所以,做分析研究时可把地基和基础紧密联系在一起,称之为地基基础病害。

从地基基础病害的现象来看,分为可见病害和隐蔽病害。由于地基基础的隐蔽性,它产生的病害有的能通过上部结构表现出来,这种病害叫作可见病害,而往往在出现可见病害的同时,也伴随本身的病害,而这种病害又是埋在地层深处的,所以又称之为隐蔽病害。表现在上部结构的可见病害有:

(1)裂缝。水平缝、竖向缝等。

(2)不均匀沉降。建筑物在建成后,各部分沉降量不一致,一端沉降量大,另一端沉降量小。

(3)沉降量过大。地基在建成后沉降,在沉降过程中通过仪器观察,沉降量超过规定的标准,容易造成质量事故。

(4)倾斜。由于建筑物沉降过大,上部结构刚度较好,出现建筑物不产生裂缝、整体向一侧倾斜的现象。

(5)滑坡。这种现象是建于山区坡地的建筑物所特有的现象。由于这样那样的原因,地基失稳,岩(土)体发生剪切破坏,导致建筑物地基及整体下滑的现象。

(6)倒塌。由于地基基础的原因造成建筑物整体的倒塌。

以上均为可见病害,也就是可以直接看到的现象或者借助于现代科学仪器观察到的现象,当然也有发现地基基础本身埋藏在地层的病害,如基础大放脚及其他产生局部剪切破坏和暂时不足以引起上部变化的地基局部孔穴等。

2.3.2　地基承载力的检测与评定

在地基不因剪切破坏而丧失稳定性和地基变形(建筑物的沉降量)不超过允许值的条件下,地基单位面积的最大承载能力称为地基的承载力。

当出现下列情况之一时,应对建筑物的地基承载力进行重新评价:

(1)对建筑物进行改建、扩建、加固而导致建筑物重量或使用荷载增大时。

(2)对建筑物进行病害分析中怀疑地基承载力不足是其原因之一时。

对已有建筑物或构筑物来讲,一般是没有条件用现场开挖进行荷载试验的方法来确定原有地基的承载力的。这是因为一方面建设阶段所依据的地基承载力资料可能不全,加上条件已变化无法做出比较和验证;另一方面,采用试验方法将会造成一段时间内建筑物无法正常使用。因此,通常根据建筑物整体结构变形和裂缝的反应证实确属地基问题以后,再根据可能条件按土的物理力学指标、标准贯入试验、轻便触探试验以及相应比较和鉴别结果来确定,其方法主要有下述几种。

2.3.2.1　探坑取样法

探坑取样法,一般适用于浅埋天然地基,即在建筑物基础附近挖深坑,从而对原地基土(岩)进行鉴别,并在主要压缩层范围内取原状土样进行土工试验。根据现场鉴别结果和土工试验数据,用承载力图表法确定地基承载力。

1. 取样

在建筑物基础外侧挖深坑,一般不应少于3个,坑壁一侧宜靠基础外侧面,坑的尺寸一般可采用1.5 m×1 m的矩形,深度应大于基础埋置深度0.5~1.0 m。探坑的开挖中应注意坑壁加固,取样后,应仔细回填和夯实。

探坑挖至预定深度后,在坑底的靠近基础处和坑壁的预定深度处(取基础下土样)分别各挖一土柱(一个探坑中同一土层取2个土样)。土柱直径稍大于取土筒的直径,将土柱顶面削平,放上取土筒,并削去筒外多余的土,将其压入筒中,直到土柱完全套入筒后,切断土柱,削平两端土体,盖好上、下筒盖,用蜡密封,注明土样上、下方向和取样部位、深度,并及时进行试验。

2. 地基土(岩)的现场鉴别和土工试验项目

在探坑开挖过程中,应对土(岩)体进行鉴别,其内容和标准如下:

(1)岩石。颗粒间牢固联结,呈整体或具有节理裂隙的岩体或岩石。岩石应根据其特征按表2-1鉴别其风化程度。

表 2-1　岩石风化程度的划分标准

风化程度	特征
未风化	结构构造未变化,矿物色泽新鲜;裂隙面紧密或呈焊接状充填;锤击声清脆,开挖需爆破
微风化	结构构造和矿物色泽基本未变;部分裂隙面有锈膜浸染;锤击声较清脆,开挖需爆破
弱风化	结构构造部分破坏,矿物色泽有较明显变化;裂隙面出现风化矿物或存在风化夹层;锤击声不清脆,开挖需爆破
强风化	结构构造大部分破坏,矿物色泽有明显变化;除石英外,长石、云母等多风化成次生矿物;锤击声哑,易击碎,用镐或撬棍可开挖
全风化	结构构造全部破坏,矿物色泽全部改变;除石英外,大部分矿物成分风化成土状或砂状;锤击声哑,锤击处有凹坑,用手可捏碎,用锹可开挖

(2)碎石土。粒径大于 2 mm 的颗粒含量超过全重 50% 的土为碎石土。碎石土应根据骨架颗粒含量和排列、可挖性按表 2-2 鉴别其密实度。

表 2-2　碎石土密实度鉴别标准

密实度	骨架颗粒含量和排列	可挖性
密实	骨架颗粒含量大于总量的 70%,呈交错排列、连接接触	锹镐挖掘困难,用撬棍方能松动;井壁一般较稳定
中密	骨架颗粒含量等于总量的 60% ~ 70%,呈交错排列,大部分接触	锹镐可挖掘;井壁有掉块现象,从井壁取出大颗粒处能保持颗粒凹面形状
稍密	骨架颗粒含量小于总量的 60%,排列混乱,大部分不接触	锹可以挖掘;井壁易坍塌,从井壁取出大颗粒后,砂土立即坍落

注:碎石土的密实度,应按表列各项要求综合确定。

(3)砂土。粒径大于 2 mm 的颗粒含量不超过全重的 50%,粒径大于 0.075 mm 的颗粒含量超过全重 50% 为砂土。砂土应根据粒组含量按表 2-3 确定其类别。

表 2-3　砂土的划分标准

砂土名称	粒组含量
砾砂	粒径大于 2 mm 的颗粒占全重的 25% ~ 50%
粗砂	粒径大于 0.5 mm 的颗粒超过全重的 50%
中砂	粒径大于 0.25 mm 的颗粒超过全重的 50%
细砂	粒径大于 0.075 mm 的颗粒超过全重的 85%
粉砂	粒径大于 0.075 mm 的颗粒超过全重的 50%

(4)黏性土。塑性指数 I_P 大于 10 的土为黏性土。黏性土应取土样,测定其液性指数 I_L 和孔隙比 e。

(5)粉土。塑性指数 I_P 小于或等于 10 的土为粉土。其性质介于砂土和黏性土之间。粉土应取样,测定其含水量 ω 和孔隙比 e。

(6)红黏土。碳酸盐岩系外露区的岩石,经红土化作用形成的棕红、褐黄等色的高塑性黏土为红黏土。其液限一般大于 50%，上硬下软，具有明显的收缩性、裂隙发育。红黏土应取土样，测定其含水比 $\alpha_w = \omega/\omega_L$ 和液塑比 $I_r = \omega_L/\omega_P$。

（7）淤泥。在静水或缓慢的流水环境中沉积，经生物化学作用形成，天然含水量大于液限，天然孔隙比大于或等于 1.5 的黏性土为淤泥。当天然孔隙比小于 1.5，但大于或等于 1.0 时，称为淤泥质土。淤泥应取土样测定其天然含水量。

（8）人工填土。由碎石、砂土、粉土、黏性土等组成的填土为素填土；含有建筑垃圾、工业废料、生活垃圾等杂物的为杂填土；由水力冲填泥沙形成的为净填土。素填土应测定其压缩模量 E_s。

3．用承载力图表法确定地基承载力

根据现场鉴别结果和土工试验的土性指标，用表 2-4～表 2-10 确定地基承载力，并参考当地的实际工程经验。

表 2-4　岩石的承载力标准值 f_k　　　　　单位：kPa

岩石类别	风化程度				
	全风化	强风化	弱风化	微风化	未风化
硬质岩石	<500	500～1 000	1 000～3 000	3 000～4 000	≥4 000
软质岩石	<200	200～500	500～1 000	1 000～2 000	≥2 000

表 2-5　碎石土的承载力标准值 f_k　　　　　单位：kPa

土的名称	密实度		
	稍密	中密	密实
卵石	300～500	500～800	800～1 000
碎石	250～400	400～700	700～900
圆砾	200～300	300～500	500～700
角砾	150～250	250～400	400～600

注：1. 表中数值适用于骨架颗粒空隙全部由中砂、粗砂或坚硬的黏性土所充填的情况。

2. 当粗颗粒为中等风化或强风化时，可按其风化程度适当降低承载力，当颗粒间呈半胶结状时，可适当提高承载力。

表 2-6　粉土的承载力基本值 f_0　　　　　单位：kPa

第一指标孔隙比 e	第二指标含水量 $\omega/\%$						
	10	15	20	25	30	35	40
0.5	410	390	(365)				
0.6	310	300	280	(270)			
0.7	250	240	225	215	(205)		
0.8	200	190	180	170	165		
0.9	160	150	145	140	130	(125)	
1.0	130	125	120	115	110	105	(100)

注：1. 有括号仅供内插用。

2. 折算系数 ξ 为 0。

3. 在湖、塘、沟、谷和河漫滩地段，新近沉积粉土的工程性质一般较差，应根据实际经验取值。

表 2-7　黏性土的承载力基本值 f_0　　　　单位:kPa

第一指标孔隙比 e	第二指标液性指标 I_L					
	0	0.25	0.50	0.75	1.00	1.20
0.5	475	430	390	(360)		
0.6	400	360	325	295	(265)	
0.7	325	295	265	240	210	170
0.8	275	240	220	200	170	135
0.9	230	210	190	170	135	105
1.0	200	180	160	135	115	
1.1		160	135	115	105	

注:1. 有括号仅供内插用。

　　2. 折算系数 ξ 为 0。

　　3. 在湖、塘、沟、谷和河漫滩地段,新近沉积粉土的工程性质一般较差;第四纪晚更新世(Q_S)及其以前沉积的老黏性土,其工程性能通常较好。这些土应根据当地实际经验取值。

表 2-8　沿海地区淤泥和淤泥质土的承载力基本值 f_0　　　　单位:kPa

天然含水量 ω/%	36	40	45	50	55	65	75
f_0	10.0	9.0	8.0	7.0	6.0	5.0	4.0

注:对于内陆淤泥和淤泥质土,可参照使用。

表 2-9　红黏土的承载力基本值 f_0　　　　单位:kPa

土的名称	第二指标液塑比 $I_r = \omega_L/\omega_P$	第一指标含水比 $\alpha_w = \omega/\omega_L$					
		0.5	0.6	0.7	0.8	0.9	1.0
红黏土	≤1.7	380	270	210	180	150	140
	≥2.3	280	200	160	130	110	100
次生红黏土		250	190	150	130	110	100

注:1. 本表仅适用于定义范围内的红黏土。

　　2. $I_r = 1.7 \sim 2.3$ 时,内插。

　　3. 折算系数 ξ 为 0.4。

表 2-10　素填土的承载力基本值 f_0　　　　单位:kPa

压缩模量 E_s/(N/mm²)	7	5	4	3	2
f_0	160	135	115	85	65

注:本表仅适用于堆填时间超过 10 年的黏性土,以及超过 5 年的粉土。

（1）根据现场鉴别结果,由表 2-4 和表 2-5,可查得岩石和碎石土的承载力标准值 f_k。

（2）根据土性指标查表 2-6~ 表 2-10,求出相应指标如孔隙比 e、含水量 ω、液性指标 I_L、压缩模量 E_s 等的平均值 μ、标准差 σ、变异系数 δ,以其平均值从相应表中查出承载力基本值 f_0,再以该项土性指标参加统计的样本数 n 和变异系数 δ 求得回归修正系数 α_f 值,则承载力标准值 $f_k = \alpha_f f_0$,同一土层同一土性指标参加统计的样本数 n 不少于 6。

当表中有并列两个指标时,可按式(2-9)将两个变异系数折算为一个综合变异系数 δ:

$$\delta = \delta_1 + \xi\delta_2 \tag{2-9}$$

式中:δ_1 为表中第一指标的变异系数;δ_2 为表中第二指标的变异系数;ξ 为折算系数,按有关承载力表的规定取值。

回归修正系数 α_f 按式(2-10)计算:

$$\alpha_f = 1 - \left(\frac{2.884}{\sqrt{n}} + \frac{7.918}{n^2}\right)\delta \tag{2-10}$$

式中:n 为用以查表的土性指标参加统计的样本数。

4. 由基础附近土样确定地基承载力

当无条件取得建筑物基础下的土样时,可在建筑物基础附近处挖探坑,取基础外的土样,也可用轻便地质钻机钻取土样。因建筑物长期荷载(附加压力)对地基土的压实作用使其承载力有所提高,应对基础外土样的一些土性指标做必要的修正后,再用承载力表确定已有建筑物基础下的地基承载力。也可由基础外土样的土性指标直接用承载力表先确定地基承载力,然后再乘以表 2-11 中压力效应提高系数 K_0,作为已建建筑物基础下的地基承载力。

工程实践表明,在建筑物长期荷载作用下,只要地基土所承受的压力不超过其容许承载力,就会产生压密变形,土的孔隙体积减小,孔隙水排出,地基土固结,从而改变了土的物理性能,使孔隙比 e 减小,液性指标 I_L 降低等。此外,由于土体受到的压力作用,土的抗剪强度有不同程度的提高,对黏性土来说,其黏聚力也随时效而增大。

研究表明,在已建建筑物长期荷载作用下的地基上,其孔隙比 e_0 与原地基土孔隙比 e_c 存在下列关系:

$$e_0 = e_c - \frac{S(1 - e_c)}{H} \tag{2-11}$$

式中:e_0 为在已建建筑物附加压力作用下,地基土沉降变形(压缩变形)后的孔隙比;e_c 为原地基土的空隙比;S 为在已建建筑物附加压力作用下的地基最终变形值;H 为地基的压缩层厚度,可采用下列两种方法计算。

(1)应力比法。指从基础底面算起,到附加压力 P_0 等于自重压力 P_c 的 10%~20%处,作为地基压缩层厚度。表达式为:

$$P_0 = (0.1 \sim 0.2)P_c \tag{2-12}$$

式中:P_0 为基础底面下深度 H 处的水平截面上产生的附加压力;P_c 为基础底面下深度 H 处的水平截面上土层的自重压力。

(2)变形比法。指从基础底面算起,至满足式(2-13)地基计算变形值 ΔS 处的深度,作为地基压缩层厚度。

$$\Delta S \leqslant 0.05 \sum_{i=1}^{n} \Delta S_i \tag{2-13}$$

式中:ΔS 为在深度 H 处,向上取计算层厚为 1 m 的计算变形值;ΔS_i 为在深度 H 范围内,第 i 层土的计算变形值。

在已建建筑物长期荷载作用下,砂类地基土的力学性能得到改善,地基承载力有所提高。砂类土的内摩擦角和黏聚力与其加载时间存在下列关系：

中砂：

$$\varphi_t = \varphi_0 + 0.061\ 4\ t \tag{2-14}$$

$$c_t = c_0 + 0.000\ 372\ t \tag{2-15}$$

细砂：

$$\varphi_t = \varphi_0 + 0.036\ 9\ t \tag{2-16}$$

$$c_t = c_0 + 0.000\ 49\ t \tag{2-17}$$

粉砂：

$$\varphi_t = \varphi_0 + 0.066\ 2\ t \tag{2-18}$$

$$c_t = c_0 + 0.001\ 09\ t \tag{2-19}$$

式中：φ_0、c_0 分别为基础外砂类土的内摩擦角和黏聚力；φ_t、c_t 分别为基础底面下地基压缩层以内砂类土的内摩擦角和黏聚力；t 为建筑物已建成的年限。

国内有关试验分析资料表明，对于砂土地基受承载 4 年以上，轻亚黏土和亚黏土 6 年以上，黏性土 10 年以上，如建筑物无不均匀沉降的迹象和无功能性损坏，则其地基承载力可按如下经验公式计算：

$$f_k = K_0 f_0 \tag{2-20}$$

式中：f_0 为原地基或由基础外土样土性指标确定的地基承载力；f_k 为已建建筑物基底的地基承载力；K_0 为考虑已建建筑物长期荷载作用的压力效应提高系数，可按表 2-11 取值。

表 2-11　压力效应提高系数 K_0 值

P/f_0	≥0.8	0.7	0.6	≤0.5
K_0	1.15	1.10	1.05	1.00

注：P 为已建建筑物基础底面上的平均压力。

2.3.2.2　标准贯入试验法与轻便触探试验法

标准贯入试验法与轻便触探法，都是用一定质量的落锤，将与探杆相连的一定规格的探头打入土中，根据探头贯入土中的难易程度来探测土的工程性质的动力触探法，也是国内外广泛应用的一种原位测试方法。

1. 标准贯入试验法

标准贯入试验设备主要由标准贯入器、触探杆和穿心锤 3 部分组成。触探杆一般用直径 42 mm 的钻杆，穿心锤重为（63.5±0.5）kg，落距为（76±2）cm。

标准贯入试验，操作要点如下：

（1）先用钻具钻至试验土层中约 15 cm，以避免下层土受到扰动。

（2）贯入前，检查触探杆的接头，不得松脱。贯入时，穿心锤落距为 76 cm，使其自由下落，将贯入器竖直打入土层中 15 cm。以后每打入土层 30 cm 的锤击数，即为实测锤击数 N'。

（3）拔出贯入器，取出贯入器中的土样进行鉴别描述。

（4）若需继续进行下一深度的贯入试验，即重复上述操作步骤进行试验。

（5）当钻杆长度大于 3 m 时，锤击数应按式（2-21）进行钻杆长度修正：

$$N = \alpha N' \tag{2-21}$$

式中：N 为标准贯入试验锤击数；α 为触探杆长度校正系数，按表 2-12 确定。

表 2-12 触探杆长度校正系数

触探杆长度/m	≤3	6	9	12	15	18	21
α	1.00	0.92	0.86	0.81	0.77	0.73	0.70

2. 轻便触探试验法

轻便触探试验设备主要由尖锥头、触探杆、穿心锤 3 部分组成。触探杆系用直径 25 mm 的金属管,每杆长 1.0~1.5 m,穿心锤重 10 kg。

轻便触探试验,操作要点如下:

(1)先用轻便钻具,钻至试验土层标高,然后对所需试验土层连续进行触探。

(2)试验时,穿心锤落距为 50 cm,使其自由下落,将触探杆竖直打入土层中,每打入土层 30 cm 的锤击数即为 N_{10}。

(3)若需描述土层情况时,可将触探杆拔出,取下尖锥头,换以轻便钻头,进行取样。

(4)本试验一般用于贯入深度小于 4 m 的土层。

根据标准贯入试验的锤击数 N 或轻便触探试验的锤击数 N_{10},查表 2-13~表 2-16,并参考当地经验,确定地基承载力 f_0。

表 2-13 砂土的地基承载力 f_0 单位:kPa

砂土类别	N			
	10	15	30	50
中、粗砂	130	250	340	500
粉、细砂	140	180	250	340

表 2-14 黏性土的地基承载力 f_0(标准贯入试验) 单位:kPa

N	3	5	7	9	11	13	15	17	19	21	23
f_0	105	145	190	235	280	325	370	430	515	600	680

表 2-15 黏性土的地基承载力 f_0(轻便触探试验) 单位:kPa

N_{10}	15	20	25	30
f_0	105	145	190	230

表 2-16 素填土的地基承载力 f_0 单位:kPa

N_{10}	10	20	30	40
f_0	85	115	135	160

2.4 混凝土的强度检测

混凝土的抗压强度是其弹性模量、抗拉强度、抗弯强度、抗剪强度、抗疲劳性能和耐久性等各种物理力学性能指标的综合反映,都随其提高而升高。所以,混凝土的抗压强度是决定混凝土结构和构件受力性能的关键因素,也是评定结构和构件性能的最主要的参数。

随着混凝土建筑物的使用和发展,国内外工程技术人员对混凝土抗压强度的检测方法进行了大量的研究。早在 20 世纪 30 年代初,人们就已开始探索和研究混凝土无损检测方法,并获得迅速的发展。混凝土强度的无损检测方法,就是要在不破坏结构或构件的情况下,取得破坏应力值。

由于混凝土结构无损检测技术能反映结构物中混凝土的强度、均匀性、连续性等各项质量指标,对保证新建工程质量,以及对已建工程的安全性评价等方面具有无可替代的重要作用,因而越来越受到人们的重视。依据混凝土强度无损检测技术的原理,通常可将无损检测方法分类(混凝土强度无损检测方法分类见表 2-17)如下:

表 2-17 混凝土强度无损检测方法分类

检测目的	方法名称	测试量	换算原理
混凝土强度	钻芯法	芯样的抗压强度	局部区域的抗压、抗拔或抗冲击强度换算成混凝土标准强度的换算值
	拔出法	拔出力	
	压痕法	压力及压痕直径或深度	
	射击法	探针射入深度	
	就地嵌注试件法	嵌注试件的抗压强度	
	回弹法	回弹值	根据混凝土应力应变性质与强度的关系,将声速、回弹、衰减等物理量换算成混凝土标准强度推算值
	超声脉冲法	超声脉冲传播速度	
	超声回弹综合法	回弹值和声速	
	声速衰减综合法	声速和衰减系数	

(1)半破损法:以不影响结构或构件的承载能力为前提,在结构或构件上直接进行局部破坏性试验,或直接钻取芯样对芯样进行破坏性试验,然后根据试验值与混凝土标准强度或标准构件强度的参照物进行比对,按统计方法推算出被测结构实体的强度标准值或特征强度。属于这类方法的有钻芯法、拔出法、压痕法、回弹法、射击法、就地嵌注试件法等。这类方法的特点是以结构实体局部破坏性试验获得混凝土结构的实际抵抗破坏的能力,因而直观可靠,测试结果易为人们所接受。其缺点是造成结构物的局部破坏,需进行修补,测点数量不能过多,测点位置选择过于重要,而且试验成本较高,因而不宜用于大面积的全面检测。

（2）非破损法：是以混凝土强度与混凝土某些物理量（如波速、密度等）之间的相关性为基础，测试这些物理量时不影响混凝土结构或构件的任何性能，然后根据相关关系推算被测混凝土的标准强度换算值，并据此推算出强度标准值的推定值或特征强度。属于这类方法的有回弹法、超声脉冲法、射线吸收与散射法、成熟度法等。这类方法的特点是测试方便、费用低廉，但其测试结果的可靠性主要取决于被测物理量与强度之间的相关性。因此，必须在测试前建立严格的相关公式或校准曲线。由于这种相关关系的影响因素很多，所以，所建立的相关公式有其局限性，当条件变化时，应进行种种修正，以保证检测结果的可靠性。

（3）综合法：就是采用两种或两种以上的无损检测方法，获取多种物理参量，并建立强度与多项物理参量的综合相关关系，以便从不同角度综合评价混凝土的强度。由于综合法采用多项物理参数，能较全面地反映构成混凝土强度的各种因素，并且还能抵消部分影响强度与物理量相关关系的因素，因而它比单一物理量的无损检测方法具有更高的准确性和可靠性。目前已被采用的综合法有超声回弹综合法、超声钻芯综合法、声速衰减综合法等。

2.4.1　回弹法检测混凝土强度

2.4.1.1　回弹法的基本原理

回弹法测定混凝土强度属于非破损检测方法，自 1948 年瑞士工程师施密特（Schmidt）发明回弹仪以来，经过不断改进，已比较成熟，在国内外应用比较广泛。我国已制定了《回弹法检测混凝土抗压强度技术规程》（DB37/T 2366—2013）。

回弹法是根据混凝土的表面硬度与抗压强度之间存在着一定的相关性而发展起来的一种混凝土强度非破损测试方法。回弹仪的基本原理（见图 2-8）是用弹簧驱动重锤以恒定的动能撞击与混凝土表面垂直接触的弹击杆，使局部混凝土发生变形并吸收一部分能量，另一部分能量转化为重锤的反弹动能。被混凝土吸收的能量取决于混凝土表面的硬度。混凝土表面硬度低，受弹击后表面塑性变形和残余变形大，被混凝土吸收的能量就多，回传给重锤的能量就少；相反，混凝土表面硬度高，受弹击后的塑性变形小，吸收的能量少，而传给重锤的能量多，因而回弹值就高，从而间接反映了混凝土的抗压强度。当反弹动能全部转化成势能时，重锤反弹达到最大距离，仪器将重锤的最大反弹距离以回弹值（最大反弹距离与弹簧初始长度之比）的名义显示出来，作为与强度相关的指标，来推定混凝土的强度。

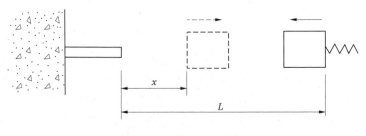

图 2-8　回弹法原理示意

回弹仪构造如图 2-9 所示,仪器工作时,随着对回弹仪施压,弹击杆徐徐向机壳内推进,弹击拉簧被拉伸,使连接弹击拉簧的弹击锤获得恒定的冲击能量 E,当仪器水平状态工作时,其冲击能量 E 可由式(2-22)计算:

$$E = \frac{1}{2}KL^2 \qquad (2-22)$$

式中:K 为弹击拉簧的刚度;L 为弹击拉簧工作时的拉伸长度。

当挂钩与调零螺钉互相挤压时,弹击锤脱钩,于是弹击锤的冲击面与弹击杆的后端平面相碰撞,此时弹击锤释放出来的能量借助弹击杆传递给混凝土构件,混凝土弹性反应的能量又通过弹击杆传递给弹击锤,使弹击锤获得回弹的能量向后弹回,计算弹击锤回弹的距离 L' 和弹击锤脱钩前距弹击杆后端平面的距离 L 之比,即得回弹值 R[见式(2-23)],它由仪器外壳上的刻度尺示出。

$$R = \frac{L'}{L} \times 100 \qquad (2-23)$$

式中:R 为回弹值;L' 为弹击锤向后弹回的距离;L 为冲击前弹击锤距弹击杆的距离。

2.4.1.2　检测技术及数据处理

1. 测区数量和选取的原则

(1)每一被测结构或构件上应选不少于 10 个测区,对某一方向尺寸小于 4.5 m 且另一尺寸小于 0.3 m 的构件,其测区数可适当减少,但不应少于 5 个。

(2)相邻两测区的间距应控制在 2 m 以内,测区离构件端部或施工缝边缘的距离不宜大于 0.5 m,且不宜小于 0.2 m。

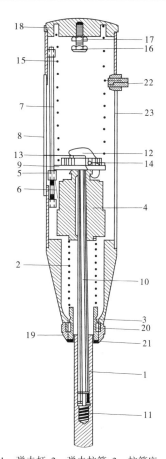

1—弹击杆;2—弹击拉簧;3—拉簧座;
4—弹击锤;5—指针块;6—指针片;
7—指针轴;8—刻度尺;9—导向法兰;
10—中心导杆;11—缓冲压簧;
12—挂钩;13—挂钩压簧;14—挂钩销子;
15—压簧;16—调零螺钉;17—紧固螺母;
18—尾盖;19—盖帽;20—卡环;
21—密封毡帽;22—按钮;23—外壳。

图 2-9　回弹仪构造

(3)测区应选在使回弹仪处于水平方向检测混凝土浇筑面。当不能满足这一要求时,可使回弹仪处于非水平方向检测混凝土浇筑侧面、表面或底面。

(4)测区宜选在混凝土浇筑的侧面,也可以选在一个可测面上,且应均匀分布。在构件的重要部位及薄弱部位必须布置测区,并应避开预埋件。

(5)测区的面积不宜大于 0.04 m²,以能容纳 8~16 个回弹测点为宜,一般取 15 cm×15 cm 或 20 cm×20 cm。

(6)检测面应为混凝土表面,应保持清洁、平整、干燥,不应存在残留的粉末或碎屑。不应有疏松层、浮浆、油垢、涂层,以及蜂窝、麻面,必要时可用砂轮清除疏松层和杂物。

(7)对弹击时颤动的薄壁、小型构件应进行固定。

测区应编号,必要时应在记录纸上绘制测区布置示意图和描述外观质量情况。

每一测区的两个测面用回弹仪各弹击 8 个点,如一个测区只有一个测面,则需测 16 个点。同一测点只允许弹击一次,测点宜在测面范围内均匀分布,每一测点的回弹值读数准确至小数点后 1 位,点和点间距一般不小于 20 mm,测点距构件边缘或外露钢筋、预埋件的间距一般不小于 30 mm。按上述方法选取试样和布置测区后,即可测定回弹值。测定时回弹仪应始终与测试面相垂直,并不得在气孔和石子上弹击。如果已弹击在气孔和石子上,则该数据不能计入该测区的 16 个点中。

2. 数据处理

当回弹仪以水平方向测试混凝土浇筑侧面时,应从每一测区的 16 个回弹值中剔除 3 个最大值和 3 个最小值,取余下的 10 个回弹值的算术平均值作为该测区的平均回弹值,取一位小数。计算公式为

$$R_{\mathrm{m}} = \frac{\sum\limits_{i=1}^{n} R_i}{10} \tag{2-24}$$

式中:R_{m} 为测区平均回弹值,精确至小数点后一位;R_i 为第 i 个测点的回弹值。

由于回弹法测强曲线是根据回弹仪水平方向测试混凝土试件侧面的试验数据计算得出的,因此当测试中无法满足上述条件时需对测得的回弹值进行修正。首先将非水平方向测试混凝土浇筑侧面时的数据参照式(2-24)计算出测区平均回弹值 R_{m_α},再根据回弹仪轴线与水平方向的角度,见图 2-10,按表 2-18 查出其修正值,按式(2-25)换算为水平方向测试时的测区平均回弹值。

$$R_{\mathrm{m}} = R_{\mathrm{m}_\alpha} + \Delta R_\alpha \tag{2-25}$$

式中:R_{m_α} 为回弹仪与水平方向成 α 角测试时测区的平均回弹值,计算至 0.1;ΔR_α 为按表 2-18 查出的不同测试角度 α 的回弹值修正值,计算至 0.1。

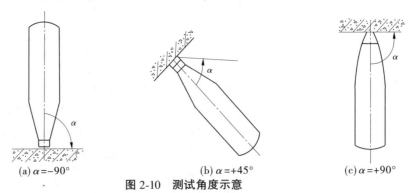

(a) $\alpha = -90°$ (b) $\alpha = +45°$ (c) $\alpha = +90°$

图 2-10 测试角度示意

当回弹仪水平方向测试混凝土浇筑表面或底面时,应将测得的数据参照式(2-24)求出测区平均回弹值 $R_{\mathrm{m}}^{\mathrm{t}}$ 或 $R_{\mathrm{m}}^{\mathrm{b}}$ 后,按式(2-26)、式(2-27)修正。

$$R_{\mathrm{m}} = R_{\mathrm{m}}^{\mathrm{t}} + R_{\mathrm{a}}^{\mathrm{t}} \tag{2-26}$$

$$R_{\mathrm{m}} = R_{\mathrm{m}}^{\mathrm{b}} + R_{\mathrm{a}}^{\mathrm{b}} \tag{2-27}$$

式中:$R_{\mathrm{m}}^{\mathrm{t}}$、$R_{\mathrm{m}}^{\mathrm{b}}$ 分别为水平方向检测混凝土浇筑表面或底面时测区的平均回弹值;$R_{\mathrm{a}}^{\mathrm{t}}$、$R_{\mathrm{a}}^{\mathrm{b}}$ 分

别为混凝土表面和底面的回弹值修正值,按表 2-19 查得。

表 2-18　非水平状态检测时的回弹值修正值

m_{R_α}	检测角度/(°)							
	向上				向下			
	90	60	45	30	30	45	60	90
20	−6.0	−5.0	−4.0	−3.0	+2.5	+3.0	+3.5	+4.0
21	−5.9	−4.9	−4.0	−3.0	+2.5	+3.0	+3.5	+4.0
22	−5.8	−4.8	−3.9	−2.9	+2.4	+2.9	+3.4	+3.9
23	−5.7	−4.7	−3.9	−2.9	+2.4	+2.9	+3.4	+3.9
24	−5.6	−4.6	−3.8	−2.8	+2.3	+2.8	+3.3	+3.8
25	−5.5	−4.5	−3.8	−2.8	+2.3	+2.8	+3.3	+3.8
26	−5.4	−4.4	−3.7	−2.7	+2.2	+2.7	+3.2	+3.7
27	−5.3	−4.3	−3.7	−2.7	+2.2	+2.7	+3.2	+3.7
28	−5.2	−4.2	−3.6	−2.6	+2.1	+2.6	+3.1	+3.6
29	−5.1	−4.1	−3.6	−2.6	+2.1	+2.6	+3.1	+3.6
30	−5.0	−4.0	−3.5	−2.5	+2.0	+2.5	+3.0	+3.5
31	−4.9	−4.0	−3.5	−2.5	+2.0	+2.5	+3.0	+3.5
32	−4.8	−3.9	−3.4	−2.4	+1.9	+2.4	+2.9	+3.4
33	−4.7	−3.9	−3.4	−2.4	+1.9	+2.4	+2.9	+3.4
34	−4.6	−3.8	−3.3	−2.3	+1.8	+2.3	+2.8	+3.3
35	−4.5	−3.8	−3.3	−2.3	+1.8	+2.3	+2.8	+3.3
36	−4.4	−3.7	−3.2	−2.2	+1.7	+2.2	+2.7	+3.2
37	−4.3	−3.7	−3.2	−2.2	+1.7	+2.2	+2.7	+3.2
38	−4.2	−3.6	−3.1	−2.1	+1.6	+2.1	+2.6	+3.1
39	−4.1	−3.6	−3.1	−2.1	+1.6	+2.1	+2.6	+3.1
40	−4.0	−3.5	−3.0	−2.0	+1.5	+2.0	+2.5	+3.0
41	−4.0	−3.5	−3.0	−2.0	+1.5	+2.0	+2.5	+3.0
42	−3.9	−3.4	−2.9	−1.9	+1.4	+1.9	+2.4	+2.9
43	−3.9	−3.4	−2.9	−1.9	+1.4	+1.9	+2.4	+2.9
44	−3.8	−3.3	−2.8	−1.8	+1.3	+1.8	+2.3	+2.8
45	−3.8	−3.3	−2.8	−1.8	+1.3	+1.8	+2.3	+2.8
46	−3.7	−3.2	−2.7	−1.7	+1.2	+1.7	+2.2	+2.7
47	−3.7	−3.2	−2.7	−1.7	+1.2	+1.7	+2.2	+2.7
48	−3.6	−3.1	−2.6	−1.6	+1.1	+1.6	+2.1	+2.6
49	−3.6	−3.1	−2.6	−1.6	+1.1	+1.6	+2.1	+2.6
50	−3.5	−3.0	−2.5	−1.5	+1.0	+1.5	+2.0	+2.5

注:1. m_{R_α} 小于 20 或大于 50 时,均分别按 20 或 50 查表。

2. 表中未列入的相应于 m_{R_α} 的 ΔR_α 修正值,可用内插法求得,精确至一位小数。

表 2-19　不同浇筑面的回弹值修正值

R_m^t 或 R_m^b	表面修正值 R_a^t	底面修正值 R_a^b	R_m^t 或 R_m^b	表面修正值 R_a^t	底面修正值 R_a^b
20	+2.5	-3.0	36	+0.9	-1.4
21	+2.4	-2.9	37	+0.8	-1.3
22	+2.3	-2.8	38	+0.7	-1.2
23	+2.2	-2.7	39	+0.6	-1.1
24	+2.1	-2.6	40	+0.5	-1.0
25	+2.0	-2.5	41	+0.4	-0.9
26	+1.9	-2.4	42	+0.3	-0.8
27	+1.8	-2.3	43	+0.2	-0.7
28	+1.7	-2.2	44	+0.1	-0.6
29	+1.6	-2.1	45	0	-0.5
30	+1.5	-2.0	46	0	-0.4
31	+1.4	-1.9	47	0	-0.3
32	+1.3	-1.8	48	0	-0.2
33	+1.2	-1.7	49	0	-0.1
34	+1.1	-1.6	50	0	0
35	+1.0	-1.5			

注:1. R_m^t 或 R_m^b 小于 20 或大于 50 时,均分别按 20 或 50 查表。

　　2. 表中有关混凝土浇筑表面的修正系数,是指一般原浆抹面的修正值。

　　3. 表中有关混凝土浇筑底面的修正系数,是指构件底面与侧面采用同一类模板在正常浇筑情况下的修正值。

　　4. 表中未列入的相应于 R_m^t 或 R_m^b 的 R_a^t 和 R_a^b 修正值,可用内插法求得,精确至一位小数。

如果测试时仪器既非水平方向,而测区又非混凝土的浇筑侧面,则应对回弹值先进行角度修正,然后再进行浇筑面修正。

2.4.1.3　结构或构件混凝土强度的确定

通过大量试验建立的回弹值与混凝土强度之间的关系称测强曲线。

测强曲线根据制定曲线的条件和使用范围可以分为 3 类:统一曲线、地区曲线和专用曲线。统一曲线由全国有代表性的材料、成型、养护工艺配制的混凝土试块,通过大量的破损与非破损试验所建立,适用于无地区曲线或专用曲线时检测符合规定条件的混凝土构件强度,平均相对误差 $\delta_r \leqslant \pm 15.0\%$,相对标准误差 $e_r \leqslant 18.0\%$;地区曲线由本地区常用的材料、成型、养护工艺配制的混凝土试块,通过较多的破损与非破损试验所建立,适用于无专用曲线时检测符合规定条件的混凝土构件强度,平均相对误差 $\delta \leqslant \pm 14.0\%$,相对标准差 $e_r \leqslant 17.0\%$;专用曲线由与被测构件相同的材料、成型、养护工艺配制的混凝土试块,通过一定数量的破损与非破损试验所建立,适用于检测与该构件相同条件的混凝土强度,平均相对误差 $\delta \leqslant \pm 12.0\%$,相对标准差 $e_r \leqslant 14.0\%$。

1. 测区混凝土强度值的确定

根据每一测区的回弹平均值 R_m 及碳化深度值 m_d,查阅由专用曲线或地区曲线,或统一曲线编制的"测区混凝土强度换算表",所查出的强度值即该测区混凝土的强度换算值。表中未列入的测区强度值可用内插法计算,不得外插。若按统一测强曲线,测区混凝土强度换算值见《回弹法检测混凝土抗压强度技术规程》(DB31/T 2366—2013)附录 A。

2. 结构或构件混凝土强度的计算

(1)由各测区的混凝土强度换算值按下列公式可得出结构或构件混凝土强度平均值,当测区数等于或大于 10 时,平均值及标准差按下式计算:

$$m_{f_{cu}^c} = \frac{\sum_{i=1}^{n} f_{cu,i}^c}{n} \tag{2-28}$$

$$S_{f_{cu}^c} = \sqrt{\frac{\sum_{i=1}^{n} (f_{cu,i}^c)^2 - n(m_{f_{cu}^c})^2}{n-1}} \tag{2-29}$$

式中:$m_{f_{cu}^c}$ 为构件混凝土强度平均值,MPa,精确至 0.1 MPa;n 为对于单个测定的结构或构件,取一个试样的测区数,对于抽样测定的结构或构件,取各抽检试样测区数之和;$S_{f_{cu}^c}$ 为构件混凝土强度标准差,MPa,精确至 0.01 MPa。

(2)构件混凝土强度推定值 $f_{cu,e}$ 应按下列公式确定:

①当该结构或构件测区数少于 10 个时:

$$f_{cu,e} = f_{cu,min}^c \tag{2-30}$$

式中:$f_{cu,min}^c$ 为构件中最小的测区混凝土强度换算值。

②当该结构或构件的测区强度值中出现小于 10.0 MPa 时:

$$f_{cu,e} < 10.0 \text{ MPa} \tag{2-31}$$

③当该结构或构件测区数不少于 10 个或按批量检测时,应按下列公式计算:

$$f_{cu,e} = m_{f_{cu}^c} - 1.645 S_{f_{cu}^c} \tag{2-32}$$

(3)对于按批量检测的构件,当该批构件混凝土强度标准差出现下列情况时,则该批构件应全部按单个构件检测:

①当该批构件混凝土强度平均值小于 25 MPa 时,$S_{f_{cu}^c} > 4.5$ MPa。

②当该批构件混凝土强度平均值等于或大于 25 MPa 时,$S_{f_{cu}^c} > 5.5$ MPa。

2.4.1.4　工程实例

1. 高壁渡槽混凝土强度检测

高壁渡槽为钢筋混凝土拱架结构,由 3 个大拱跨(3 跨、4 座拱墩)及 17 个单排架,共 48 节水槽段及 47 个排架组成。其中,10 m 长槽段 17 跨、8.1 m 长槽段 30 跨、7 m 长槽段

1 跨,全长 470 m(含进出口)。渡槽拱跨最大跨高 49 m,每跨拱总跨径为 81 m,拱圈采用等截面无铰悬链拱,截面为箱式轻型结构,最大截面尺寸为 1.5 m×2.8 m,高跨比为 1/4,分段拱肋长 30 m。槽身截面采用半圆形薄壳结构设计,分为 7 m、8.1 m 和 10 m 三种结构长度。水槽壁厚 8 cm,槽两侧壁设拉杆连接。

根据 2015 年 7 月现场检查情况,渡槽混凝土剥蚀严重,部分钢筋裸露、锈迹斑斑,水槽与排架接触处混凝土破裂,水槽变形严重,安全护栏变形、脱落缺失,混凝土剥落、钢筋锈蚀情况严重。为彻底查清渡槽存在的病险隐患,特对其进行全面的检测。

本次对高壁渡槽混凝土构件现状抗压强度的推定采用取芯法(有损)与回弹强度检测(无损)相结合的方法,用取芯法检测强度对回弹推定强度进行验证。

1)取芯法强度检测结果

对水槽槽壁进行了混凝土取芯强度试验检测,共取得有效芯样 8 个,分别进行室内试验并得到强度推定值为 46.3 MPa。

2)室内回弹强度修正试验

在实验室通过混凝土标准试块抗压强度试验对渡槽无损法检测所使用回弹仪进行修正,确定回弹法检测结果的修正系数为 0.90。

3)渡槽主要结构混凝土强度推定值

根据前述推算方法,得到渡槽主要构件混凝土现龄期强度推定值如表 2-20~表 2-22所示。

表 2-20　各槽段槽壁混凝土强度回弹法强度推定值

槽段编号	测区	R_m	d_m/mm	f_{cu}^c/MPa	$m_{f_{cu}^c}/MPa$	$S_{f_{cu}^c}/MPa$	$f_{cu,e}/MPa$	强度修正值/MPa
1#	01	51.8	2.5	55.2	57.1	2.89	52.7	47.4
	02	49.7	2.0	52.7				
	03	56.8	3.0	60.0				
	04	55.7	3.0	60.0				
	05	51.3	2.0	56.2				
	06	54.3	3.0	58.2				
2#	01	52.9	2.5	57.6	55.6	2.21	52.1	46.9
	02	50.7	2.0	54.8				
	03	52.2	2.0	58.2				
	04	49.4	2.0	52.1				
	05	51.1	2.0	55.8				
	06	52.6	3.0	54.8				

续表 2-20

槽段编号	测区	R_m	d_m/mm	f_{cu}^c/MPa	$m_{f_{cu}^c}$/MPa	$S_{f_{cu}^c}$/MPa	$f_{cu,e}$/MPa	强度修正值/MPa
3#	01	48.0	2	49.2	55.1	3.88	49.2	44.3
	02	55.1	3	59.8				
	03	51.2	2	56.0				
	04	53.7	3	57.0				
	05	53.5	3	56.7				
	06	49.2	2	51.7				
4#	01	53.5	3	56.6	53.1	5.37	46.0	41.4
	02	50.9	2	55.3				
	03	55.8	3	60.0				
	04	49.9	2	53.2				
	05	45.9	1.5	47.7				
	06	45.1	1.5	46.0				
5#	01	57.7	3	60.0	60.0	0	60.0	54.0
	02	54.4	2	60.0				
	03	57.8	3	60.0				
	04	58.4	3.5	60.0				
	05	59.0	3.5	60.0				
	06	55.7	3.0	60.0				
6#	01	56.0	3.0	60.0	59.9	0.20	59.6	53.6
	02	55.2	3.0	60.0				
	03	57.4	3.0	60.0				
	04	53.8	2.5	59.6				
7#	01	51.7	2.0	57.1	56.3	2.57	53.2	47.9
	02	49.9	2.0	53.2				
	03	51.0	2.0	55.6				
	04	54.7	3.0	59.3				
8#	01	48.9	2.0	51.1	52.6	2.75	49.8	44.8
	02	48.3	2.0	49.8				
	03	50.1	2.0	53.6				
	04	51.2	2.0	56.0				

续表 2-20

槽段编号	测区	R_m	d_m/mm	f_{cu}^c/MPa	$m_{f_{cu}^c}$/MPa	$S_{f_{cu}^c}$/MPa	$f_{cu,e}$/MPa	强度修正值/MPa
9#	01	57.2	3.0	60.0	60.0	0	60.0	54.0
	02	53.2	2.0	60.0				
	03	56.0	3.0	60.0				
	04	56.9	3.0	60.0				
10#	01	47.8	2.0	48.8	50.6	3.14	47.8	43.0
	02	48.8	2.0	50.9				
	03	44.7	1.0	47.8				
	04	50.7	2.0	54.9				
11#	01	57.6	3.5	60.0	59.8	0.40	59.2	53.3
	02	54.1	3.0	60.0				
	03	56.3	3.0	60.0				
	04	53.7	2.5	59.2				
12#	01	56.5	3.0	60.0	60.0	0	60.0	54.0
	02	57.3	3.0	60.0				
	03	56.0	3.0	60.0				
	04	58.8	3.5	60.0				
13#	01	44.5	1.0	47.4	51.8	3.07	47.4	42.7
	02	48.0	1.5	52.2				
	03	50.4	2.0	54.3				
	04	50.0	2.0	53.4				
14#	01	41.2	1.0	40.6	47.7	5.90	40.6	36.5
	02	44.8	1.0	48.0				
	03	44.3	1.0	47.0				
	04	47.9	1.0	55.0				
15#	01	57.7	3.5	60.0	60.0	0	60.0	54.0
	02	58.8	3.5	60.0				
	03	58.7	3.5	60.0				
	04	59.6	3.5	60.0				

续表 2-20

槽段编号	测区	R_{m}	d_{m}/mm	$f_{\mathrm{cu}}^{\mathrm{c}}$/MPa	$m_{f_{\mathrm{cu}}^{\mathrm{c}}}$/MPa	$S_{f_{\mathrm{cu}}^{\mathrm{c}}}$/MPa	$f_{\mathrm{cu,e}}$/MPa	强度修正值/MPa
16#	01	50.7	2.0	54.9	52.4	4.64	45.6	41.0
	02	49.9	2.0	53.2				
	03	43.7	1.0	45.6				
	04	51.1	2.0	55.8				
17#	01	49.7	2.0	52.7	54.1	1.97	52.7	47.4
	02	49.9	2.0	53.2				
	03	50.0	2.0	53.4				
	04	52.6	2.5	57.0				
18#	01	45.7	1.5	47.3	52.5	5.46	47.3	42.6
	02	48.6	1.5	53.5				
	03	52.9	2.0	59.7				
	04	46.7	1.5	49.4				
19#	01	45.3	1.0	49.1	47.4	4.94	43.4	39.1
	02	42.6	1.0	43.4				
	03	47.3	1.0	53.6				
	04	42.6	1.0	43.4				
20#	01	50.8	2.0	55.1	53.1	2.78	50.3	45.3
	02	51.1	2.0	55.8				
	03	47.5	1.5	51.1				
	04	47.1	1.5	50.3				
21#	01	58.4	3.5	60.0	58.0	2.42	55.1	49.6
	02	58.4	3.5	60.0				
	03	51.6	2.0	56.9				
	04	50.8	2.0	55.1				
22#	01	46.6	1.5	49.2	47.8	1.86	45.8	41.2
	02	45.0	1.5	45.8				
	03	46.8	1.5	49.6				
	04	44.2	1.0	46.7				

续表 2-20

槽段编号	测区	R_m	d_m/mm	f_{cu}^c/MPa	$m_{f_{cu}^c}$/MPa	$S_{f_{cu}^c}$/MPa	$f_{cu,e}$/MPa	强度修正值/MPa
23#	01	56.7	3.0	60.0	58.9	2.20	55.6	50.0
	02	56.8	3.0	60.0				
	03	55.9	3.0	60.0				
	04	53.0	3.0	55.6				
24#	01	58.1	3.5	60.0	59.6	0.85	58.3	52.5
	02	55.4	3.0	60.0				
	03	58.8	3.0	60.0				
	04	53.2	2.5	58.3				
25#	01	58.6	3.5	60.0	58.0	4.05	51.9	46.7
	02	60.4	4.0	60.0				
	03	57.2	3.0	60.0				
	04	49.3	2.0	51.9				
26#	01	42.3	1.0	42.8	49.5	5.82	42.8	38.5
	02	44.9	1.0	48.2				
	03	47.0	1.5	50.0				
	04	51.6	2.0	56.9				
27#	01	51.0	2.0	55.6	53.3	3.23	50.0	45.0
	02	48.9	2.0	51.1				
	03	52.4	2.5	56.5				
	04	47.0	1.5	50.0				
28#	01	55.9	3.0	60.0	59.5	0.71	58.5	52.7
	02	53.8	2.5	59.6				
	03	53.3	2.5	58.5				
	04	55.9	3.0	60.0				
29#	01	45.8	1.0	50.2	50.8	4.55	45.1	40.6
	02	43.4	1.0	45.1				
	03	49.3	2.0	51.9				
	04	53.2	3.0	56.1				

续表 2-20

槽段编号	测区	R_m	d_m/mm	f_{cu}^c/MPa	$m_{f_{cu}^c}$/MPa	$S_{f_{cu}^c}$/MPa	$f_{cu,e}$/MPa	强度修正值/MPa
30#	01	58.3	3.5	60.0	60.0	0	60.0	54.0
	02	58.7	3.5	60.0				
	03	58.2	3.5	60.0				
	04	57.5	3.5	60.0				
31#	01	57	3.5	60.0	59.6	0.90	58.2	52.4
	02	52.2	2.0	58.2				
	03	58.2	4.0	60.0				
	04	59	4.0	60.0				
32#	01	48.6	2.0	50.4	53.3	3.89	49.6	44.6
	02	51.2	2.0	56.0				
	03	51.8	2.0	57.3				
	04	48.2	2.0	49.6				
33#	01	51.1	2.0	55.8	56.9	1.26	55.8	50.2
	02	51.9	2.0	57.5				
	03	51.1	2.0	55.8				
	04	53.2	2.5	58.3				
34#	01	56.8	3.5	60.0	58.7	0.96	57.8	52.0
	02	54.4	3.0	58.6				
	03	54.2	3.0	58.2				
	04	54	3.0	57.8				
35#	01	48.3	2.0	49.8	53.3	2.68	49.8	44.8
	02	49.9	2.0	53.2				
	03	50.2	2.0	53.8				
	04	53.3	3.0	56.3				

续表 2-20

槽段编号	测区	R_m	d_m/mm	f_{cu}^c/MPa	$m_{f_{cu}^c}$/MPa	$S_{f_{cu}^c}$/MPa	$f_{cu,e}$/MPa	强度修正值/MPa
36#	01	51.9	2.0	57.5	57.3	3.33	51.8	46.7
	02	55.4	3.0	60.0				
	03	53.5	3.0	56.7				
	04	54.3	3.0	58.4				
	05	53.3	2.5	58.5				
	06	57.6	3.5	60.0				
	07	56.5	3.0	60.0				
	08	54.1	3.0	58.0				
	09	50.9	2.0	55.3				
	10	45.2	1.0	48.9				
37#	01	47.6	1.5	51.3	56.4	3.60	50.4	45.4
	02	53.3	2.5	58.5				
	03	52.7	2.5	57.2				
	04	54.8	3.0	59.5				
	05	53.5	3.0	56.3				
	06	55.2	3.0	60.0				
	07	56.4	4.0	59.7				
	08	46.7	1.5	49.4				
	09	50.6	2.0	54.7				
	10	51.6	2.0	56.9				
38#	01	59.8	4.0	60.0	59.9	0.30	59.4	53.4
	02	60.3	4.0	60.0				
	03	57.1	3.5	60.0				
	04	56.6	3.5	60.0				
	05	58.8	4.0	60.0				
	06	55.4	3.5	59.2				
	07	58.9	4.0	60.0				
	08	58.1	4.0	60.0				
	09	56.9	4.0	60.0				
	10	55.5	3.5	59.4				

续表 2-20

槽段编号	测区	R_m	d_m/mm	f_{cu}^c/MPa	$m_{f_{cu}^c}$/MPa	$S_{f_{cu}^c}$/MPa	$f_{cu,e}$/MPa	强度修正值/MPa
39#	01	46.0	1.0	50.6	50.8	5.84	41.2	37.1
	02	41.3	1.0	40.8				
	03	47.8	1.5	51.8				
	04	48.5	1.5	53.3				
	05	50.3	2.0	54.0				
	06	44.5	1.0	47.4				
	07	49.9	2.0	53.2				
	08	41.8	1.0	41.8				
	09	54.4	3.0	58.6				
	10	52.3	2.5	56.3				
40#	01	45.0	1.0	48.5	54.8	3.66	48.7	43.9
	02	57.4	4.0	60.0				
	03	50.5	2.0	54.5				
	04	50.8	2.0	55.1				
	05	46.5	1.0	51.7				
	06	54.7	3.0	59.3				
	07	46.4	1.0	51.5				
	08	51.4	2.0	56.4				
	09	47.1	1.0	53.1				
	10	49	2.0	57.5				
41#	01	56.7	3.5	60.0	57.0	4.15	50.2	45.1
	02	60.7	4.0	60.0				
	03	54.5	3.5	57.3				
	04	53.7	3.0	57.1				
	05	48.3	2.0	49.8				
	06	52.3	2.5	56.3				
	07	46.7	1.5	49.4				
	08	59.2	4.0	60.0				
	09	57.2	3.5	60.0				
	10	55.6	3.0	60.0				

续表 2-20

槽段编号	测区	R_m	d_m/mm	f_{cu}^c/MPa	$m_{f_{cu}^c}$/MPa	$S_{f_{cu}^c}$/MPa	$f_{cu,e}$/MPa	强度修正值/MPa
42#	01	58.8	4.0	60.0	60.0	0.16	59.7	53.7
	02	55.3	3.0	60.0				
	03	58.5	4.0	60.0				
	04	60.1	4.0	60.0				
	05	60.1	4.0	60.0				
	06	61.1	4.0	60.0				
	07	57.6	4.0	60.0				
	08	56.8	4.0	60.0				
	09	56.3	4.0	59.5				
	10	57.9	4.0	60.0				
43#	01	61.2	4.0	60.0	58.1	4.24	51.1	46.0
	02	58.1	4.0	60.0				
	03	56.3	4.0	59.5				
	04	60.0	4.0	60.0				
	05	44.0	1.0	46.4				
	06	58.1	4.0	60.0				
	07	51.9	2.0	57.5				
	08	61.8	4.0	60.0				
	09	51.8	2.0	57.3				
	10	55.8	3.0	60.0				
44#	01	60.4	4.0	60.0	60.0	0	60.0	54.0
	02	59.4	4.0	60.0				
	03	60.7	4.0	60.0				
	04	56.6	4.0	60.0				
	05	61.2	4.0	60.0				
	06	57.9	4.0	60.0				
	07	60.6	4.0	60.0				
	08	59.0	4.0	60.0				
	09	59.5	4.0	60.0				
	10	59.6	4.0	60.0				

续表 2-20

槽段编号	测区	R_m	d_m/mm	f_{cu}^c/MPa	$m_{f_{cu}^c}$/MPa	$S_{f_{cu}^c}$/MPa	$f_{cu,e}$/MPa	强度修正值/MPa
45#	01	52.3	2.5	56.7	59.5	1.13	57.6	51.9
	02	55.8	3.0	60.0				
	03	60.1	4.0	60.0				
	04	58.6	4.0	60.0				
	05	57.4	4.0	60.0				
	06	58.4	4.0	60.0				
	07	57.3	4.0	60.0				
	08	54.2	3.0	58.2				
	09	59.1	4.0	60.0				
	10	59.5	4.0	60.0				

注：R_m 为测区回弹平均值；d_m 为测区混凝土碳化深度平均值；f_{cu}^c 为测区混凝土强度换算值；$m_{f_{cu}^c}$ 为测区混凝土强度换算值平均值；$S_{f_{cu}^c}$ 为测区混凝土强度换算值标准差；$f_{cu,e}$ 为构件现龄期混凝土强度推定值。余同。

表 2-21　排架混凝土强度回弹法强度推定值

排架编号		测区	R_m	d_m/mm	f_{cu}^c/MPa	$m_{f_{cu}^c}$/MPa	$S_{f_{cu}^c}$/MPa	$f_{cu,e}$/MPa	强度修正值/MPa
1#	竖柱	1	60.0	6.0	58.3	57.5	1.60	55.7	50.1
		2	55.2	4.0	57.2				
		3	56.7	4.0	60.0				
		4	58.8	5.5	55.9				
		5	57.3	5.0	55.7				
		6	57.5	4.5	57.6				
2#	竖柱	1	56.8	4.0	60.0	58.7	1.29	57.0	51.3
		2	57.0	4.5	57.6				
		3	56.7	4.5	57.0				
		4	57.9	4.5	59.5				
		5	57.3	4.5	58.2				
		6	58.6	4.5	60.0				

续表 2-21

排架编号	测区		R_m	d_m/mm	f_{cu}^c/MPa	$m_{f_{cu}^c}$/MPa	$S_{f_{cu}^c}$/MPa	$f_{cu,e}$/MPa	强度修正值/MPa
3#	竖柱	1	50.3	2.0	54.1	58.1	2.29	54.1	48.7
		2	53.6	3.0	56.9				
		3	56.5	4.0	59.7				
		4	56.8	4.0	60.0				
		5	55.6	4.0	58.0				
		6	56.4	4.0	59.7				
4#	竖柱	1	53.9	3.0	57.5	57.1	1.22	54.8	49.3
		2	53.9	3.0	57.5				
		3	52.6	3.0	54.8				
		4	55.7	4.0	58.3				
		5	54.3	3.5	56.9				
		6	54.7	3.5	57.7				
1#	横梁	1	59.0	5.0	59.0	56.0	4.24	53.0	47.7
		2	52.4	3.5	53.0				
2#	横梁	1	44.0	1.5	43.8	45.7	2.62	43.8	39.4
		2	45.8	1.5	47.5				
3#	横梁	1	47.7	2.0	48.6	50.4	2.47	48.6	43.7
		2	49.4	2.0	52.1				
4#	横梁	1	48.2	2.0	49.6	51.2	2.19	49.6	44.6
		2	51.6	3.0	52.7				

表 2-22　拉杆混凝土强度回弹法强度推定值

拉杆编号	测区	R_m	d_m/mm	f_{cu}^c/MPa	$m_{f_{cu}^c}$/MPa	$S_{f_{cu}^c}$/MPa	$f_{cu,e}$/MPa	强度修正值/MPa
1#	1	38.9	>6	23.6	21.3	3.32	18.9	7.0
	2	34.7	>6	18.9				
2#	1	38.0	>6	22.5	23.7	1.63	22.5	20.3
	2	39.9	>6	24.8				

续表 2-22

拉杆编号	测区	R_m	d_m/mm	f_{cu}^c/MPa	$m_{f_{cu}^c}$/MPa	$S_{f_{cu}^c}$/MPa	$f_{cu,e}$/MPa	强度修正值/MPa
3#	1	39.5	>6	24.3	26.9	3.61	24.3	21.9
	2	43.4	>6	29.4				
4#	1	44.0	>6	30.2	33.3	4.31	30.2	27.2
	2	48.2	>6	36.3				
5#	1	45.6	>6	32.5	34.1	2.26	32.5	29.3
	2	47.8	>6	35.7				
6#	1	42.6	>6	28.3	28.2	0.21	28.0	25.2
	2	42.4	>6	28.0				
7#	1	39.9	>6	24.8	29.1	6.08	24.8	22.3
	2	46.3	>6	33.4				
8#	1	36.3	>6	20.5	21.6	1.48	20.5	18.5
	2	38.1	>6	22.6				
9#	1	32.6	>6	17.0	18.8	2.55	17.0	15.3
	2	36.4	>6	20.6				
10#	1	40.0	>6	25.0	25.0	0	25.0	22.5
	2	40.0	>6	25.0				

综合以上检测结果,对各构件当作批量检测处理,得到渡槽各构件混凝土现龄期抗压强度回弹法检测综合推定值分别为:水槽 43.6 MPa(混凝土标号 250#)、排架 44.5 MPa(混凝土标号 200#)、拉杆 15.5 MPa、人行桥 17.5 MPa、护栏栏杆 15.1 MPa。

2. 永丰渡槽混凝土强度检测

浏阳市清江水库永丰渡槽(又名黑石嘴渡槽)始建于 1967 年,槽身采用 U 形,半径为 0.45 m,槽身高为 0.88 m,采用薄壳钢丝网结构,厚度为 30 mm。纵向结构为薄壳钢丝网双悬臂结构,实测全长 334 m,单跨长 16 m 的共 19 跨;单跨长 8 m 的共 2 跨,另有岸边连接段 14 m。

经过 40 多年的运行,工程老化损毁严重,槽身接缝处变形严重,槽底出现保护层脱落和大面积露筋露网,部分排架出现混凝土老化和露筋现象,给其安全使用带来了严重的隐患。为了彻底查清渡槽结构存在的病害,了解该渡槽双悬臂结构的受力性能,对该渡槽的加固处理提供可靠的依据,对其 1#~5# 槽段进行了现场试验、检测。

1)槽身材料强度、混凝土碳化深度检测

本次现场检查重点对 1#~5# 槽段槽身(包括 U 形槽及两侧踏步)混凝土现状抗压强度(回弹仪)以及混凝土碳化深度(碳化深度测量仪)两项内容进行了仪器检测,检测结果汇总见表 2-23。最终测得各部分混凝土构件强度推定值分别为:U 形槽身 15.3 MPa,混凝土碳化深度 7~11 mm;踏步≤10 MPa,混凝土碳化深度 14~20 mm。

表 2-23　槽身混凝土抗压强度及碳化深度测量结果汇总

构件	测区	回弹代表值 R_m	碳化深度/mm	现龄期抗压强度换算值/MPa	构件	测区	回弹代表值 R_m	碳化深度/mm	现龄期抗压强度换算值/MPa
U形槽身	测区 01	34.5	≥6	18.7	踏步	测区 01	22.9	≥6	≤10
	测区 02	38.9	≥6	23.6		测区 02	23.1	≥6	≤10
	测区 03	36.6	≥6	20.9		测区 03	22.6	≥6	≤10
	测区 04	36.6	≥6	20.9		测区 04	24.7	≥6	10.7
	测区 05	29.1	≥6	14.0		测区 05	24.4	≥6	10.4
	测区 06	32.5	≥6	16.9		测区 06	25.6	≥6	11.3
	测区 07	34.8	≥6	19.0		测区 07	20.7	≥6	≤10
	测区 08	38.6	≥6	23.2		测区 08	24.6	≥6	10.6
	测区 09	38.4	≥6	23.0		测区 09	25.2	≥6	11.0
	测区 10	38.1	≥6	22.6		测区 10	23.1	≥6	≤10
	测区 11	36.5	≥6	20.8		测区 11	23.0	≥6	≤10
	测区 12	39.1	≥6	23.9		测区 12	24.1	≥6	10.2
	测区 13	36.9	≥6	21.2		测区 13	22.9	≥6	≤10
	测区 14	29.9	≥6	14.6		测区 14	26.5	≥6	12.0
	测区 15	31.8	≥6	16.2		测区 15	20.9	≥6	≤10
	测区 16	37.9	≥6	22.4		测区 16	22.8	≥6	≤10
	测区 17	38.0	≥6	22.5		测区 17	22.5	≥6	≤10
	测区 18	34.2	≥6	18.4		测区 18	25.3	≥6	11.1
	测区 19	40.1	≥6	25.1		测区 19	22.3	≥6	≤10
	测区 20	36.8	≥6	21.1		测区 20	22.6	≥6	≤10

2)排架与基础结构强度、碳化深度检测

表 2-24 为排架混凝土抗压强度及碳化深度检测结果,排架混凝土强度推定值为 26.5 MPa,混凝土表层碳化严重,碳化深度 10~15 mm。

表 2-24　排架混凝土抗压强度及碳化深度检测结果

构件	测区	测区回弹代表值 R_m	碳化深度/mm	现龄期抗压强度换算值/MPa
排架	测区 01	51.0	≥6	40.9
	测区 02	41.2	≥6	26.5
	测区 03	45.7	≥6	32.7
	测区 04	42.8	≥6	28.6
	测区 05	49.6	≥6	38.5
	测区 06	50.9	≥6	40.5
	测区 07	48.5	≥6	36.8
	测区 08	53.5	≥6	44.7
	强度推定值			26.5

3. 黄石水库灌区典型渡槽混凝土强度检测

黄石水库灌区位于湖南省桃源县西北部,灌区工程始建于 1964 年,1968 年投入运行。黄石水库灌区受建设时期历史条件、经济条件的限制,工程设计标准偏低、工程质量差、配套不全,加上运行时效老化,工程问题普遍暴露。在 2005 年抗旱中,险情频频出现。因南干渠台渠滑坡抢险,影响供水 12 d。

全灌区共有建筑物 337 处,总长度 362 400 m。其中,进水闸(节制闸、分水闸)51 处、泄洪闸(退水闸)41 处,渡槽 21 处,倒虹吸 0 处,隧洞 20 处,渠下涵 77 处,跨渠桥 84 处,暗涵 5 处,闸门及启闭设施 38 处。

本次开展灌区典型建筑物安全检测的主要目的是调查被检测建筑结构现状缺陷,通过选取具有代表性的建筑物进行现场检测,以点代面,准确掌握各建筑物安全状况及其主要老损特征。本次黄石水库灌区现场检测所选取的渡槽工程有狮子山 3# 渡槽、沙丘台渡槽、莫溪桥渡槽、沙家台渡槽。

1) 狮子山 3# 渡槽混凝土强度检测

狮子山 3# 渡槽属于灌区的南干渠段,1967 年建成。渡槽总长度为 100 m,共 5 跨,最大跨径 20 m,上部结构形式为简支结构,槽身断面形式为 U 形。

渡槽整体老损情况较为明显,主要在以下几个方面:3# 与 4# 槽段接缝处槽身侧壁破坏、支座混凝土压裂破坏,虽在原基础上进行修补,但仍存在安全隐患;多个槽身接缝橡胶止水拉裂破坏;槽顶人行道安全护栏破损严重,部分护栏缺失。渡槽排架表观情况良好,未见明显老损现象。

本次检测采用回弹法对其强度进行检测,各施测构件分别进行 10 个测区的回弹值取样,每个测区根据规范要求获取 16 个回弹值,然后对混凝土强度进行推定。各构件现龄期混凝土抗压强度平均值、强度标准差及推定值整理结果见表 2-25、表 2-26。

表 2-25　槽身内壁现龄期混凝土强度推定值

测区	01	02	03	04	05	06	07	08	09	10
槽身内壁测区回弹平均值	23.5	24.7	29.7	24.6	29.1	22.9	27.8	22.9	21.1	24.6
测区混凝土强度平均值 $m_{f_{cu}}$/MPa	25.1									
抗压强度标准差 $S_{f_{cu}}$/MPa	2.9									
现龄期混凝土强度推定值 $f_{cu,e}$/MPa	20.4									

表 2-26　排架现龄期混凝土强度推定值

测区	01	02	03	04	05	06	07	08	09	10
排架测区回弹平均值	19.9	12.8	14.3	18.6	11.8	14.2	22.5	15.3	14.5	15.6
测区混凝土强度平均值 $m_{f_{cu}}$/MPa	16.0									
抗压强度标准差 $S_{f_{cu}}$/MPa	3.4									
现龄期混凝土强度推定值 $f_{cu,e}$/MPa	10.4									

根据检测数据推定,该渡槽主要受力结构混凝土强度值分别为:槽身内壁 20.4 MPa,排架为 10.4 MPa。

2)沙丘台渡槽混凝土强度检测

沙丘台渡槽属于灌区的南干渠段,1967 年建成。渡槽总长度为 160 m,共 8 跨,最大跨径 20 m,上部结构形式为简支结构,槽身断面形式为 U 形。

沙丘台渡槽整体表观现状概述如下:

(1)右侧老槽槽身老损问题较为突出,主要问题为:渡槽 3#、4# 槽身内壁普遍存在保护层剥落、钢筋外露锈蚀现象;1# 槽段下游段细裂缝较为发育;槽身外壁及接缝处有轻微渗漏及侵蚀;渡槽顶部人行道安全护栏破损严重。

(2)左侧新槽槽身表观情况良好,主要问题是局部槽段接缝处橡胶止水拉裂破坏、止水失效并伴有渗漏问题;部分排架受渗水侵蚀,但整体表观情况良好,无明显老损现象。

对主要混凝土构件混凝土强度进行回弹法检测,现龄期抗压强度换算值见表 2-27。

表 2-27　渡槽混凝土构件混凝土现龄期抗压强度换算值　　　　单位:MPa

测区	老槽槽身内侧壁	新槽槽身内侧壁	老槽排架	新槽排架
	各构件在各测区的强度换算值			
01	23.0	23.9	31.5	26.8
02	21.4	18.4	32.4	22.1
03	21.0	19.0	26.9	18.2
04	19.5	33.9	31.0	16.9
05	18.8	24.6	21.3	25.1
06	15.7	25.7	23.1	18.3

续表 2-27

测区	老槽槽身内侧壁	新槽槽身内侧壁	老槽排架	新槽排架
	各构件在各测区的强度换算值			
07	17.7	26.9	26.4	21.8
08	16.5	21.4	24.9	24.8
09	16.8	40.7	22.3	19.6
10	16.3	30.1	27.8	25.4
测区混凝土强度平均值 $m_{f_{cu}^c}$	18.7	26.5	26.8	21.9
抗压强度标准差 $S_{f_{cu}^c}$	2.5	6.9	3.9	3.5
现龄期混凝土强度推定值 $f_{cu,e}$	14.6	15.1	20.3	16.1

根据检测数据推定,该渡槽主要受力结构混凝土强度值分别为:老槽槽身内侧壁 14.6 MPa,新槽槽身内侧壁 15.1 MPa,老槽排架为 20.3 MPa,新槽排架为 16.1 MPa。

3)莫溪桥渡槽混凝土强度检测

莫溪桥渡槽整体表观情况检查如下:

(1)槽体存在一定的老损现象,主要有以下几方面:槽段间接缝一定程度错位变形、渗漏;渡槽靠岸固定端存在因变形而产生的拉裂破坏,并有渗漏痕迹;槽底外表面局部区域保护层脱落、露筋锈蚀;槽顶人行桥面板、钢筋混凝土护栏存在一定程度的破损,桥面局部存在裂缝发育,影响行人安全。

(2)排架整体情况良好,局部存在保护层脱落现象。

对各主要混凝土构件现状抗压强度进行检测与换算,结果见表 2-28。

表 2-28　渡槽混凝土构件混凝土现龄期抗压强度换算值　　单位:MPa

测区	槽顶人行桥	槽内壁	排架 1	排架 2
	各构件在各测区的强度换算值			
01	19.0	22.3	22.7	25.2
02	15.0	18.3	24.2	22.3
03	18.0	15.0	25.4	19.2
04	15.9	16.9	17.5	18.1
05	17.5	20.4	29.0	25.7
06	15.8	19.8	25.1	18.5
07	13.9	23.5	24.6	21.7
08	18.4	15.7	18.5	24.5
09	15.2	15.2	20.4	19.5

续表 2-28

测区	槽顶人行桥	槽内壁	排架 1	排架 2
	各构件在各测区的强度换算值			
10	13.6	17.2	26.6	24.6
测区混凝土强度 平均值 $m_{f_{cu}^c}$	16.2	18.4	23.4	21.9
抗压强度标准差 $S_{f_{cu}^c}$	1.9	3.0	3.6	3.0
现龄期混凝土强度 推定值 $f_{cu,e}$	13.1	13.5	17.4	17.1

根据检测数据推定,该渡槽主要受力结构混凝土强度值分别为:槽顶人行桥 13.1 MPa,槽内壁 13.5 MPa,排架 17.1 MPa。

4)沙家台渡槽混凝土强度检测

沙家台渡槽整体表观情况概述如下:

(1)槽身主要老损情况主要有几方面:槽段间接缝错位、变形,并存在渗漏迹象(此现象主要存于靠岸槽段与中间槽段接缝);渡槽靠岸固定端存在一定拉裂破坏,并存在渗漏迹象;槽顶人行桥混凝土护栏破损较为严重,部分护栏缺失,影响行人安全。

(2)排架整体情况良好,局部混凝土表面发育微裂缝,无其他明显破损现象。

对各主要混凝土构件现状抗压强度进行检测与换算,结果见表2-29。

表2-29　渡槽混凝土构件混凝土现龄期抗压强度换算值　　　　　单位:MPa

测区	槽身内壁	槽身外壁	槽底外壁	排架
	各构件在各测区的强度换算值			
01	18.4	30.2	31.2	24.7
02	20.6	19.7	34.5	25.4
03	17.9	23.1	30.1	27.8
04	19.8	17.2	32.3	13.6
05	23.4	20.3	39.5	16.9
06	24.7	19.8	29.9	14.3
07	18.4	23.6	39.8	29.4
08	16.0	21.9	37.3	28.5
09	17.0	25.2	38.1	26.9
10	22.0	25.1	35.8	19.1
测区混凝土强度 平均值 $m_{f_{cu}^c}$	19.8	22.6	34.9	22.7
抗压强度标准差 $S_{f_{cu}^c}$	2.8	3.7	3.8	6.1
现龄期混凝土强度 推定值 $f_{cu,e}$	15.2	16.5	28.6	12.6

根据检测数据推定,该渡槽主要受力结构混凝土强度值分别为:槽身内壁 15.2 MPa,槽身外壁 16.5 MPa,槽底外壁 28.6 MPa,排架 12.6 MPa。

2.4.2　超声脉冲法检测混凝土强度

2.4.2.1　**基本原理**

超声法与回弹法相类似,是通过相关性来间接测定混凝土强度的一种方法,也是建立在混凝土的强度与其他物理特征值的相关关系基础上。

超声法是将混凝土视为匀质的弹性固体介质,由超声波在混凝土中的传播速度推断混凝土的强度。通过超声脉冲仪的发射换能器向结构发射、由接收换能器接收穿过混凝土后的脉冲信号,仪器显示超声脉冲穿过混凝土所用的时间,接收信号的波形、波幅等。根据超声脉冲穿越混凝土的时间和距离,即可计算声速。

混凝土强度与其弹性模量、密度等密切相关,而根据弹性波动理论,超声波在弹性介质中的传播速度又与弹性模量、密度这些参数之间存在以下关系:

$$v = \sqrt{\frac{E(1-\mu)}{\rho(1+\mu)(1-2\mu)}} \qquad (2-33)$$

式中:v 为超声波在混凝土内的传播速度;E 为混凝土的弹性模量;ρ 为密度;μ 为泊松比。

因而,混凝土强度与超声波在其中的传播速度具有一定的相关性。建立了混凝土强度与波速之间的定量关系后,即可根据检测到的超声波波速推定混凝土强度,这就是超声波法检测混凝土强度的基本原理。混凝土强度越高,其波速越大。

2.4.2.2　**现场测试技术**

1. 声速测试方法

1)对测法

对测法也称直穿对测法,是将发射、接收换能器分别置于结构构件的两个相对侧面上,并在垂直于浇筑面的同一法线上,让声脉冲穿越结构构件[见图 2-11(a)]。有条件时应优先采用这一方法。

2)斜测法

当用对测法有困难时,可采用如图 2-11(b)所示的斜向对测法。

3)平测法

当两个换能器无法置于两个相对侧面上时,也可采用将两个换能器置于同一平面上的平测法,见图 2-11(c)。

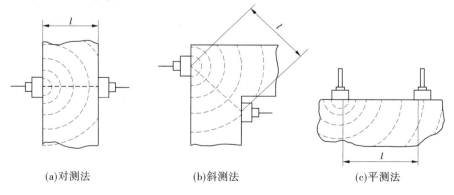

(a)对测法　　　　　　　(b)斜测法　　　　　　　(c)平测法

图 2-11　声速测试方法

2. 测区的数量和选取

测区的数量和选取与回弹法相同,但应预先用钢筋位置测定仪或根据施工图确定钢筋和铁件的位置,以尽量避开钢筋,特别是与声通路平行的钢筋。测区表面应平整、清洁,否则,应将表面用砂轮打磨平整或用快硬水泥浆取最小厚度填平。量测时,应在换能器与结构构件表面之间加耦合剂(黄油、凡士林、水玻璃,滑石粉浆等),以减少声能反射损失。

3. 声速量测和计算

如图 2-12 所示,在每个测区的上、中、下取 3~5 个测点,用对测法测得相应的声时值。测区平均声速按下式计算:

$$\overline{v} = \frac{1}{n}\sum_{i=1}^{n} v_i = \frac{1}{n}\sum_{i=1}^{n}\frac{l_i}{t_i} \tag{2-34}$$

式中:$\overline{v}$ 为测区平均声速值,m/s;v_i 为第 i 个测点的声速值,m/s;l_i 为第 i 个测点的声程值,m;t_i 为第 i 个测点的声时值,s;n 为测区的测点数,$n=3\sim5$。

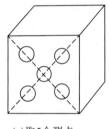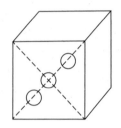

(a)取5个测点　　　　　(b)取3个测点

图 2-12　测区测点布置

当测区内有钢筋时,应按表 2-30 和表 2-31 对 v_i 进行修正。若测距(声程)较大,还应按表 2-32 对 v_i 进行修正。

表 2-30　横向钢筋声速修正值

l_0/l	混凝土声速值/(m/s)			l_0/l	混凝土声速值/(m/s)		
	3 000	4 000	5 000		3 000	4 000	5 000
1/12	0.96	0.97	0.99	1/4	0.88	0.92	0.97
1/10	0.95	0.97	0.99	1/3	0.83	0.88	0.95
1/8	0.94	0.96	0.99	1/2	0.69	0.78	0.90
1/6	0.92	0.94	0.98				

注:1. 横向钢筋为钢筋轴线垂于声波传播方向的钢筋(见图 2-13)。

2. l_0 为声波穿越钢筋的声程,$l_0 = \sum d$,d 为钢筋直径。

3. l 为总声程。

表 2-31　平行钢筋声速修正值[钢筋混凝土的声速比/(v_s/v_c)]

D/l	钢筋直径/cm			
	1.6	1.4	1.2	1.1
1/20		0.34	0.54	0.79
1/15	0.35	0.45	0.67	0.88
1/10	0.48	0.63	0.85	0.98

续表 2-31

D/l	钢筋直径/cm			
	1.6	1.4	1.2	1.1
1/7	0.69	0.82	0.99	1.00
1/5	0.89	0.99	1.00	1.00
1/4	1.00	1.00	1.00	1.00

注:1. 平行钢筋为钢筋轴线平行于声波传播方向的钢筋(见图 2-14)。

2. v_S 为钢筋声速值,与钢筋直径有关,见图 2-15。

3. v_C 为混凝土声速值。

4. D、l 为图 2-14 所示的距离。

表 2-32　测距修正系数

测试距离/cm	15	50	100	200	300	400	500
修正系数	1	1.003	1.015	1.023	1.027	1.030	1.031

注:表中结果系采用手动游标测读方式、等幅值方法试验所得。

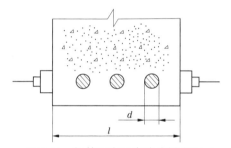

图 2-13　钢筋垂直于声波传播方向

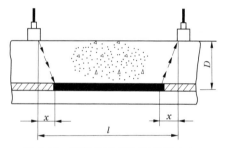

图 2-14　钢筋平行于声波传播方向

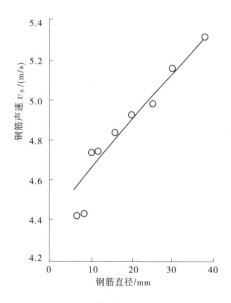

图 2-15　钢筋直径与声速关系

2.4.2.3 混凝土强度的推定

混凝土强度推定的一般原则同回弹法,其单个(逐个)推定法和抽样推定法的步骤如下。

1. 测区混凝土强度值

根据修正后的测区实测平均声速值,查专用、地区或通用 $f-v$ 关系曲线,求得测区混凝土强度值(f_i)。

2. 结构混凝土强度平均值

结构混凝土强度平均值为:

$$\overline{f} = \frac{1}{n} \sum_{i=1}^{n} f_i \qquad (2-35)$$

式中:$\overline{f}$ 为结构混凝土强度平均值,N/mm^2;f_i 为第 i 个测区混凝土强度值,N/mm^2;n 为测区数,对于单个(逐个)推定的构件,取一个构件的测区数,对于抽样推定的构件,取各抽检构件测区数之和。

3. 结构混凝土强度条件值

(1)按《混凝土结构工程施工质量验收规范》(GB 50204—2015):

$$f_1 = \frac{1}{0.85}(\overline{f} - KS_f) \qquad (2-36)$$

$$f_2 = \frac{1}{0.85}f_{i,min} \qquad (2-37)$$

式中:f_1 为结构混凝土强度第一条件值,N/mm^2;f_2 为结构混凝土强度第二条件值,N/mm^2;$f_{i,min}$ 为混凝土强度的最小值,N/mm^2,对于单个(逐个)推定的构件,取一个构件中测区混凝土强度的最小值,对于抽样推定的构件,取抽样构件中测区混凝土强度的最小值;K 为合格判定系数,按表2-33取值;S_f 为结构混凝土强度标准差,N/mm^2,按式(2-38)计算。

$$S_f = \sqrt{\frac{1}{n-1}\left(\sum_{i=1}^{n} f_i^2 - n\overline{f}^2\right)} \qquad (2-38)$$

式中:f_i 为第 i 个测区混凝土强度值,N/mm^2;n 为测区数。

表 2-33 合格判定系数 K 值

n	10~14	15~24	≥25
K	1.70	1.65	1.60

(2)按《混凝土强度检验评定标准》(GB/T 50107—2010):

$$f_1 = \frac{1}{0.90}(\overline{f} - \lambda_1 S_f) \qquad (2-39)$$

$$f_2 = \frac{1}{\lambda_2}f_{i,min} \qquad (2-40)$$

式中:λ_1、λ_2 均为合格判定系数,按表2-34取值。

表 2-34　合格判定系数 λ_1、λ_2 值

n	10~14	15~24	≥25
λ_1	1.70	1.65	1.60
λ_2	0.9	0.85	

4. 混凝土强度推定值

单个结构构件混凝土强度推定值 f 应取单个推定时 f_1、f_2 中的较小值。一批构件混凝土强度的推定值 f,应取抽样推定时 f_1、f_2 中的较小值。

5. 混凝土强度的评定

当混凝土强度的推定值大于设计值或下一目标使用年限要达到的强度值时,结构混凝土的强度满足要求。

采用超声法测定混凝土的强度在实际工程的应用中局限性较大,因为除混凝土的强度外还有很多因素影响声速,例如混凝土中骨料的品种、粗骨料的最大粒径、砂率、水泥品种、水泥用量、外加剂、混凝土的龄期、测试时的温度和含水量等。因此,最好是用较多的综合指标来测定混凝土的强度。目前应用较多的超声回弹综合法就是这样一种方法。

2.4.3　钻芯法检测混凝土强度

钻芯法是利用专用钻机和人造金刚石空心薄壁钻头,从结构混凝土中钻取芯样以检测混凝土强度的方法。由于它对结构混凝土造成局部损伤,因此它是一种半破损的现场检测手段。该法较其他方法直观、可靠,也常与其他非破损检测法综合使用,以提高非破损法的检测精度。

取芯后的圆孔必须及时修补,通常用合成树脂为胶结料的聚合物细石混凝土或微膨胀水泥细石混凝土,为确保新老混凝土的良好胶结,修补时应将孔内清净,并于修补后妥善养护。

主要取芯设备包括取芯钻机、钻头和切割机等。混凝土取芯钻机分轻便型、轻型、重型和超重型 4 种类型,切割机用来由芯样切取试件。为保证试件的质量,应严格按照取芯钻机与切割机的操作规程取芯和切取试件。

2.4.3.1　芯样钻取及技术要求

(1)单个构件进行混凝土强度检测时,在构件上的取芯个数一般不少于 3 个;当成批构件进行混凝土强度检测时,取芯数量应为 20~30 个,当取芯直径小于标准尺寸 100 mm 时,取芯数量应适当增加。每个构件上宜取一个芯样;当取芯是为了修正回弹法或超声回弹综合法检测混凝土强度时,则取芯数量应不少于 6 个。

(2)钻芯时会对结构混凝土造成局部损伤,因此在选择钻芯位置时要特别慎重。取芯的原则是应尽量选择在结构受力较小的部位。对于一些重要构件或者一些构件的重要区域,尽量不在这些部位取芯,以免对结构安全性造成不利影响。

在同一个混凝土构件中,由于受到施工条件、养护情况及不同位置的影响,各部分的

强度并不是均匀一致的,在选择钻芯位置时应考虑这些因素,以使取芯位置的混凝土强度具有代表性。

采用钻芯法校核或修正回弹法或综合法检测的混凝土强度时,取芯位置应选择在具有代表性的非破损测区内。

(3)芯样的长度应为直径的1~2倍。对于粗骨料粒径小于40 mm的混凝土,宜采用直径和长度均为100 mm的芯样。

(4)芯样的端面不平度,每100 mm内应不超过0.05 mm,若端面达不到平整度要求,可用磨平机磨平端面,一般情况下可用高强度等级水泥净浆(水灰比小于0.3)或用硫黄胶泥通过补平器补平,硫黄胶泥的厚度不应超过1.5 mm,水泥浆的厚度不应超过5 mm,补平层应与芯样牢固结合,在抗压试验时补平层与芯样的接合面不能提前开裂。

(5)芯样端面与轴线之间垂直度偏差,应不大于2°。

(6)芯样中应尽可能没有钢筋,直径等于或大于100 mm的芯样,允许含有1~2根与芯样轴线垂直、直径不大于10 mm的钢筋,其位置应靠近芯样端头,但不露出端面,并记录钢筋的直径和位置。

(7)含水混凝土的抗压强度一般比干燥混凝土低。所以,芯样的干湿度宜与结构混凝土的干湿度一致。

2.4.3.2　结构混凝土强度的推定

对各项尺寸和端面条件等均满足要求的试件进行抗压试验后,可按下式计算芯样抗压强度:

$$f_r = \frac{4P}{K\pi D^2} \tag{2-41}$$

式中:f_r 为芯样抗压强度,N/mm²;P 为芯样破坏荷载,N;D 为芯样直径,精确至0.5 mm;K 为高径比修正系数,按表2-35取值。

表2-35　芯样高径比修正系数

高径比(H/D)	芯样抗压强度(N/mm²)		
	$10 < f_r \leq 25$	$25 < f_r \leq 35$	$35 < f_r \leq 45$
1.00	1.00	1.00	1.00
1.25	0.90	0.94	0.98
1.50	0.86	0.91	0.96
1.75	0.84	0.89	0.94
2.00	0.82	0.87	0.92

注:1. 直径100 mm和150 mm的芯样,当高径比相同时,可采用相同的修正系数。

2. 当H/D为其他比值时,可采用内插法确定修正系数。

3. 抗压强度小于10 N/mm²的混凝土不宜用钻芯法。

直径 100 mm 和 150 mm、高径比 $H/D = 1$ 的芯样为标准芯样,其抗压强度与边长为 150 mm 的立方体试块抗压强度相当,可用以代替立方体试块强度推定结构混凝土的抗压强度。

2.4.4　拉出法检测混凝土强度

用拉力从混凝土表面局部剥离一小块混凝土,根据剥离所需拉力与混凝土强度之间的相关关系,推定结构混凝土强度的方法称为拉出法(又称拉拔剥离法)。该法是在混凝土的抗压强度与抗拉强度之间直接建立经验关系,比与表面硬度、超声波传播速度等间接建立关系的非破损法更为直接、可靠。

拉出法属半破损法或局部破损法,试验后应及时对破坏处进行修复。

2.4.4.1　拉出法 1(苏联法)

常采用的拉出法是先用电动或风动钻机、金刚石钻具等钻出垂直于混凝土表面的孔。对于一般强度的混凝土,孔径取 24~26 mm;高强度混凝土,孔径取 28~30 mm;孔深(锚固件埋置深度)按表 2-36 确定;孔距不应小于 250 mm,离结构边缘的距离不应小于 150 mm。然后将孔清理干净,埋入锚固件。锚固件一般有 3 种形式:Ⅰ型锚固件为一锚杆,下端为一扩大的圆锥头,另一端有螺纹,采用Ⅰ型锚固件时需用高标号砂浆灌缝;Ⅱ型锚固件在锚杆下端周围有 3 块带网纹的弧形肋板;Ⅲ型锚固件在肋板和锚杆之间有一锥形套管。采用Ⅱ、Ⅲ型锚固件无须灌注砂浆,其作用原理是:当锚杆受拉时由于锥头的作用弧形肋板张开,挤紧孔道内壁,将孔道四周的混凝土拉出。施加拉力的设备通常为液压拉拔仪。

结构混凝土抗压强度可用下式换算:

$$f = 0.01\alpha K_1 p \qquad (2\text{-}42)$$

式中:f 为结构混凝土的抗压强度,N/mm^2;p 为拉出力,N;K_1 为混凝土粗骨料粒径修正系数,最大粒径小于 50 mm 时,$K_1 = 1.0$,最大粒径大于 50 mm 时,$K_1 = 1.1$;α 为混凝土强度与拉出力的比例系数,mm^{-2},按表 2-36 取值。

表 2-36　锚固件埋置深度和系数 α 值

混凝土养护条件	锚固件形式	混凝土预计强度/(N/mm^2)	埋置深度/mm	α/mm^{-2}	
				普通混凝土	轻骨料混凝土
常规养护	Ⅰ	≤50	48±1	0.10	0.11
		>50	35±1	0.23	—
	Ⅱ	≤50	48±1	0.085	0.095
		>50	30±1	0.024	—
	Ⅲ	≤50	35±1	0.14	—

2.4.4.2　拉出法2（美国法）

拉出法2又称ACI拉出法，它又分两种，此处仅介绍其一，另一种原理类似。此方法的主要设备有拉拔螺杆、底座与连接小型油泵的千斤顶等。首先用钻机在结构混凝土上钻出垂直于混凝土表面的孔，孔径为19 mm，深度为38 mm。孔内清洗、干燥后，注入环氧树脂黏结剂，插入直径16 mm的钢螺杆，并缓慢转动，以免界面处夹裹空气。在环氧树脂黏结剂固化初期，将底座套入螺杆，并使螺杆垂直于混凝土表面。待环氧树脂完全固化后，安装相应的支架，通过千斤顶对螺杆匀速施加拉力，测定其拔出力。

2.4.4.3　拉脱法

常用的拉脱法是先清除混凝土表面灰尘，并用丙酮擦洗，待干燥后先在圆盘和混凝土表面各涂上1 mm厚的环氧树脂黏结剂，10 min后将圆盘贴在混凝土表面，用1.2~2.0 kg的重物压紧。当测试表面垂直或倾斜时，可在圆盘周边涂上石膏浆，石膏浆迅速硬化，使圆盘得以固定，待24 h后，将拉拔仪与圆盘上面的螺杆连接并拉拔圆盘。在拉力作用下，在圆盘面积范围内的混凝土被拉脱剥离产生局部破坏，同时测得拉力。根据预先建立的拉力和抗压强度之间的经验关系，即可推定结构混凝土强度。

圆盘的厚度不小于10 mm，圆盘直径的选用与混凝土骨料的粒径有关，常采用的直径为60 mm、80 mm，当骨料最大粒径小于40 mm时用60 mm，当骨料最大粒径不小于40 mm时用80 mm。试验表明，抗压强度相同的混凝土，抗拔强度随圆盘直径的增大而降低，故在推求混凝土抗压强度时，应根据采用的圆盘直径，乘以相应的修正系数。直径为40 mm、60 mm和80 mm的圆盘，其修正系数分别为0.72、1.00和1.05。

所用环氧树脂黏结剂的黏结强度要大于混凝土的抗拉强度，其质量配比常用以下两种：

配合比1：环氧树脂:乙二胺（硬化剂）:水泥（填充料）= 100:10:40。

配合比2：环氧树脂:乙二胺:邻苯二甲酸二丁脂（塑化剂）:水泥= 100:10:20:40。

2.4.5　综合法检测混凝土强度

如前所述，虽然在非破损检验法中对各种影响强度的因素都提出了修正和采取必要的措施，但是，由于实际情况的复杂性和修正的局限性，某些已知因素和未知因素的影响仍难以消除，依靠单一方法推定结构混凝土强度，其精度相对较低。

采用两种或两种以上的非破损法或与某种破损法相结合的检验法，所得检测指标，从不同角度综合评价结构混凝土强度的方法称为综合法。其基本要求是：参与综合的两种（或两种以上）检验方法能互相取长补短，选用的几个检验参数在一定程度上能互相抵消或离析某些因素的影响，从而提高测试精度。

2.4.5.1　超声回弹综合法

超声回弹综合法是20世纪60年代发展起来的一种非破损综合检测方法，在国内外已得到广泛应用，我国已制定了《超声回弹综合法检测混凝土抗压强度技术规程》（T/CECS 02—2020）。

超声回弹综合法的基本思想是利用超声声速值v和回弹值R这两个参数同时与混凝土强度建立相关关系。

1.测强曲线

用混凝土试块的抗压强度与非破损参数之间建立起来的相关关系曲线,即为测强曲线。对于超声回弹综合法来说,即先对试块进行超声测试,然后进行回弹测试,最后将试块抗压破坏,当取得超声声速值 v、回弹值 R 和混凝土强度值 f_{cu} 之后,选择相应的数学模型来拟合它们之间的相关关系。

1)测强曲线的建立方法

在综合法测强中,混凝土的配合比、水泥品种及用量、粗骨料性质及粒径、龄期等因素对测试结果有不同程度的影响,为了解决这个问题,提高测试精度,在如何建立测强曲线这个问题上有两种作法:一种是采用标准曲线然后用多个系数进行修正以确定混凝土的强度,即所谓标准混凝土法;另一种是根据所采用的配合比、原材料等制作多组测强曲线,即所谓常用配合比或最佳配合比法。

(1)标准混凝土法。

所谓标准混凝土,即人为规定影响因素的影响系数均为 1 的情况下所制成的混凝土,用这样的混凝土来建立测强曲线称标准曲线,在罗马尼亚采用的标准混凝土是:①325# 普通硅酸盐水泥;②水泥用量 300 kg/m³;③粗骨料为石英质河卵石,最大骨料粒径为 30 mm;④粒径为 0~1.0 mm 细骨料的含量为 12%;⑤不掺外加剂;⑥试块为边长 20 cm 立方体,采用标准养护;⑦混凝土的成熟度为 1 000 ℃·d。

为了得到不同的混凝土强度,用改变水灰比的办法把混凝土试块的强度从低到高拉开。用这样的混凝土建立的测强曲线规定其影响因素为 1,其余均为非标准混凝土。当改变混凝土原材料种类或配合比时则应建立相应的修正系数。每改变一个因素就要建立一个相应的修正系数,修正系数 C_0 用下式计算:

$$C_0 = f_标 / f_非 \tag{2-43}$$

式中: $f_标$ 为标准混凝土强度; $f_非$ 为非标准混凝土强度。

在罗马尼亚超声回弹综合法测强中共建立了 5 个修正系数,即:①水泥品种修正系数 C_1;②水泥用量修正系数 C_2;③粗骨料种类修正系数 C_3;④最大骨料粒径修正系数 C_4;⑤0~1.0 mm 细骨料的比例修正系数 C_5。

当采用标准曲线确定非标准混凝土强度时,则用下式计算:

$$f_非 = f_标 \cdot C_0 \tag{2-44}$$

式中: $C_0 = C_1 \cdot C_2 \cdot C_3 \cdot C_4 \cdot C_5$。

(2)最佳配合比(或常用配合比)法。

采用最佳配合比配制不同强度等级的混凝土试块,然后在不同龄期进行测试,以建立测强曲线,这样建立的曲线针对性强、精度比较高,但曲线的数量多,这是我国应用较多的一种形式。

2)地区(或专用)测强曲线的制定方法

在制定测强曲线时应注意以下问题:

(1)选择合适的测试仪器。

在综合法检测混凝土强度的试验中,常用的仪器是超声仪和回弹仪。

(2)试块的制作和养护。

在制作试块之前,必须对使用的混凝土原材料的种类、规格、产地及质量情况进行全面的调查了解,制订详细的试验计划,有针对性地进行试验。

制定地区测强曲线时试块的数量一般不少于 150 块,制定专用测强曲线时试块的数量一般不少于 30 块。为了减少龄期等因素的影响,试块的制作应尽可能在短时间内完成。试块是边长为 150 mm 的立方体。

混凝土试块的强度等级可分 C10、C20、C30、C40、C50 等数种,可根据实际需要进行选择。每种强度等级的混凝土可采用最佳配合比或常用配合比进行配制。

试块的制作应在振动台上振捣成型或采用与被测构件相同的浇捣工艺。试块的养护方法也应与被测构件相同,如若建立蒸汽养护混凝土测强曲线时,则试块应进行蒸汽养护。如若建立自然养护测强曲线时,则试块应进行自然养护。自然养护时,应在试块成型的第二天拆模,然后移到不受日晒雨淋处按"品"字形堆放养护至一定的龄期进行非破损测试。

试块的测试龄期可分别在 7 d、14 d、28 d、60 d、90 d、180 d、365 d……进行。根据曲线允许使用的时间进行选择。每一个龄期和每一个强度等级的试块至少应试验一组,以保持具有足够的数据,满足曲线的计算要求。

(3)试块的测试。

到达测试龄期的试块,清除测试面上的粘杂物后,进行超声和回弹测试。

①声时值的测量及声速计算。

在试块上测量声时时,应取试块的一对侧面为测试面,为了保证换能器与测试面间有良好的声耦合,测量时采用对测法,在一个相对测试面上测量 3 点或 5 点,这样就可反映试块在浇筑方向上的上、中、下的质量情况。为了避免不同测距对测试结果的影响,发射和接收换能器应在同一轴线上,超声测点布置见图 2-16。试块两测试面间的距离 l 除以测试后得到的每一试块声时值 t_1、t_2、t_3 的平均值,即可得到声速值,保留小数后 2 位数字。

$$v = \frac{l}{(t_1 + t_2 + t_3)/3} \qquad (2\text{-}45)$$

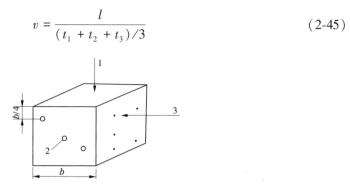

1—浇筑方向;2—超声测试方向;3—回弹测试及抗压力方向

图 2-16　试块测点布置

②回弹值的测量及计算。

回弹值的测量应选用未进行超声测量的一对侧面,将测过超声值的侧面的油污擦净,放置于压力机的上、下承压板之间,根据试块的强度大小,在预压 30~50 kN 的压力下,在每个试块的对应测试面上各弹击 8 次,两个测试面共测得 16 个回弹值,回弹测试时要求回弹仪的轴线与试块侧面保持垂直。测点宜在测区范围内均匀分布,并不应弹击在气孔或外露石子上,同一测点只允许弹击一次,相邻两侧点的间距一般不小于 30 mm,测点离试块边缘的距离不小于 30 mm。

将 16 个回弹值中的 3 个最大值和 3 个最小值剔除,余下的 10 个回弹值取平均值,作为试块的回弹值 R,保留小数点后 1 位数字。

③抗压强度试验。

回弹测试完毕时,卸荷载,将试块回弹值面放置在压力机平板间加压,以每秒 6 kN±4 kN 的速度连续均匀进行,直到试块被破坏,计算抗压强度 f_{cu},精确至 0.1 MPa。

④测强曲线的建立。

当所有测试龄期的试块全部测试完成后,即每个试块都可得到这样的 3 个数据:回弹值 R、声速值 v 和抗压强度值 f_{cu}。从统计数学看,R、v、f_{cu} 变量均属非确定值,这些不确定量之间却有某种规律性,这种规律性的联系称之为相关关系。回归分析是一种处理自变量与因变量之间关系的一种数理统计方法,其目的是寻求非确定联系的统计相关关系,找出能描述变量之间关系的数学表达式,去预测它们统计关系的因变量的取值,并估计其精确程度。

确立混凝土试块抗压强度 f_{cu}、声速值 v 和回弹值 R 三者之间的相关关系,可选择线性(非线性)函数、幂函数、指数函数、对数函数几种方程式。当采用几种方程式进行计算比较后,取其相对标准误差 e_r 值小和相关系数 r 值大的方程式作为测强曲线的方程式。据国内许多单位的计算证明,其中幂函数方程 $f_{cu}^c = Av^B R^C$ 是一种比较理想的方程式。

一般地说,如果建立的全国测强曲线的相对标准误差 $e_r \leqslant 15\%$,相关系数 $r \geqslant 0.9$;地区测强曲线 $e_r \leqslant 14\%$,$r \geqslant 0.9$;专用测强曲线 $e_r \leqslant 12\%$,$r \geqslant 0.9$,即可满足测强使用要求。

为了尽量减少曲线的数量便于使用,对影响程度不大的试块测试数据可以合并计算,对影响较大的测试数据应分别建立各自的专用测强曲线。比如粗骨料影响较大,则可分别建立卵石测强曲线和碎石测强曲线。

曲线建立完成后,应写明建立曲线的基本技术条件,比如粗骨料种类、水泥品种、混凝土的强度等级、龄期等。测强曲线仅适用于建立测强曲线时的技术条件下使用,强度一般不能外推,以保证测试结果的准确性。

3)测强曲线的验证

全国或地区测强曲线建立之后,应进行系统的验证工作,以检验曲线的测试精度及其实用性。

由于我国《混凝土结构工程施工质量验收规范》(GB 50204—2015)规定以立方体试块抗压强度作为结构混凝土强度的验收依据,所以可通过对混凝土试块进行非破损测试而得出测试强度与实际抗压强度之间的误差分析,作为曲线测试精度的验证手段。

验证用的试块可采用:预留的有代表性的同条件养护试块;当没有同条件试块时,也可采用与结构混凝土同材料、同配合比成型的龄期在 7 d 以上的试块。最直接可靠的办法还是采用钻取芯样试件进行验证。

立方体试块的非破损测试与数据处理方法和建立测强曲线时的方法相同。而芯样试件的非破损测试数据是从结构混凝土测区上获得的,这就要求钻芯的位置必须在非破损测区内。

每个试块测出非破损参数后,代入相应的回归方程计算出非破损强度值,然后将试块破坏求出实际抗压强度,最后按下述公式计算测强曲线的误差范围。

$$e_{\mathrm{r}} = \sqrt{\frac{1}{n-1}\sum_{i=1}^{n}\left(\frac{f_{\mathrm{cu},i}}{f_{\mathrm{cu},i}^{\mathrm{c}}} - 1\right)^2} \times 100\% \qquad (2\text{-}46)$$

式中: e_{r} 为相对标准差; $f_{\mathrm{cu},i}$ 为试块抗压强度,MPa; $f_{\mathrm{cu},i}^{\mathrm{c}}$ 为试块非破损测试强度,MPa。

当计算的相对标准差符合要求时,则这条曲线可作为本地区测强时使用。

2. 检测混凝土强度技术

1) 检测准备

检测结构或构件时需要布置测区,因为测区是进行超声、回弹测试的测量单元。所以,测区布置应符合下列规定:

(1)按单个构件检测时,应在构件上均匀布置测区,且不少于 10 个。

(2)当对同批构件抽样检测时,构件抽样数应不少于同批构件的 30%,且不少于 10 件,每个构件测区数不少于 10 个。

(3)对长度小于或等于 2 m 的构件,其测区数量可适当减少, 但不应少于 3 个。

当按批抽样检测时,凡符合下列条件的构件,才可作为同批构件:

(1)混凝土强度等级相同。

(2)混凝土原材料、配合比、成型工艺、养护条件及龄期基本相同。

(3)构件种类相同。

(4)在施工阶段所处状态相同。

每个构件的测区,应满足以下要求:

(1)测区的布置宜在构件混凝土浇灌方向的侧面。

(2)测区应均匀分布,相邻两测区的间距不宜大于 2 m。

(3)测区宜避开钢筋密集区和预埋铁件。

(4)测区尺寸为 200 mm×200 mm,相对应的两个 200 mm×200 mm 方块应视为一个测区。

(5)测试面应清洁、平整、干燥,不应有接缝、饰面层、浮浆和油垢,并避开蜂窝、麻面部位,必要时可用砂轮片清除杂物和磨平不平整处,并擦净残留粉尘。

结构或构件上的测区应注明编号,并记录测区所处的位置和外观质量情况。每一测区宜先进行回弹测试,然后进行超声测试。对非同一测区的回弹值及超声声速值,不能按综合法计算混凝土强度。

2) 测试技术

(1)回弹值的测量。

用于综合法测强的回弹仪,必须处于标准状态,并在钢砧上率定值为 80±2 的仪器。用回弹仪测试时,宜使仪器处于水平状态测试混凝土浇筑侧面,此种情况修正值为 0。如不能满足这一要求,也可以非水平状态测试或测试混凝土的浇筑顶面或底面,但其回弹值应进行修正。

回弹测点宜在测区范围均匀分布,但不得打在气孔或外露石子上,相邻两测点的间距一般不小于 30 mm,测点距构件边缘或外露钢筋铁件的距离不小于 50 mm,且同一测点只允许弹击一次。回弹仪的轴线方向应与测试面相垂直。

(2)回弹值的计算。

计算测区平均回弹值时,应从该测区的两个相对测试面 16 个回弹值中,分别剔除 3 个最大值和最小值,然后将余下的 10 个回弹值按下列公式计算:

$$R_m = \frac{\sum\limits_{i=1}^{10} R_i}{10} \tag{2-47}$$

式中:R_m 为测区平均回弹值,计算至 0.1;R_i 为第 i 个测点的回弹值。

如非水平状态测得的回弹值,应按下式进行修正:

$$R_a = R_m + \Delta R_\alpha \tag{2-48}$$

如为顶面或底面测得的回弹值,应按下式进行修正:

$$R_a = R_m + (R_a^t \text{ 或 } R_a^b) \tag{2-49}$$

式中:R_a 为修正后的测区回弹值;ΔR_α 为测试角度 α 的回弹修正值,按表 2-18 选用;R_a^t 为测试顶面回弹修正值,按表 2-19 选用;R_a^b 为测试底面回弹修正值,按表 2-19 选用。

测试时,如仪器处于非水平状态,同时构件测区又不是混凝土的灌注侧面,则应对测得的回弹值,先进行角度修正,后进行浇筑面修正。

(3)超声声时值的测量。

超声仪必须符合技术要求并具有质量检查合格证。超声测点应布置在回弹测试的同一测区内。应保证换能器与混凝土耦合良好,且发射和接收换能器的轴线应在同一直线上。每个测区内的相对测试面上,应布置 3 个测点,如图 2-17 所示。

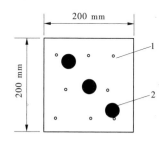

1—回弹测点;2—超声测点。

图 2-17　测区测点布置

(4)超声声速值的计算。

声速值按下式计算:

$$v_i = l/t_{mi} \tag{2-50}$$

$$t_{mi} = (t_1 + t_2 + t_3)/3 \tag{2-51}$$

式中：v_i 为测区声速值，km/s；l 为超声测距，mm；t_{mi} 为第 i 个测区平均声时值，μs；t_1、t_2、t_3 为测区中 3 个测点的声时值。

当在混凝土浇筑的顶面与底面测试时，由于上表面砂浆较多强度偏低，底面粗骨料较多强度偏高，综合起来与成型侧面是有区别的，另外浇筑表面不平整，因此会使声速偏低，所以进行上表面与底面测试时声速应进行修正：

$$v_a = 1.034 v_i \qquad\qquad (2\text{-}52)$$

式中：v_a 为修正后的测区声速值，km/s。

3. 结构或构件混凝土强度的推定

用综合法检测结构或构件混凝土强度时，应在结构或构件上所布置的测区内分别进行超声和回弹测试，用所获得超声声速值和回弹值等参数，按已确定的综合法相关曲线，进行测区强度计算，然后按测强曲线公式计算出构件混凝土强度。

当结构所用材料与制定相关曲线所用材料有较大差异时，须用同条件试块或从结构构件测区中钻取的混凝土芯样进行修正，试件数量应不少于 6 个。此时，测区混凝土强度应乘以修正系数，修正系数按下式计算：

有同条件试块时：

$$\eta = \frac{1}{n} \sum_{i=1}^{n} \frac{f_{cu,i}}{f_{cu,i}^c} \qquad\qquad (2\text{-}53)$$

有混凝土芯样时：

$$\eta = \frac{1}{n} \sum_{i=1}^{n} \frac{f_{eor,i}}{f_{cu,i}^c} \qquad\qquad (2\text{-}54)$$

式中：η 为修正系数，精确至小数点后两位；$f_{cu,i}$ 为第 i 个混凝土试块抗压强度，MPa，精确至 0.1 MPa；$f_{cu,i}^c$ 为对应于第 i 个试块按综合法计算的混凝土强度值，MPa，精确至 0.1 MPa；$f_{eor,i}$ 为第 i 个混凝土芯样抗压强度，MPa，精确至 0.1 MPa。

1) 单个构件混凝土强度的推定

在施工中，常常发生只有个别构件混凝土强度未达到设计要求，为了解每一个构件的混凝土强度，此种情况属于单个构件检测，检测时需在每个构件上布置 10 个测区，分别用超声、回弹检测，最后计算每个测区的强度值。单个构件的混凝土强度推定值 $f_{cu,e}$，取该构件各测区中最小值作为该构件的混凝土强度推定值。

2) 批量构件混凝土强度的推定

有时也会出现由于施工管理方面的原因，致使一大批构件或某层结构混凝土强度都未达到设计强度等级的情况，如果确实是属于同批构件，则可按批进行抽样检测，构件抽样数应不少于构件总数的 30%，且不少于 10 件，每个构件测区不少于 10 个。该批构件的混凝土强度推定值 $f_{cu,e}$ 可按下列公式计算，并取两者中较大值。

$$f_{cu,e1} = m_{f_{cu}^c} - 1.645 S_{f_{cu}^c}$$

$$f_{cu,e2} = m_{f_{cu,\,min}^c} = \frac{1}{m} \sum_{j=1}^{m} f_{cu,j,min}^c$$

$$m_{f_{cu}^c} = \frac{1}{n} \sum_{i=1}^{n} f_{cu,i}^c$$

$$S_{f_{cu}^c} = \sqrt{\frac{\sum_{i=1}^{n}(f_{cu,i}^c)^2 - n(m_{f_{cu}^c})^2}{n-1}}$$

式中：$f_{cu,e1}$ 为构件混凝土强度的第一推定值；$f_{cu,e2}$ 为构件混凝土强度第二推定值；$m_{f_{cu}^c}$ 为同批构件的测区混凝土强度计算值的平均值；$S_{f_{cu}^c}$ 为同批构件的测区混凝土强度计算值的标准差；$m_{f_{cu,min}^c}$ 为每个构件中最小的测区混凝土强度计算的平均值；$f_{cu,j,min}^c$ 为第 j 个构件中最小的测区混凝土强度计算值；m 为抽样批中的构件数。

按批抽样检测时,其全部测区强度的标准差,若出现下列情况时,则该批构件应全部按单个构件检测:

(1)当混凝土强度等级小于或等于 C20 时,$S_{f_{cu}^c} > 4.5$ MPa。

(2)当混凝土强度等级大于 C20 时,$S_{f_{cu}^c} > 5.5$ MPa。

2.4.5.2　超声-回弹-取芯综合法检测混凝土强度

1. 超声-回弹-取芯综合法的特点

(1)回弹法主要反映混凝土表层(约 30 mm)的强度情况,而超声波法由于声波穿过混凝土内部,能反映混凝土内部的质量情况。

(2)超声波法的声波在混凝土中的传播速度主要反映的是混凝土的弹性性质,而回弹法既反映了混凝土的弹性性质,也在一定程度上反映了混凝土的塑性性质。

(3)混凝土含水量对回弹和超声测强结果的影响相反,同一强度的混凝土,当混凝土含水量增大时,用回弹法测得的强度偏低,而用超声波法测得强度偏高。

(4)混凝土的碳化深度对回弹测强影响显著,使测得的强度偏高,而对超声测强影响不显著。

(5)混凝土龄期对回弹和超声测强有不同的影响,硬化早期混凝土强度的增长,大于回弹值的增长,小于声速值的增长;而长龄期混凝土则相反。

(6)混凝土芯样直接取之于被检验结构构件,与预留试块相比,更能代表构件混凝土的实际质量,通过芯样法校正后的混凝土强度推定值的可靠性更高。

由(1)~(5)可见,对超声与回弹测强结果综合后,能较全面地反映混凝土的质量情况,并能抵消或离析一些因素的影响。

2. 超声-回弹-取芯综合法的步骤

(1)按超声法和回弹法测定每个测区混凝土的声速值和回弹值,作为推算各测区混凝土强度的综合参数;不同测区的测值不得混淆。超声的测点应尽量靠近同一回弹值测区布置,但探头测点不宜与弹击点重叠。

(2)根据测区声速、回弹的实测平均值,由 $f-N-v$ 基准曲线求得测区混凝土强度值。$f-N-v$ 基准曲线的采用,应按专用曲线、地区曲线、通用曲线的顺序优先采用前者。

通用曲线是根据中国建筑科学研究院收集了北京等 22 个省、市、自治区的建筑科研、工程、高校等 29 个单位所提供的资料,共 8 096 个试块的声速值、回弹值、碳化深度值,试块的制作基本上与各地现场同条件,或根据制定地区曲线的要求制作。回弹仪进行标准率定,超声仪采用经统一率定的标准值扣除 t_0,测试技术基本统一,即所得试验数据的测试条件基本统一。对上述数据进行统计分析,选用 10 种综合法回归方程式 33 种组合进行比较。最后选定下列卵石和碎石回归方程式作为通用基准曲线。

卵石混凝土:

$$f = 0.003\,8v^{1.28}N^{1.95} \tag{2-55}$$

碎石混凝土:

$$f = 0.008\,0v^{1.72}N^{1.57} \tag{2-56}$$

式中:f 为测区混凝土强度值,精确至 $0.1\ \text{N/mm}^2$;v 为测区混凝土声速平均值,精确至 $0.01\ \text{km/s}$;N 为测区混凝土回弹平均值,精确至小数点后 1 位。

(3)对测区混凝土强度的修正。在超声-回弹-取芯综合法推定混凝土强度时,对单个构件的检验,芯样不少于 3 个;对一批构件的检验,芯样不少于 6 个。取芯前,先测定这些芯样测区的声速值和回弹值,求得按基准曲线推定的芯样抗压强度值;再用取芯法取芯、试件加工和进行抗压强度试验,计算芯样实测抗压强度值,并按下式计算修正系数:

$$\eta = \frac{1}{n}\sum_{i=1}^{n}\frac{f_{ri}}{f_i} \tag{2-57}$$

式中:η 为测区混凝土强度修正系数;f_{ri} 为各芯样的实测并换算成标准立方试块的抗压强度,N/mm^2;f_i 为各芯样按基准曲线推定的抗压强度,N/mm^2;n 为芯样数。

(4)结构混凝土的抗压强度的确定。根据修正后的测区混凝土强度值 ηf_i,分别按前述回弹法和超声波法步骤计算结构混凝土平均值和条件值,最后推定结构混凝土的抗压强度。

2.4.5.3　工程实例

1. 欧阳海灌区石洞江渡槽混凝土强度检测

石洞江渡槽纵向结构为双悬臂装配式,全长 1 092 m,29 节 36 m,1 节 32 m,1 节 16 m。槽身接缝处变形严重,槽底出现保护层脱落和大面积露筋露网,部分排架出现混凝土老化和露筋现象,给其安全使用带来了严重的隐患。

本次材料强度检测分两步进行:第一步,初次检测,对薄壳渡槽槽身和排架分别选取了 124 个测区和 171 个测区,采用超声回弹综合法及钻芯法对其强度进行评定,涵盖了所有槽段和排架的强度检测;第二步,详细检测,结合现场检查结果和第一步对各槽段和排架的强度测定值,选择最弱槽身和排架(强度推定值最低的部位)进行详细检测。

(1)初次检测材料强度及碳化深度分别见表 2-37、表 2-38。由图 2-18、图 2-19 各段槽身和排架的强度换算推定值,综合评定,9# 槽身的强度相对最弱(均值推定为 29.9 MPa,最小值推定 27.4 MPa),17#、18# 排架的强度相对最弱(均值推定分别为 30.0 MPa 和 27.0 MPa,最小值推定分别为 18.3 MPa 和 19.2 MPa),故选择 9# 槽身、17# 排架、18# 排架作为详查试验段。

(2)详细检测:9# 槽身、17# 排架、18# 排架材料强度及碳化深度分别见表 2-39 ~ 表 2-42。

(3)还采用钻芯法对原结构层 4 个芯样抗压强度做了试验(鉴于现场作业条件限制,选择的试验段位于渡槽出入口处)。芯样抗压强度见表 2-43。

表 2-37　渡槽槽身结构层水泥砂浆抗压强度检测结果

槽身编号	测区编号	修正后的回弹值 R_a	修正后的声速值 v_a/(km/s)	碳化深度/mm	强度换算值/MPa	均值推定值/MPa	最小值推定/MPa
1#	测区 1	43.8	4.13	2.0	34.54	35.5	32.2
	测区 2	43.9	4.5	1.5	39.24		
	测区 3	43.2	4.34	2.0	36.20		
	测区 4	41.6	4.19	1.0	32.19		
2#	测区 5	47.5	4.14	2.0	40.01	42.1	40.0
	测区 6	48.7	4.21	1.5	42.83		
	测区 7	47.0	4.29	2.0	41.33		
	测区 8	48.2	4.35	2.0	44.08		
3#	测区 9	46.4	4.38	1.5	41.62	34.8	29.4
	测区 10	46.8	3.9	2.0	35.76		
	测区 11	43.5	3.99	1.0	32.47		
	测区 12	42.5	3.83	2.0	29.38		
4#	测区 13	40.4	4.21	1.5	30.78	35.1	30.4
	测区 14	44.5	3.74	2.0	30.80		
	测区 15	43.3	3.83	2.0	30.36		
	测区 16	50.7	4.37	1.5	48.53		
5#	测区 17	42.3	4.5	1.5	36.74	33.5	26.1
	测区 18	43.3	4.48	2.0	38.05		
	测区 19	39.4	3.87	1.5	26.08		
	测区 20	40.6	4.39	1.0	32.97		
6#	测区 21	44.9	4.35	1.5	38.89	41.0	35.8
	测区 22	42.7	4.37	2.0	35.82		
	测区 23	49.5	3.93	1.5	39.93		
	测区 24	50.8	4.4	1.5	49.18		
7#	测区 25	42.2	4.45	1.5	36.00	33.0	28.8
	测区 26	40.6	4.22	2.0	31.15		
	测区 27	41.1	3.94	1.5	28.84		
	测区 28	44.9	4.11	1.0	35.84		

续表 2-37

槽身编号	测区编号	修正后的回弹值 R_a	修正后的声速值 v_a/(km/s)	碳化深度/mm	强度换算值/MPa	均值推定值/MPa	最小值推定/MPa
8#	测区 29	46.8	3.93	1.5	36.16	34.8	32.0
	测区 30	44.7	4.24	2.0	37.18		
	测区 31	44.1	4.04	1.5	33.87		
	测区 32	40.2	4.35	1.5	31.98		
9#	测区 33	39.3	4.02	2.0	27.43	29.9	27.4
	测区 34	41.9	4.08	2.0	31.38		
	测区 35	41.6	4.14	1.5	31.64		
	测区 36	41.5	3.91	2.0	29.02		
10#	测区 37	41.9	3.9	1.0	29.41	32.9	27.0
	测区 38	39.7	3.93	2.0	27.03		
	测区 39	42.5	4.35	1.5	35.29		
	测区 40	44.3	4.51	2.0	40.00		
11#	测区 41	45.8	4.45	2.0	41.61	33.0	24.0
	测区 42	43.5	3.83	1.5	30.61		
	测区 43	37.1	3.93	2.0	23.97		
	测区 44	41.5	4.52	1.0	35.75		
12#	测区 45	45.4	4.44	2.0	40.84	34.4	24.8
	测区 46	44.8	4.15	1.5	36.20		
	测区 47	37.8	3.93	2.0	24.78		
	测区 48	44.7	4.13	2.0	35.80		
13#	测区 49	39.6	4.38	1.5	31.45	34.5	31.5
	测区 50	39.7	4.41	2.0	31.90		
	测区 51	43.7	4.51	1.0	39.04		
	测区 52	44.4	4.14	2.0	35.50		
14#	测区 53	43.3	4.23	1.5	35.03	34.4	31.2
	测区 54	42.8	3.96	2.0	31.21		
	测区 55	42.1	4.24	2.0	33.44		
	测区 56	44.3	4.35	1.5	37.97		

续表 2-37

槽身编号	测区编号	修正后的回弹值 R_a	修正后的声速值 $v_a/(km/s)$	碳化深度/mm	强度换算值/MPa	均值推定值/MPa	最小值推定/MPa
15#	测区 57	45.8	4.41	2.0	41.08	36.3	31.1
	测区 58	43.2	4.13	1.0	33.71		
	测区 59	40.5	4.23	2.0	31.12		
	测区 60	44.7	4.4	1.5	39.22		
16#	测区 61	38.0	4.03	2.0	25.93	33.5	25.9
	测区 62	41.5	4.09	2.0	30.96		
	测区 63	43.8	4.22	1.5	35.63		
	测区 64	46.7	4.34	2.0	41.55		
17#	测区 65	44.4	4.32	1.0	37.75	38.5	33.5
	测区 66	47.8	4.41	2.0	44.30		
	测区 67	41.6	4.31	1.5	33.53		
	测区 68	44.3	4.4	2.0	38.60		
18#	测区 69	44.6	4.51	2.0	40.48	39.6	35.2
	测区 70	48.9	4.43	1.5	46.42		
	测区 71	41.9	4.42	2.0	35.21		
	测区 72	43.7	4.28	1.0	36.21		
19#	测区 73	40.3	4.31	2.0	31.69	32.8	31.7
	测区 74	40.4	4.47	1.5	33.55		
	测区 75	39.4	4.6	2.0	33.44		
	测区 76	41.7	4.22	2.0	32.66		
20#	测区 77	46.0	4.19	1.5	38.46	35.9	29.6
	测区 78	46.5	4.11	2.0	38.13		
	测区 79	41.9	3.92	1.0	29.62		
	测区 80	48.2	3.89	2.0	37.53		
21#	测区 81	39.3	4.21	1.5	29.31	35.1	29.3
	测区 82	40.9	4.23	2.0	31.67		
	测区 83	45.1	4.24	2.0	37.78		
	测区 84	45.1	4.54	1.5	41.68		

续表 2-37

槽身编号	测区编号	修正后的回弹值 R_a	修正后的声速值 $v_a/(km/s)$	碳化深度/mm	强度换算值/MPa	均值推定值/MPa	最小值推定/MPa
22#	测区 85	40.9	4.19	2.0	31.24	33.1	31.2
	测区 86	41.8	4.21	1.0	32.69		
	测区 87	41.8	4.23	2.0	32.91		
	测区 88	42.5	4.39	1.5	35.75		
23#	测区 89	43.7	3.92	2.0	31.91	38.7	31.9
	测区 90	46.2	4.31	2.0	40.36		
	测区 91	46.4	4.24	1.5	39.72		
	测区 92	48.4	4.25	2.0	42.95		
24#	测区 93	46.3	4.41	1.0	41.87	41.3	35.7
	测区 94	44.0	4.2	2.0	35.67		
	测区 95	44.8	4.55	1.5	41.32		
	测区 96	48.4	4.49	2.0	46.48		
25#	测区 97	42.3	4.46	2.0	36.27	32.8	29.7
	测区 98	41.2	4.37	1.5	33.62		
	测区 99	40.1	4.14	2.0	29.65		
	测区 100	43.2	3.95	1.0	31.61		
26#	测区 101	40.4	4.16	2.0	30.25	35.8	30.3
	测区 102	46.9	4.47	1.5	43.68		
	测区 103	43.4	4.49	2.0	38.33		
	测区 104	42.6	3.96	2.0	30.95		
27#	测区 105	39.1	4.17	1.5	28.65	31.9	28.7
	测区 106	44.5	3.95	2.0	33.32		
	测区 107	39.8	4.3	1.0	30.90		
	测区 108	44.5	4.06	2.0	34.66		
28#	测区 109	39.4	4.42	1.5	31.58	37.0	31.6
	测区 110	43.8	4.44	2.0	38.33		
	测区 111	43.1	4.45	2.0	37.37		
	测区 112	47.8	4.16	1.5	40.74		

续表 2-37

槽身编号	测区编号	修正后的回弹值 R_a	修正后的声速值 $v_a/(km/s)$	碳化深度/mm	强度换算值/MPa	均值推定值/MPa	最小值推定/MPa
29#	测区113	49.4	4.01	2.0	40.96	47.6	41.0
	测区114	51.7	4.47	1.0	51.90		
	测区115	52.6	4.43	2.0	52.82		
	测区116	47.7	4.45	1.5	44.72		
30#	测区117	42.0	4.18	2.0	32.63	38.5	32.6
	测区118	47.4	4.29	2.0	41.95		
	测区119	43.3	4.16	1.5	34.20		
	测区120	51.0	4.12	2.0	45.05		
31#	测区121	50.8	4.44	1.0	49.82	49.9	46.4
	测区122	53.0	4.47	2.0	54.23		
	测区123	49.8	4.33	1.5	46.40		
	测区124	50.3	4.45	2.0	49.12		

表 2-38　渡槽排架结构层水泥砂浆抗压强度检测结果

排架编号	测区编号	修正后的回弹值 R_a	修正后的声速值 $v_a/(km/s)$	碳化深度/mm	强度换算值/MPa	均值推定值/MPa	最小值推定/MPa
4#	测区1	51.4	4.42	27.7	50.54	50.9	47.7
	测区2	53.6	4.43	24.9	54.61		
	测区3	50.2	4.37	24.0	47.69		
5#	测区4	49.3	4.47	25.8	47.71	45.3	43.9
	测区5	48.0	4.38	25.4	44.20		
	测区6	48.1	4.35	21.4	43.92		
6#	测区7	44.7	4.12	27.6	35.68	34.4	30.3
	测区8	45.0	4.22	24.3	37.37		
	测区9	40.4	4.16	28.2	30.25		
7#	测区10	45.9	4.23	23.3	38.84	32.0	20.3
	测区11	32.6	4.11	20.8	20.34		
	测区12	44.2	4.27	29.0	36.82		
8#	测区13	47.6	4.43	25.2	44.26	37.6	33.8
	测区14	41.4	4.45	29.1	34.81		
	测区15	40.7	4.45	25.3	33.77		

续表 2-38

排架编号	测区编号	修正后的 回弹值 R_a	修正后的 声速值 $v_a/(\text{km/s})$	碳化深度/ mm	强度换算值/ MPa	均值推定值/ MPa	最小值推定/ MPa
9#	测区 16	45.8	4.28	28.1	39.35	38.4	30.8
	测区 17	39.4	4.34	20.3	30.76		
	测区 18	48.6	4.38	29.5	45.18		
10#	测区 19	46.2	4.34	22.0	40.76	39.4	38.1
	测区 20	45.5	4.22	28.5	38.11		
	测区 21	45.1	4.37	22.1	39.45		
11#	测区 22	40.8	4.45	22.1	33.92	42.7	33.9
	测区 23	42.1	4.34	27.4	34.59		
	测区 24	58.2	4.25	27.9	59.51		
12#	测区 25	47.8	4.26	30.0	42.15	34.9	22.0
	测区 26	32.7	4.32	27.7	21.97		
	测区 27	46.1	4.34	25.3	40.61		
13#	测区 28	48.3	4.47	22.3	46.01	35.3	29.8
	测区 29	38.8	4.33	27.1	29.84		
	测区 30	38.2	4.45	29.3	30.19		
14#	测区 31	50.5	4.12	25.5	44.27	35.3	29.6
	测区 32	37.6	4.48	22.3	29.64		
	测区 33	41.0	4.26	28.6	32.13		
15#	测区 34	46.9	4.32	26.0	41.59	37.9	31.2
	测区 35	40.5	4.24	24.9	31.23		
	测区 36	45.1	4.47	28.1	40.76		
16#	测区 37	37.0	4.33	21.6	27.43	31.6	25.0
	测区 38	34.3	4.45	20.6	24.95		
	测区 39	48.7	4.18	24.5	42.39		
17#	测区 40	43.5	4.38	23.9	37.13	30.0	18.3
	测区 41	30.4	4.16	24.2	18.29		
	测区 42	43.9	4.12	24.8	34.56		
18#	测区 43	38.3	4.24	20.6	28.29	27.0	19.2
	测区 44	29.5	4.47	27.9	19.24		
	测区 45	41.5	4.33	29.6	33.61		

续表 2-38

排架编号	测区编号	修正后的回弹值 R_a	修正后的声速值 $v_a/(km/s)$	碳化深度/mm	强度换算值/MPa	均值推定值/MPa	最小值推定/MPa
19#	测区 46	43.5	4.45	20.5	37.99	38.3	26.3
	测区 47	37.2	4.18	27.9	26.32		
	测区 48	48.2	4.78	22.9	50.49		
20#	测区 49	42.4	4.16	27.2	32.95	31.1	24.7
	测区 50	36.3	4.12	25.8	24.69		
	测区 51	43.6	4.24	21.5	35.58		
21#	测区 52	45.6	4.47	24.9	41.56	37.8	34.3
	测区 53	44.3	4.33	29.2	37.72		
	测区 54	41.8	4.35	20.2	34.26		
22#	测区 55	46.7	4.28	20.6	40.72	36.7	32.5
	测区 56	43.4	4.38	25.1	36.98		
	测区 57	42.1	4.16	25.6	32.54		
23#	测区 58	44.4	4.12	22.5	35.26	36.9	33.6
	测区 59	42.2	4.24	28.3	33.58		
	测区 60	45.8	4.47	23.7	41.88		
24#	测区 61	44.9	4.33	22.0	38.63	36.3	33.5
	测区 62	42.7	4.45	26.9	36.76		
	测区 63	42.4	4.21	29.2	33.52		
25#	测区 64	46.3	3.98	21.7	36.13	31.7	19.7
	测区 65	31.7	4.16	29.5	19.70		
	测区 66	47.2	4.12	28.7	39.29		
26#	测区 67	45.0	4.24	24.8	37.63	31.8	27.0
	测区 68	38.4	4.47	28.2	30.67		
	测区 69	36.7	4.33	20.5	27.04		
27#	测区 70	50.2	4.45	27.5	48.95	41.0	31.4
	测区 71	42.8	3.98	29.6	31.44		
	测区 72	48.3	4.23	28.5	42.50		
28#	测区 73	43.3	4.16	27.0	34.20	29.9	21.2
	测区 74	33.3	4.12	26.1	21.19		
	测区 75	42.7	4.24	27.8	34.29		

续表 2-38

排架编号	测区编号	修正后的回弹值 R_a	修正后的声速值 $v_a/(km/s)$	碳化深度/mm	强度换算值/MPa	均值推定值/MPa	最小值推定/MPa
29#	测区 76	42.2	4.47	26.0	36.24	30.7	25.4
	测区 77	35.4	4.33	29.4	25.37		
	测区 78	41.0	4.11	26.8	30.52		
30#	测区 79	41.9	4.48	30.0	35.90	32.8	28.3
	测区 80	37.7	4.32	26.7	28.26		
	测区 81	43.2	4.17	22.8	34.18		
31#	测区 82	45.7	4.12	25.2	37.10	35.2	27.4
	测区 83	38.0	4.19	24.8	27.43		
	测区 84	45.2	4.47	23.0	40.92		
32#	测区 85	47.0	4.33	24.8	41.88	37.6	33.8
	测区 86	41.4	4.36	24.3	33.80		
	测区 87	47.9	3.88	22.7	36.99		
33#	测区 88	44.8	3.97	22.4	33.96	30.9	22.2
	测区 89	36.4	3.81	27.6	22.17		
	测区 90	44.8	4.19	29.3	36.70		
34#	测区 91	36.5	3.72	26.6	21.52	25.5	21.5
	测区 92	36.4	3.81	26.0	22.17		
	测区 93	40.7	4.35	27.2	32.68		
35#	测区 94	50.0	4.48	27.1	49.07	35.8	28.4
	测区 95	36.8	4.46	24.5	28.35		
	测区 96	42.1	3.94	24.0	30.09		
36#	测区 97	42.0	3.73	20.4	27.70	32.9	27.7
	测区 98	37.2	4.33	23.6	27.69		
	测区 99	47.1	4.42	26.8	43.30		
37#	测区 100	47.2	4.53	24.5	45.03	33.5	21.6
	测区 101	38.9	3.45	23.2	21.61		
	测区 102	45.1	3.94	24.4	33.99		
38#	测区 103	46.6	3.8	25.4	34.19	35.5	27.7
	测区 104	37.2	4.33	23.3	27.69		
	测区 105	47.3	4.49	20.5	44.63		

续表 2-38

排架编号	测区编号	修正后的回弹值 R_a	修正后的声速值 $v_a/(km/s)$	碳化深度/mm	强度换算值/MPa	均值推定值/MPa	最小值推定/MPa
39#	测区 106	44.6	4.62	20.2	41.91		
	测区 107	47.2	3.86	26.1	35.77	41.8	35.8
	测区 108	51.8	4.21	28.1	47.77		
40#	测区 109	52.1	4.33	22.2	50.26		
	测区 110	43.2	4.45	23.3	37.53	42.6	37.5
	测区 111	49.1	3.98	20.0	40.08		
41#	测区 112	48.2	3.78	27.7	36.02		
	测区 113	44.2	4.16	25.6	35.47	33.5	28.9
	测区 114	39.7	4.12	24.2	28.93		
42#	测区 115	45.1	4.24	29.3	37.78		
	测区 116	40.8	4.47	21.8	34.14	36.8	34.1
	测区 117	44.7	4.33	26.6	38.33		
43#	测区 118	42.6	4.45	22.2	36.61		
	测区 119	43.7	3.98	27.4	32.62	35.1	32.6
	测区 120	48.2	3.78	26.5	36.02		
44#	测区 121	50.3	4.16	26.5	44.58		
	测区 122	39.9	4.12	20.0	29.18	40.2	29.2
	测区 123	51.0	4.24	26.0	46.95		
45#	测区 124	41.4	4.47	26.3	35.03		
	测区 125	32.4	4.33	29.9	21.69	35.0	21.7
	测区 126	49.8	4.45	27.3	48.26		
46#	测区 127	47.0	4.16	23.1	39.54		
	测区 128	43.2	4.12	21.6	33.59	36.8	33.6
	测区 129	44.7	4.24	25.7	37.18		
47#	测区 130	48.0	4.47	26.9	45.51		
	测区 131	40.1	4.33	26.8	31.63	38.4	31.6
	测区 132	43.6	4.45	21.7	38.14		
48#	测区 133	51.9	3.98	26.0	44.21		
	测区 134	46.0	3.78	22.7	33.16	42.2	33.2
	测区 135	53.2	4.16	28.5	49.23		

续表 2-38

排架编号	测区编号	修正后的回弹值 R_a	修正后的声速值 v_a/(km/s)	碳化深度/mm	强度换算值/MPa	均值推定值/MPa	最小值推定/MPa
49#	测区 136	46.9	4.12	24.0	38.84		
	测区 137	36.9	4.24	22.6	26.49	34.4	26.5
	测区 138	43.3	4.47	21.7	37.93		
50#	测区 139	43.0	4.56	29.8	38.55		
	测区 140	40.6	4.21	21.9	31.05	37.0	31.1
	测区 141	45.0	4.53	21.8	41.39		
51#	测区 142	48.3	4.55	29.0	47.20		
	测区 143	43.3	4.71	25.7	40.89	42.4	39.1
	测区 144	48.8	3.94	27.9	39.08		
52#	测区 145	52.4	3.83	26.8	42.55		
	测区 146	41.0	4.26	23.8	32.13	43.4	32.1
	测区 147	55.7	4.27	22.8	55.44		
53#	测区 148	30.8	4.43	28.9	20.49		
	测区 149	46.7	4.22	20.7	39.91	32.7	20.5
	测区 150	48.9	3.83	24.4	37.65		
54#	测区 151	54.3	4.13	20.7	50.51		
	测区 152	43.8	4.33	28.0	36.97	44.7	37.0
	测区 153	48.0	4.55	26.3	46.69		
55#	测区 154	51.6	3.96	21.3	43.45		
	测区 155	51.5	4.02	27.6	44.24	39.6	31.2
	测区 156	44.4	3.78	25.3	31.15		
56#	测区 157	51.1	4.16	24.6	45.84		
	测区 158	49.4	4.12	29.4	42.58	46.1	42.6
	测区 159	52.8	4.24	21.8	49.92		
57#	测区 160	47.1	4.47	23.2	44.01		
	测区 161	52.3	4.33	24.1	50.60	44.7	39.4
	测区 162	44.4	4.45	25.8	39.39		
58#	测区 163	44.2	3.98	25.6	33.28		
	测区 164	51.9	3.78	29.3	41.05	35.7	32.8
	测区 165	42.3	4.16	28.7	32.81		
59#	测区 166	46.8	4.12	24.9	38.70		
	测区 167	42.0	4.24	26.3	33.30	37.9	33.3
	测区 168	45.6	4.47	29.6	41.56		
60#	测区 169	42.8	4.33	22.7	35.49		
	测区 170	41.4	4.45	29.1	34.81	34.8	34.2
	测区 171	43.1	4.18	28.2	34.15		

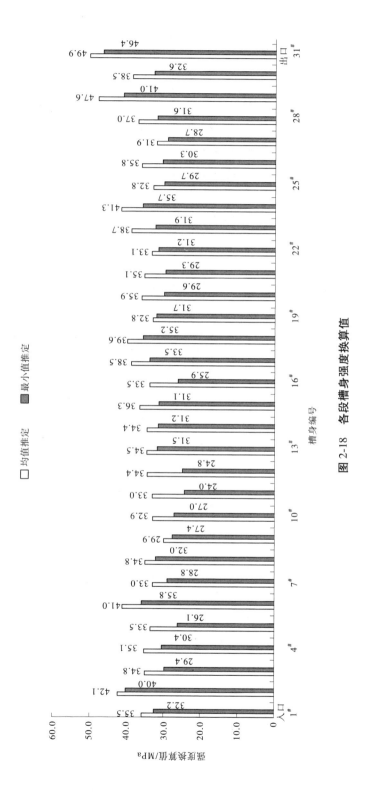

图 2-18　各段槽身强度换算值

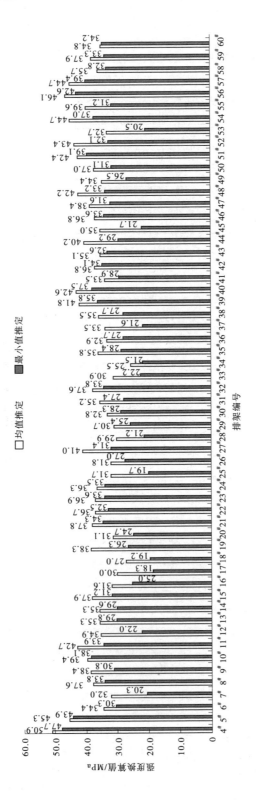

图 2-19　各段排架强度换算值

表 2-39 9#槽身结构层水泥砂浆抗压强度检测结果

测区编号	修正后的回弹值 R_a	修正后的声速值 $v_a/(km/s)$	碳化深度/mm	强度换算值/MPa
测区 1	43.8	4.1	2.0	34.18
测区 2	42.4	4.1	1.5	32.27
测区 3	43.0	4.1	1.5	33.08
测区 4	46.3	4.1	1.5	37.70
测区 5	48.9	4.1	2.0	41.53
测区 6	47.9	4.1	1.5	40.04
测区 7	42.8	4.1	1.0	32.81
测区 8	43.9	4.1	1.5	34.32
测区 9	49.6	4.1	2.0	42.59
测区 10	48.0	4.1	1.5	40.19
测区 11	44.3	4.1	1.5	34.87
测区 12	48.8	4.1	2.0	41.38
测区 13	51.7	4.1	2.0	45.83
测区 14	53.2	4.1	1.5	48.21
测区 15	56.9	4.1	2.0	54.30
测区 16	57.2	4.1	1.0	54.80
测区 17	49.6	4.1	2.0	42.59
测区 18	48.8	4.1	1.5	41.38
测区 19	43.7	4.1	2.0	34.04
测区 20	48.2	4.1	2.0	40.49
测区 21	39.3	4.1	2.0	28.21
测区 22	41.9	4.1	2.0	31.60
测区 23	41.6	4.1	1.5	31.20
测区 24	41.5	4.1	2.0	31.07
平均值/MPa				38.7
标准差/MPa				7.14
强度推定值/MPa				26.95

检测结果表明,取不低于95%保证率的强度,则原结构层壳槽砂浆抗压强度推定值

为 26.95 MPa。（$f_{cu,e} = m_{f_{cu}^c} - 1.645 S_{f_{cu}^c}$）

表 2-40　9#槽身槽顶踏步水泥砂浆抗压强度检测结果

测区编号	修正后的回弹值 R_a	修正后的声速值 v_a/(km/s)	碳化深度/mm	强度换算值/MPa
测区 1	33.4	3.78	30.0	18.82
测区 2	38.7	3.78	30.0	24.43
测区 3	35.2	3.78	30.0	20.66
测区 4	37.1	3.78	30.0	22.67
测区 5	35.0	3.78	30.0	20.45
测区 6	39.6	3.78	30.0	25.44
测区 7	38.8	3.78	30.0	24.54
测区 8	37.5	3.78	30.0	23.10
测区 9	40.2	3.78	30.0	26.13
测区 10	39.6	3.78	30.0	25.44
测区 11	37.6	3.78	30.0	23.21
测区 12	38.9	3.78	30.0	24.65
测区 13	30.7	3.78	30.0	16.22
测区 14	35.7	3.78	30.0	21.18
测区 15	35.8	3.78	30.0	21.28
测区 16	32.6	3.78	30.0	18.03
测区 17	35.4	3.78	30.0	20.86
测区 18	43.2	3.78	30.0	29.67
测区 19	36.0	3.78	30.0	21.49
测区 20	40.7	3.78	30.0	26.70
平均值/MPa				22.7
标准差/MPa				3.23
强度推定值/MPa				17.44

检测结果表明，取不低于95%保证率的强度，则原结构层壳槽砂浆抗压强度推定值为 17.44 MPa。

表 2-41　17# 排架混凝土抗压强度检测结果

测区编号	修正后的回弹值 R_a	修正后的声速值 v_a/(km/s)	碳化深度/mm	强度换算值/MPa
测区 1	47.0	3.7	25.0	33.40
测区 2	38.0	3.7	25.0	22.93
测区 3	35.0	3.7	25.0	19.83
测区 4	36.8	3.7	25.0	21.67
测区 5	34.3	3.7	25.0	19.13
测区 6	42.4	3.7	25.0	27.84
测区 7	43.7	3.7	25.0	29.37
测区 8	43.6	3.7	25.0	29.25
测区 9	41.6	3.7	25.0	26.92
测区 10	44.9	3.7	25.0	30.81
测区 11	43.8	3.7	25.0	29.48
测区 12	46.5	3.7	25.0	32.78
测区 13	41.1	3.7	25.0	26.35
测区 14	38.5	3.7	25.0	23.47
测区 15	32.5	3.7	25.0	17.39
测区 16	33.4	3.7	25.0	18.25
测区 17	33.6	3.7	25.0	18.45
测区 18	34.1	3.7	25.0	18.94
测区 19	42.4	3.7	25.0	27.84
测区 20	49.0	3.7	25.0	35.96
平均值/MPa				25.5
标准差/MPa				5.73
强度推定值/MPa				16.08

　　检测结果表明,取不低于 95% 保证率的强度,则原结构层壳槽砂浆抗压强度推定值为 16.08 MPa。

表 2-42　18#排架混凝土抗压强度检测结果

测区编号	修正后的回弹值 R_a	修正后的声速值 v_a/(km/s)	碳化深度/ mm	强度换算值/ MPa
测区 1	45.3	3.7	18.0	31.29
测区 2	48.6	3.7	18.0	35.44
测区 3	45.6	3.7	18.0	31.66
测区 4	43.5	3.7	18.0	29.13
测区 5	42.7	3.7	18.0	28.19
测区 6	42.1	3.7	18.0	27.49
测区 7	43.6	3.7	18.0	29.25
测区 8	42.2	3.7	18.0	27.61
测区 9	41.1	3.7	18.0	26.35
测区 10	42.1	3.7	18.0	27.49
测区 11	48.2	3.7	18.0	34.93
测区 12	45.1	3.7	18.0	31.05
测区 13	45.0	3.7	18.0	30.93
测区 14	37.3	3.7	18.0	22.19
测区 15	33.9	3.7	18.0	18.74
测区 16	31.2	3.7	18.0	16.18
测区 17	45.2	3.7	18.0	31.17
测区 18	45.3	3.7	18.0	31.29
测区 19	44.7	3.7	18.0	30.56
测区 20	42.6	3.7	18.0	28.07
平均值/MPa				28.5
标准差/MPa				4.78
强度推定值/ MPa				20.58

检测结果表明,取不低于 95% 保证率的强度,则排架混凝土现龄期抗压强度推定值为 20.58 MPa。

表 2-43　钻芯法检测渡槽原结构层砂浆抗压强度结果

芯样编号	受压面直径/mm	极限压力/kN	强度/MPa
1	5	73.65	37.53
2	5	72.45	36.92
3	5	81.34	41.45
4	5	79.36	40.44
5	5	62.78	31.99
6	5	71.33	36.35
7	5	63.82	32.52
8	5	88.12	44.90
强度平均值/MPa			37.8
强度标准差/MPa			4.42
强度推定值/MPa			30.49

　　检测结果表明,取不低于 95%保证率的强度,则钻芯法所得到的原结构层壳槽砂浆抗压强度推定值为 30.49 MPa。

　　结合超声回弹综合法及钻芯法,保守推定渡槽槽身结构层砂浆强度为 26 MPa;渡槽槽顶踏步结构砂浆强度为 17 MPa;渡槽排架结构层混凝土强度为 16 MPa。

　　2.宁乡黄材灌区养鱼塘渡槽混凝土强度检测

　　养鱼塘渡槽槽身为无拉杆 U 形钢丝网薄壳结构,纵向结构为双悬臂装配式对称结构,全长 108 m,三节 24 m,两节 12 m,两节 6 m。支撑结构为单排架,最大支撑高度 13.5 m。

　　养鱼塘渡槽自 1967 年修建,运行 30 多年后,工程老化损毁严重。槽身内外表面普遍脱落露筋,钢丝网锈蚀,碳化现象严重,由此带来严重的安全隐患及渗漏量相当大,严重威胁着渡槽的使用寿命。经过 2 次防渗补强,又经过近 20 年的运行至今,槽身外表面改性水泥砂浆成片剥落,渡槽原结构碳化进一步加剧,槽身内壁混凝土碳化,槽身连接处出现渗水,叠加钢丝网层出现不同程度的锈蚀。为确保该渡槽主体结构的安全及正常使用,了解该渡槽双悬臂结构的受力性能,对该渡槽的加固处理提供可靠的依据,故对其进行现场检测、试验。

　　养鱼塘渡槽原结构设计厚度为 0.07 m,为钢丝网薄壳结构,1996 年灌区冬修工程在槽身内外表面用 JA-1 型固化剂粘贴过玻璃钢布。1998 年灌区节水改造与续建配套项目工程对养鱼塘渡槽也进行过防渗补强处理,其处理方案为内表面叠加 0.04 m 厚钢丝网壳槽,外表面采用高压喷射改性水泥砂浆(QBZ-B1)。因此,本次试验材料的强度包括两部分:一部分为原结构层砂浆强度及碳化深度;另一部分为叠加壳补强槽砂浆强度及碳化深度。

　　本试验对原结构及补强结构分别选取了 100 个测区,采用超声回弹综合法及钻芯法对其强度进行评定。材料强度及碳化深度分别见表2-44、表2-45。此外,还采用钻芯法对原结构层10个芯样抗压强度做了试验。芯样抗压强度见表2-46。

表 2-44　渡槽原结构层砂浆抗压强度检测结果

测区编号	修正后的回弹值 R_a	修正后的声速值 v_a/(km/s)	碳化深度/mm	强度换算值/MPa
测区 1	47.7	4.11	1.5	39.88
测区 2	49.8	4.48	2.0	48.73
测区 3	44.7	4.32	1.5	38.20
测区 4	45.8	4.17	1.0	37.90
测区 5	47.2	4.12	1.5	39.29
测区 6	46.4	4.19	2.0	39.05
测区 7	44.3	4.47	1.5	39.49
测区 8	44.6	4.33	1.5	38.17
测区 9	47.3	4.36	1.5	42.78
测区 10	45.8	3.88	2.0	34.17
测区 11	44.5	3.97	1.5	33.56
测区 12	46.8	3.81	1.0	34.58
测区 13	45.6	4.19	1.5	37.87
测区 14	48.1	3.72	2.0	35.07
测区 15	47.7	3.81	1.5	35.76
测区 16	46.3	4.35	1.5	41.06
测区 17	45.0	4.48	2.0	40.73
测区 18	47.6	4.46	1.5	44.70
测区 19	45.6	4.45	2.0	41.29
测区 20	44.8	4.37	1.5	38.99
测区 21	48.8	4.33	1.5	44.76
测区 22	47.2	4.35	1.5	42.48
测区 23	44.1	3.91	2.0	32.31
测区 24	45.7	4.08	1.5	36.59
测区 25	45.4	4.43	1.0	40.71
测区 26	46.8	4.40	1.5	42.54
测区 27	46.1	3.92	2.0	35.08

续表 2-44

测区编号	修正后的回弹值 R_a	修正后的声速值 $v_a/(km/s)$	碳化深度/mm	强度换算值/MPa
测区 28	50.1	4.09	1.5	43.20
测区 29	48.8	3.91	1.5	38.65
测区 30	46.9	4.22	2.0	40.21
测区 31	43.1	4.02	1.0	32.29
测区 32	44.0	4.33	1.5	37.27
测区 33	46.7	4.40	2.0	42.38
测区 34	44.3	4.36	1.5	38.10
测区 35	44.8	4.12	1.0	35.82
测区 36	45.7	3.69	1.5	31.66
测区 37	45.0	3.88	2.0	33.12
测区 38	45.7	3.91	1.5	34.41
测区 39	44.4	4.33	1.5	37.87
测区 40	45.7	4.49	1.5	41.99
测区 41	47.7	4.43	2.0	44.43
测区 42	50.0	3.81	1.5	38.87
测区 43	47.9	3.91	1.0	37.40
测区 44	45.8	4.50	1.5	42.29
测区 45	48.5	4.52	2.0	47.10
测区 46	48.7	3.33	1.5	30.56
测区 47	42.4	3.78	1.5	28.71
测区 48	44.7	3.91	2.0	33.09
测区 49	44.8	4.36	1.5	38.86
测区 50	44.1	4.39	2.0	38.17
测区 51	45.8	4.49	1.5	42.15
测区 52	47.8	4.12	1.5	40.17
测区 53	43.5	4.21	1.5	35.08
测区 54	44.7	3.94	2.0	33.46
测区 55	46.0	3.82	1.5	33.67
测区 56	46.8	4.33	1.0	41.57
测区 57	48.9	4.39	1.5	45.82

续表 2-44

测区编号	修正后的回弹值 R_a	修正后的声速值 $v_a/(km/s)$	碳化深度/mm	强度换算值/MPa
测区 58	43.5	4.11	2.0	33.88
测区 59	50.6	4.21	1.5	45.83
测区 60	49.7	3.78	1.5	38.02
测区 61	43.5	3.91	2.0	31.54
测区 62	43.1	4.11	1.5	33.33
测区 63	47.7	3.94	1.0	37.53
测区 64	44.3	3.86	1.5	31.97
测区 65	44.5	3.94	2.0	33.19
测区 66	43.4	3.73	1.5	29.35
测区 67	46.2	4.33	1.5	40.63
测区 68	48.8	4.42	1.5	46.11
测区 69	44.4	4.53	2.0	40.41
测区 70	46.7	3.45	1.5	29.86
测区 71	45.8	3.94	1.0	34.93
测区 72	50.0	3.80	1.5	38.72
测区 73	44.3	4.33	2.0	37.72
测区 74	42.0	4.49	1.5	36.17
测区 75	46.7	4.62	1.5	45.46
测区 76	46.0	3.86	2.0	34.17
测区 77	46.3	4.21	1.5	39.17
测区 78	45.0	4.13	2.0	36.23
测区 79	43.1	3.94	1.5	31.37
测区 80	45.7	3.91	1.5	34.41
测区 81	46.8	4.23	1.5	40.19
测区 82	44.0	3.94	2.0	32.54
测区 83	46.6	3.86	1.5	34.97
测区 84	44.8	4.56	1.0	41.45
测区 85	44.1	4.21	1.5	35.94
测区 86	47.9	4.53	2.0	46.22
测区 87	44.1	4.55	1.5	40.19

续表 2-44

测区编号	修正后的回弹值 R_a	修正后的声速值 $v_a/(km/s)$	碳化深度/mm	强度换算值/MPa
测区 88	43.1	4.71	1.5	40.56
测区 89	46.6	3.94	2.0	36.01
测区 90	49.8	3.83	1.0	38.89
测区 91	48.8	4.26	1.5	43.72
测区 92	46.1	4.27	2.0	39.67
测区 93	47.0	4.43	1.5	43.28
测区 94	44.8	4.22	1.0	37.08
测区 95	43.9	3.83	1.5	31.11
测区 96	44.2	4.13	1.5	35.10
测区 97	44.0	4.33	2.0	37.27
测区 98	45.5	4.55	1.0	42.47
测区 99	44.0	3.96	1.5	32.77
测区 100	44.8	4.02	1.5	34.58
平均值/MPa				38.0
标准差/MPa				4.43
强度推定值/MPa				30.7

检测结果表明,取不低于 95%保证率的强度,则原结构层壳槽砂浆抗压强度推定值为 30.7 MPa。

表 2-45 渡槽补强壳槽砂浆抗压强度检测结果

测区编号	修正后的回弹值 R_a	修正后的声速值 $v_a/(km/s)$	碳化深度/mm	强度换算值/MPa
测区 1	49.0	4.15	2.0	42.43
测区 2	50.8	4.57	1.5	51.92
测区 3	46.1	4.36	2.0	40.92
测区 4	46.9	4.25	1.5	40.67
测区 5	48.6	4.16	1.5	41.99
测区 6	47.7	4.27	1.5	42.19
测区 7	45.2	4.51	2.0	41.49

续表 2-45

测区编号	修正后的回弹值 R_a	修正后的声速值 v_a/(km/s)	碳化深度/mm	强度换算值/MPa
测区 8	46.0	4.42	1.5	41.48
测区 9	48.4	4.40	1.0	45.20
测区 10	47.2	3.96	1.5	37.04
测区 11	45.8	4.01	2.0	35.82
测区 12	47.7	3.89	1.5	36.85
测区 13	47.0	4.23	1.5	40.52
测区 14	49.2	3.79	2.0	37.55
测区 15	49.1	3.85	1.5	38.23
测区 16	47.6	4.44	1.0	44.36
测区 17	45.9	4.52	1.5	42.79
测区 18	49.0	4.55	2.0	48.41
测区 19	46.7	4.49	2.0	43.69
测区 20	46.1	4.46	1.5	42.27
测区 21	50.1	4.37	1.5	47.57
测区 22	48.1	4.44	1.5	45.27
测区 23	45.5	3.95	2.0	34.64
测区 24	46.8	4.16	1.5	39.26
测区 25	46.8	4.47	1.0	43.51
测区 26	48.1	4.49	1.5	45.94
测区 27	47.0	3.96	2.0	36.85
测区 28	51.5	4.17	1.5	46.67
测区 29	49.9	3.95	1.5	40.78
测区 30	48.3	4.30	2.0	43.59
测区 31	44.4	4.06	1.0	34.52
测区 32	44.9	4.42	1.5	39.71
测区 33	48.1	4.44	2.0	45.29
测区 34	45.4	4.45	1.5	40.94
测区 35	46.1	4.16	1.0	38.29
测区 36	47.0	3.76	1.5	34.23
测区 37	45.9	3.92	2.0	34.79

续表 2-45

测区编号	修正后的回弹值 R_a	修正后的声速值 v_a/(km/s)	碳化深度/mm	强度换算值/MPa
测区 38	47.1	3.99	1.5	37.35
测区 39	45.5	4.37	1.5	40.12
测区 40	47.1	4.58	1.5	45.52
测区 41	49.0	4.47	2.0	47.26
测区 42	51.0	3.89	1.5	41.42
测区 43	49.3	3.95	1.0	39.92
测区 44	46.9	4.59	1.5	45.38
测区 45	50.0	4.57	2.0	50.34
测区 46	50.0	3.40	1.5	32.95
测区 47	43.2	3.82	2.0	30.16
测区 48	46.1	3.99	1.5	35.96
测区 49	45.9	4.40	1.5	41.15
测区 50	45.4	4.48	1.5	41.38
测区 51	47.1	4.53	2.0	44.93
测区 52	48.8	4.20	1.5	42.81
测区 53	44.9	4.25	1.0	37.63
测区 54	45.8	4.02	1.5	35.94
测区 55	47.4	3.86	2.0	35.99
测区 56	48.1	4.42	1.5	44.89
测区 57	49.9	4.43	1.5	48.14
测区 58	44.9	4.19	2.0	36.87
测区 59	51.7	4.25	1.0	48.30
测区 60	51.2	3.86	1.5	41.22
测区 61	44.8	3.95	2.0	33.70
测区 62	44.0	4.19	1.5	35.52
测区 63	49.1	3.98	1.0	40.07
测区 64	45.4	3.94	1.5	34.36
测区 65	45.8	3.98	2.0	35.48
测区 66	44.7	3.80	1.5	31.82
测区 67	47.1	4.37	1.5	42.69

续表 2-45

测区编号	修正后的回弹值 R_a	修正后的声速值 $v_a/(km/s)$	碳化深度/mm	强度换算值/MPa
测区 68	50.2	4.51	1.5	49.87
测区 69	45.5	4.58	2.0	42.81
测区 70	48.1	3.52	1.5	32.38
测区 71	47.1	3.98	1.0	37.23
测区 72	51.0	3.88	1.5	41.26
测区 73	45.7	4.37	2.0	40.43
测区 74	43.1	4.58	1.5	38.95
测区 75	48.1	4.67	1.5	48.59
测区 76	47.3	3.94	2.0	36.94
测区 77	47.2	4.25	1.5	41.15
测区 78	46.4	4.21	2.0	39.35
测区 79	44.2	3.98	1.5	33.27
测区 80	47.1	3.99	1.5	37.31
测区 81	48.1	4.27	1.5	42.80
测区 82	44.9	4.02	2.0	34.67
测区 83	48.0	3.90	1.5	37.38
测区 84	45.9	4.65	1.0	44.52
测区 85	45.4	4.25	2.0	38.41
测区 86	49.2	4.62	1.5	49.86
测区 87	45.0	4.60	1.5	42.22
测区 88	44.5	4.80	1.5	44.16
测区 89	47.7	3.98	2.0	38.07
测区 90	51.3	3.91	1.5	42.16
测区 91	50.1	4.30	1.0	46.47
测区 92	47.0	4.36	1.5	42.27
测区 93	48.4	4.47	2.0	46.25
测区 94	45.9	4.30	1.5	39.82
测区 95	45.2	3.87	1.5	33.26
测区 96	45.5	4.21	2.0	38.01
测区 97	44.9	4.37	1.5	39.16

续表 2-45

测区编号	修正后的回弹值 R_a	修正后的声速值 v_a/(km/s)	碳化深度/ mm	强度换算值/ MPa
测区 98	46.9	4.64	2.0	46.10
测区 99	45.1	4.00	1.5	34.73
测区 100	45.9	4.10	1.5	37.14
平均值/MPa				40.6
标准差/MPa				4.71
强度推定值/ MPa				32.9

检测结果表明,取不低于 95% 保证率的强度,则补强壳槽砂浆抗压强度推定值为 32.9 MPa。

表 2-46　钻芯法检测渡槽原结构层砂浆抗压强度结果

芯样编号	受压面直径/mm	极限压力/kN	强度/MPa
1	5.0	82.69	42.135
2	5.0	87.42	44.545
3	5.0	73.08	37.238
4	5.0	67.09	34.186
5	5.0	80.38	40.958
6	5.0	101.38	51.659
7	5.0	69.95	35.643
8	5.0	83.26	42.425
9	5.0	75.84	38.645
10	5.0	82.08	41.824
强度平均值/MPa			40.9
强度标准差/MPa			5.00
强度推定值/MPa			32.7

检测结果表明,取不低于 95% 保证率的强度,则钻芯法所得到的原结构层壳槽砂浆抗压强度推定值为 32.7 MPa。

结合超声回弹综合法及钻芯法,保守推定原结构层砂浆及补强层砂浆强度为 30.0 MPa。

2.5　混凝土的老化病害检测

渡槽是一种输送水流跨越洼地、山谷的架空水槽,也是区别于公路桥、铁路桥、人行桥、管线桥中较为特殊的一种桥梁结构。经过多年运行,大量渡槽结构出现了老化病害现象。渡槽的老化病害主要表现为混凝土的裂缝病害、混凝土的内部缺陷病害、混凝土的腐蚀病害、钢筋锈蚀病害、混凝土碳化病害等。对渡槽的各类病害进行检测,以便对老化建筑物提出更好的除险加固方案。

2.5.1　混凝土裂缝检测

裂缝是水工混凝土建筑物最普遍、最常见的病害之一,不发生裂缝的混凝土建筑物是极少的。而且混凝土裂缝往往是多种因素联合作用的结果。裂缝对水工混凝土建筑物的危害程度不一,严重的裂缝不仅危害建筑物的整体性和稳定性,而且还会产生大量的漏水,使建筑物的安全运行受到严重威胁。另外,裂缝往往会引起其他病害的发生与发展,如渗漏溶蚀、环境水侵蚀、冻融破坏及钢筋锈蚀等。这些病害与裂缝形成恶性循环,会对水工混凝土建筑物的耐久性产生很大危害。

2.5.1.1　裂缝类型

混凝土是多相复合脆性材料,当混凝土拉应力大于其抗拉强度,或混凝土拉伸变形大于其极限拉伸变形时,混凝土就会产生裂缝。裂缝按深度不同,可分为表层裂缝、深层裂缝和贯穿裂缝;按裂缝开度变化可分为死缝(其宽度和长度不再变化)、活缝(其宽度随外界环境条件和荷载条件变化而变化,长度不变或变化不大)和增长缝(其宽度或长度随时间而增长);按产生原因分,裂缝可分成温度裂缝、干缩裂缝、钢筋锈蚀裂缝、碱骨料反应裂缝、超载裂缝、地基不均匀沉陷裂缝等。

1. 温度裂缝

大体积混凝土浇筑后,由于水泥水化热使内部混凝土温度升高。当水化热温升到达高峰后,由于环境温度较低,因此混凝土温度开始下降。温降过程中混凝土发生收缩,在约束条件下,当温降收缩变形大于混凝土极限拉伸变形时,混凝土容易发生裂缝,这种裂缝通常称为温度裂缝。还有一种温度裂缝是由于混凝土内外温差引起的,例如混凝土遭受寒潮侵袭或夏天混凝土经阳光暴晒后突然下雨,都会使混凝土内部与表层产生很大温差,混凝土表层温度下降,而内部温度基本不降,这样内部混凝土对表层混凝土起约束作用,同样会导致温度裂缝。

为了减少温度裂缝,一般选用中热水泥或具有微膨胀性的中热水泥(自生体积变形为膨胀变形,如水泥中 MgO 含量较高,但不大于 5%)和热膨胀系数小的骨料。如石灰岩骨料混凝土热膨胀系数为$(5 \sim 6) \times 10^{-6}/℃$,而砂岩骨料混凝土热膨胀系数为$(10 \sim 12) \times 10^{-6}/℃$,同样温度降低 1 ℃,砂岩骨料混凝土温度变形比石灰岩骨料混凝土的温度变形大 1 倍。同时在施工中还应严格采取温控措施,尽量避免裂缝发生。

2. 干缩裂缝

置于未饱和空气中的混凝土因水分散失而引起的体积缩小变形,称为干燥收缩变形,简称干缩。干缩仅是混凝土收缩的一种,除干燥收缩外,混凝土还有自生收缩(自缩)、温度收缩(冷缩)、碳化收缩等。干缩的扩散速度比温度的扩散速度要慢 1 000 倍。例如,对大体积混凝土,干缩扩散深度达到 6 cm 需花 30 d 时间,而在这段时间内,温度却可传播 6 m 深。因此,对大体积混凝土内部不存在干缩问题,但其表面干缩是一个不能忽视的问题。正因为干缩扩散速度小,混凝土表面已干缩,而其内部不缩,这样内部混凝土对表面混凝土干缩起约束作用,使混凝土表面产生干缩应力。当混凝土干缩应力大于混凝土抗拉强度时,混凝土就会产生裂缝,这种裂缝称为干缩裂缝。

实际上,水工混凝土建筑物产生干缩裂缝,也包含有混凝土自生体积收缩和碳化收缩作用的结果。

3. 钢筋锈蚀裂缝

混凝土中钢筋发生锈蚀后,其锈蚀产物(氢氧化铁)的体积将比原来增长 2~4 倍,从而对周围混凝土产生膨胀应力。当该膨胀应力大于混凝土抗拉强度时,混凝土就会产生裂缝,这种裂缝称为钢筋锈蚀裂缝。钢筋锈蚀裂缝一般都为沿钢筋长度方向发展的顺筋裂缝。

4. 碱骨料反应裂缝

碱骨料反应主要有碱-硅酸盐反应和碱-碳酸盐反应,它们都是水泥中的碱(Na_2O、K_2O)和骨料中的某些活性物质如活性 SiO_2、微晶白云石(碳酸盐),以及变形石英等发生反应而生成吸水性较强的凝胶物质。当反应物增加到一定数量,且有充足水分时,就会在混凝土中产生较大的膨胀作用,导致混凝土产生裂缝,这种裂缝称碱骨料反应裂缝。碱骨料反应裂缝不同于最常见的混凝土干缩裂缝和荷载引起的超载裂缝,这种裂缝的形貌及分布与钢筋限制有关,当限制力很小时,常出现地图状裂缝,并在裂缝中伴有白色浸出物;当限制力强时则出现顺筋裂缝。

5. 超载裂缝

当建筑物遭受超载作用时,其结构或构件产生的裂缝称超载裂缝。

此外,常见的混凝土裂缝还有地基不均匀沉陷裂缝、地基冻胀裂缝等。

2.5.1.2　检测内容

(1)裂缝的部位、数量、分布状态。

(2)裂缝的宽度、长度和深度。

(3)表面裂缝还是贯穿裂缝。

(4)裂缝的形状,上宽下窄、下宽上窄、中间宽两头窄(枣核形)、对角线形、斜线形、"八"字形、网状形等。

(5)裂缝的走向,纵向、横向、斜向、沿主筋向还是垂直于主筋向。

(6)裂缝周围混凝土的颜色及其变化情况,有无保护层脱落、粉层空鼓,有无渗漏迹象,有无爆裂现象。

(7)裂缝的活动特性,是指裂缝宽度的发展情况及受某些因素(如时间、荷载、季节等)影响的变化情况,裂缝的宽度和长度是否稳定、是否有周期、是否有自愈闭合性。

2.5.1.3 检测方法

1. 裂缝宽度检测

裂缝的宽度一般是指裂缝最大宽度与最小宽度的平均值。此处的裂缝最大宽度和最小宽度分别指该裂缝长度的 10%~15% 较宽区段及较窄区段的平均宽度。裂缝宽度一般可用混凝土裂缝测定卡、刻度放大镜(20 倍)、塞尺等测定;也可粘贴跨缝应变片,根据应变测值了解裂缝在短时间内宽度的微小变化及其活动性质。

2. 裂缝长度检测

裂缝长度的增大,一般都伴随有裂缝的延伸,是裂缝危害性可能增大的征兆。裂缝长度可用钢板尺、钢卷尺等测定,也可以在裂缝末端附近垂直裂缝尖端粘贴应变片,根据应变测值的变化即能获知裂缝是否延伸以及延伸速度等情况。

3. 裂缝深度检测

裂缝的深度是指表面裂缝口到裂缝闭合处的深度。可采用凿开法或钻孔取芯法直接观测,当裂缝较深时宜用超声波法。采用凿开法检查前,先向缝中注入有色墨水,则易于辨认细微裂缝。超声波检测裂缝深度有三种方法,即平测法、斜测法和钻孔测试法。

1)平测法

平测法适用于结构的裂缝部位只有一个可测表面,并且测量的混凝土建筑物裂缝深度不大于 50 cm 的情况。裂缝内有水或穿过裂缝的钢筋太密时不适用该方法。

(1)基本原理。

利用超声波绕过裂缝末端的传播时间(简称声时)来计算裂缝深度。如图 2-20 所示,若换能器对称地置于裂缝两侧,测得传播时间 t_1(超声波绕过裂缝末端所需的时间)。设混凝土波速为 v,可得 $\dfrac{t_1 v}{2} = AD$,则裂缝深度为

$$h = \sqrt{\left(\frac{vt_1}{2}\right)^2 - \left(\frac{d}{2}\right)^2} = \frac{1}{2}\sqrt{t_1^2 v^2 - d^2} \tag{2-58}$$

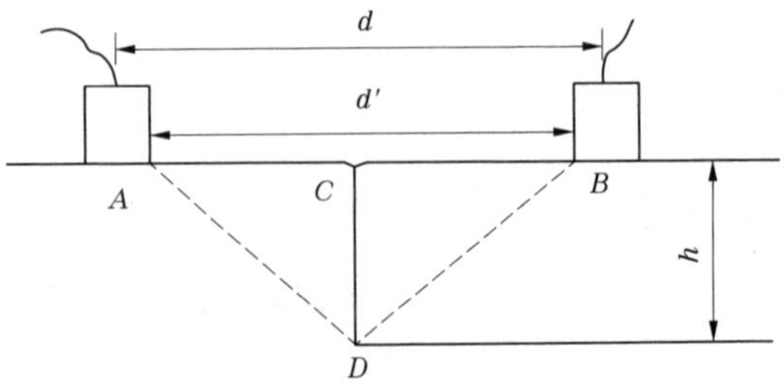

图 2-20　裂缝深度测试

若换能器平置于无缝的混凝土表面上,相距同样为 d,测得传播时间为 t_0,则 $t_0 v = d$,代入式(2-58),可得:

$$h = \frac{d}{2}\sqrt{\left(\frac{t_1}{t_0}\right)^2 - 1} \tag{2-59}$$

（2）检测步骤。

①无缝处平测声时和传播距离的计算。将发、收换能器平置于裂缝附近有代表性的、质量均匀的混凝土表面上，两换能器内边缘相距为 d'。在不同的 d' 值（如 5 cm、10 cm、15 cm、20 cm、25 cm、30 cm 等，必要时再适当增加）的情况下，分别测读出相应的传播时间 t_0，以距离 d' 为纵坐标，时间 t_0 为横坐标，将数据点绘在坐标纸上。若被测处的混凝土质量均匀、无缺陷，则各点应大致在一条不通过原点的直线上。根据图形计算出该直线的斜率（用直线回归计算法），即为超声波在该处混凝土中的传播速度 v。按 $d = t_0 v$ 计算出发、收换能器在不同 t_0 值下相应的超声波传播距离 d（d 略大于 d'）。

②绕缝传播时间的测量。

a. 垂直裂缝。将发、收换能器平置于混凝土表面上裂缝的各一侧，并以裂缝为轴相对称，两换能器中心的连线应垂直于裂缝的走向。沿着同一直线，改变换能器边缘距离 d'。在不同的 d' 值（如 5 cm、10 cm、15 cm、20 cm、25 cm、30 cm 等）的情况下，分别读出相应的绕裂缝传播时间 t_1。

b. 倾斜裂缝。如图 2-21 所示，先将发、收换能器分别布置在 A、B 位置（对称于裂缝顶），测读出传播时间 t_1；然后 A 换能器固定，将 B 换能器移至 C，测读出另一传播时间 t_2。以上为一组测量数据。改变 AB、AC 距离，即可测得不同的几组数据。裂缝倾斜方向判断法如图 2-22 所示，将一只换能器 B 靠近裂缝，另一只换能器位于 A 处，测传播时间。接着将 B 换能器向外移动稍许，若传播时间减小，则裂缝向换能器移动方向倾斜；若传播时间增加，则进行固定 B 移动 A 的反方向检验。

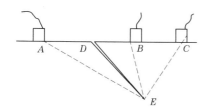

图 2-21　倾斜裂缝的测试

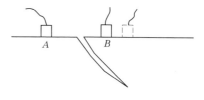

图 2-22　裂缝倾斜方向判断法

（3）检测结果处理。

①垂直裂缝深度按下式计算：

$$h = \frac{d}{2} \sqrt{\left(\frac{t_1}{t_0}\right)^2 - 1} \tag{2-60}$$

式中：h 为垂直裂缝深度，cm；t_1 为绕缝的传播时间，μs；t_0 为相应的无缝平测传播时间，μs；d 为相应的换能器之间声波的传播距离，$d = t_0 v$，cm。

根据换能器在不同距离下测得的 t_1、t_0 和 d 值，可算出一系列的 h 值。把 $d<h$ 和 $d>2h$ 的数据舍弃，取其余（不少于两个）h 值的算术平均值作为裂缝深度的测试结果。

②倾斜裂缝深度用作图法求得。如图 2-23 所示，在坐标纸上按比例标出换能器及裂缝顶的位置（按超声传播距离 d 计）。以第一次测量时两换能器位置 A、B 为焦点，以 $t_1 v$ 为两动径之和作一椭圆；再以第二次测量时两换能器的位置 A、C 为焦点，以 $t_2 v$ 为两动径

之和作另一椭圆;两椭圆的交点 E 即为裂缝末端, DE 为裂缝深度 h。

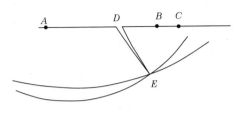

图 2-23　椭圆交会法

（4）注意事项。

测试时,换能器必须与混凝土耦合良好;当有钢筋穿过裂缝时,发、收换能器的布置应使换能器连线离开钢筋轴线,离开的最短距离宜为裂缝深度的 1.5 倍;在测量绕缝传播时间时,应读取第一个接收信号,有时因换能器与混凝土耦合不良等原因,使第一个信号微弱,误读了后面的叠加信号,将造成测量错误,一般随着探头相互距离逐级增加,第一个接收信号的幅度应逐渐减小,如果情况反常,应检查测量有无错误。

2）斜测法

斜测法适用于结构的裂缝部位具有两个相互平行的可测表面的情况,但该方法不适用测量有水的裂缝。检测时将发、收探头分别置于结构的两个表面,且两个探头的轴线不重合（见图 2-24）。采取多点检测的方法,保持发、收探头的连线等长度,记录各测点接收波形的幅值或频率。若探头的连线通过裂缝,超声波在裂缝界面上产生较大的衰减,幅值和频率比不通过裂缝时有明显的降低,据此可判定裂缝的深度及是否贯通。

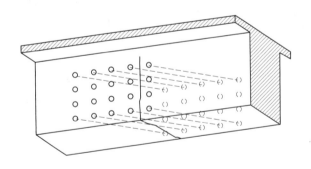

图 2-24　斜测裂缝示意

3）钻孔测试法

钻孔测试法适用于大体积混凝土中裂缝较深,或超声波功率较小、接收到的信号微弱的情况。在裂缝两侧钻孔（见图 2-25）,孔径比探头直径大 5～10 mm,孔距宜为 2 000 mm。测试前向孔中注满清水作为耦合剂,然后将接收和发射探头分别置于裂缝两侧的孔中,以相同高程等间距自上而下同步移动,逐点读取波幅和深度,绘制深度−波幅曲线（见图 2-26）。当波幅达到最大并基本稳定时的对应深度,便是裂缝深度。

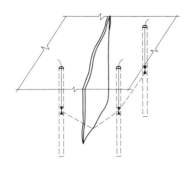

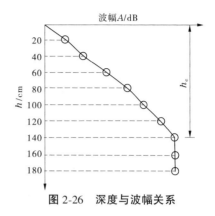

图 2-25　钻孔测裂缝深度示意　　　　图 2-26　深度与波幅关系

4. 裂缝扩展检测

裂缝扩展检测有以下两种方法。

1) 贴石膏标板法检测

将厚 10 mm、宽 50~70 mm、长约 200 mm 的石膏板垂直于裂缝粘贴在构件表面,用 1:2 水泥砂浆贴牢。当裂缝稍有开展,标板就脆性断裂。观察标板上裂缝的变化,即可了解到构件裂缝的开展情况(见图 2-27)。

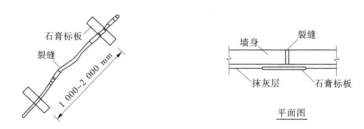

图 2-27　贴石膏标板观测裂缝扩展

2) 粘贴(钉)薄钢板检测

在裂缝两侧各粘(钉)一块薄钢板,并相互搭接紧贴,在薄钢板表面涂刷油漆。当裂缝开展时,两块薄钢板被逐渐拉开,中间露出的未涂刷油漆部分为薄钢板的宽度,即为构件裂缝的开展情况。

以上两种裂缝扩展的检测方法比较粗略,但简便易行,适于采用。

裂缝扩展的精确测量可采用应变计或千分表进行。

2.5.2　混凝土内部缺陷检测

结构混凝土内部缺陷(空洞或非密实区)不像表面裂缝、剥落、外露的蜂窝及孔洞等外部缺陷易于发现和测定。作为内部隐患,其对结构或构件的危害较严重,是既有建筑物可靠性评定中的必测项目,需采用能获得声时、声程、衰减、波形等多个物理量的超声波仪,以便较准确地判断内部缺陷的存在、位置、大小和性质。现利用超声波法来探测混凝土内部缺陷。

1.缺陷的存在和部位的判别

1）初步判断

（1）普测。当对结构混凝土内部质量有怀疑时，可先在构件两相对侧面上划出较稀疏的一级网格，见图 2-28。网格间距视构件尺寸大小而定（例如 30 cm 左右），测定网格交点的声时值。

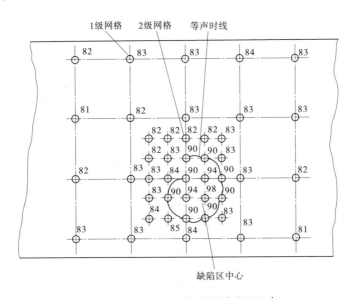

图 2-28　网格法探测混凝土缺陷区示意

（2）细测。在包络声时变化较大的异常点的区域内，以较小的间距（例如 10 cm）划出二级网格，测定网格交点的声时值。将声时较大的各等声时测点连接为"等声时线"，在该等声时线范围内可初步确定为缺陷区。

声时值异常的判别：一般采用统计方法定量判别测点声时值是否异常。若测点的声速值符合下式，则可判为异常点。

$$v_i < \bar{v} - 2S_v \qquad (2\text{-}61)$$

式中：v_i 为第 i 个测点的声速值；$\bar{v}$ 为测点声速的均值；S_v 为测点声速的标准差。

当被测构件的厚度（声程）不变时，也可直接用声时值的统计结果作为判断依据。

$$t_i > \bar{t} + 2S_t \qquad (2\text{-}62)$$

式中：t_i 为第 i 个测点的声时值；$\bar{t}$ 为测点声时的均值；S_t 为测点声时的标准差。

根据声速（或声时）值的变化可以判别缺陷的存在，但因该变化幅度一般不是很大，特别是当测试距离较大，垂直于测试方向的缺陷尺寸又较小时，可判别性较差。

2）准确判断

在测定各测点声时值时，若同时检测和计算接收波的频率、首波波幅（或衰减）和观察波形的畸变（必要时可用拍照记录）等参数，可提高判断的准确性。

（1）由接收波波形（见图 2-29）按下式计算频率：

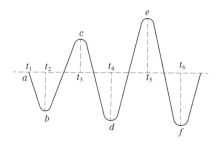

图 2-29　接收波波形示意

$$f = \frac{1}{4(t_2 - t_1)} \tag{2-63}$$

或

$$f = \frac{2}{t_6 - t_2} \tag{2-64}$$

式中：t_1、t_2、t_6 分别为图 2-29 中接收波对应点的声时值。

（2）衰减系数 α。α 为波幅随声程增大而减小的参数，可按下式计算：

$$\alpha = \frac{1}{x} \ln \frac{A_0}{A} \tag{2-65}$$

式中：x 为超声波在混凝土中的传播距离；A_0 为超声波传播距离为 0 时的波幅值，在显示屏上用直读法测得；A 为超声波传播距离为 x 时对应的波幅值。

接收波衰减值用衰减器法测得。衰减系数可取用下列单位：

①奈培数（NP）= $\ln \dfrac{A_0}{A}$；显然，当 $\dfrac{A_0}{A} = e$ 时，$\ln \dfrac{A_0}{A} = 1$（NP）。

②分贝数（dB）= $20\lg \dfrac{A_0}{A}$。

衰减系数 α 的单位分别为 NP/cm 或 dB/cm。两单位之间的转换关系为：

1 NP = 8.69 dB，1 dB = 0.115 NP

在测得各测点的声时值 t（或声速值 v）、首波幅 A（或衰减系数 α）的相对值后，则可参考表 2-47 对混凝土质量进行准确的定性判断。

表 2-47　混凝土质量综合定性判断表

首波波幅 （衰减系数）	声时（声速）		
	t 正常（v 正常）	t 偏小（v 偏大）	t 偏大（v 偏小）
A 正常（α 正常）	强度正常	强度较高	强度较低，有局部缺陷
A 偏大（α 偏小）	强度正常或偏高	强度较高，质量较好	强度正常，混凝土浆多石少
A 偏小（α 偏大）	强度正常，但表层不良或有内部缺陷	强度正常，混凝土石多浆少	强度偏低，质量不良，内部有缺陷

同时,还可以结合接收波的波形特征按表 2-48 进行较准确的定性判断。

表 2-48　结合波形定性判断表

项次	混凝土质量情况	声时/μs [声速/(m/s)]	首波波幅 (小格数)	波形
1	密实	43.9 (4 560)	13.0	
2	疏松	51.6 (3 880)	0.5	
3	局部不密实 (中间有蜂窝缺陷)	45.7 (4 380)	6.5	
4	局部不密实 (中间有蜂窝缺陷)	45.9 (4 360)	6.0	
5	硬化砂浆 (无石子)	57.9 (3 450)	2.0	

(3)无缺陷混凝土的波形特征。无缺陷混凝土的波形有下述特征:①首波陡峭,波幅大;②第一个周波的后半个波即达到较高的波幅值,接收波的包络线呈半圆形;③第一个周期的波形无畸变。

(4)有缺陷混凝土的波形特征。超声波在有缺陷混凝土中的波形具有下述特征:①首波较平缓、波幅小;②第一个周波的后半波,甚至到第二个周波,其幅度增加还不多,包络线呈喇叭形;③前一、二周期波形有畸变。

定量判断可用缺陷综合指标 K_z 进行:

$$K_z = \frac{A_i(f_i - n)}{t_i - m} \tag{2-66}$$

式中:A_i 为第 i 个测点首波波幅, mm 或 NP、dB;f_i 为第 i 个测点接收波频率,kHz;t_i 为第 i 个测点声时值,μs;m、n 均为常数。

以使 A、f、t 三者的变异系数相等为原则,按下式试算(式中 S_f 和 S_t 分别包含 m 和 n 值):

$$\frac{S_A}{A} = \frac{S_f}{f} = \frac{S_t}{t} \tag{2-67}$$

式中：S_A 为各测点接收波波幅值的标准差；A 为各测点接收波波幅值的平均值；S_f 为各测点接收波频率减去 n 值后的标准差；f 为各测点接收波频率减去 n 值后的平均值；S_t 为各测点接收波声时值减去 m 值后的标准差；t 为各测点接收波声时值减去 m 值后的平均值。

2. 内部缺陷大小的测定

按上述方法确定了混凝土内部孔洞、蜂窝等缺陷的位置后，便可采用如图 2-30 所示的对测法测缺陷尺寸大小。首先测位于缺陷区附近但无缺陷的 a 点混凝土（其厚度与缺陷区相等）的声时值，然后将探头移入缺陷区，所测声时最长的 b 点，即为缺陷垂直于两探头连线平面的"中心"位置。b 点的声时值即为超声波绕过缺陷的时间。

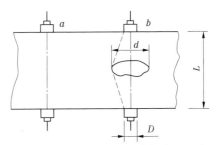

图 2-30　用对测法测定内部空洞尺寸

缺陷（孔洞、蜂窝）垂直于两探头连线方向的横向尺寸按下式计算：

$$d = D + L \sqrt{\left(\frac{t_1}{t_0}\right)^2 - 1} \tag{2-68}$$

式中：d 为缺陷（孔洞）的横向尺寸；D 为探头直径；L 为两探头间直线距离；t_0 为无缺陷混凝土声时值；t_1 为缺陷（孔洞）"中心"点的声时值。

对如图 2-31 所示的横向尺寸小于或接近探头直径的扁平状孔洞或裂隙的内部缺陷，若使用上述对测法准确性就很差。此时可采用图 2-31 所示的斜测法，将两换能器以同样的相对位置在无缺陷处测出两探头间的声时值 t_0，然后再将两探头同步同速向有缺陷处移动，即保持 L_c 值不变，当测得声时值为最大值 t_c 时，如图 2-31 所示，则可按下式估算缺陷尺寸 d：

$$d = \frac{L_c}{\sin\alpha} \sqrt{\left(\frac{t_c}{t_0}\right)^2 - 1} \tag{2-69}$$

式中：L_c 为两探头间的直线距离；α 为两探头连线与缺陷平面的夹角。

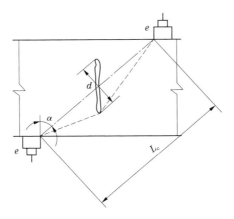

图 2-31　用斜测法测定内部空洞尺寸

2.5.3 混凝土腐蚀层的检测

因腐蚀性物质侵蚀、冻融和长期高温等因素的影响而造成的混凝土逐层剥落和强度损失部分均可按下述方法测定。混凝土剥落剩余截面可用钢尺测定,读数精确到毫米。测定强度损失层厚度时,可用电锤等在构件上打孔,或用砂轮磨除表面强度损失层,至强度未受影响的混凝土露出,用卡尺测定未受影响混凝土前缘至残余混凝土表面的距离,读数精确到毫米。构件的剩余截面:混凝土剥落剩余截面减去强度损失部分截面为构件剩余截面。

截面损失率按式(2-74)计算。

$$截面损失率 = \left(1 - \frac{剩余截面}{原设计截面}\right) \times 100\% \tag{2-70}$$

混凝土剥落层厚度的发展速度可以用时间的线性关系描述:

$$D_1 = k_1 t \tag{2-71}$$

式中:D_1 为剥落层厚度,mm;t 为混凝土的使用年限,年;k_1 为混凝土的腐蚀速度,mm/a,主要与混凝土的质量(抗腐蚀能力)、侵蚀的种类及强度等有关,应根据具体情况作专门的调查、分析研究确定。

2.5.4 混凝土碳化深度的检测

混凝土的碳化是指空气中的 CO_2 不断向混凝土内部渗透,并与混凝土中的 $Ca(OH)_2$ 反应形成中性的 $CaCO_3$,使混凝土表面碱性降低、硬度提高的过程。碳化随时间不断向内发展,碳化的速度与混凝土密实性及温、湿度环境有关,差别较大。当碳化发展到钢筋表面,在有水和氧供给的条件下,钢筋开始锈蚀,结构开始发生耐久性损伤。当混凝土中存在裂缝时,裂缝部位的碳化发展加剧,即使保护层范围的混凝土还没有完全碳化,裂缝部位的钢筋仍可能锈蚀,因此在不良环境下应尽早修补裂缝。碳化深度是混凝土结构耐久性评估的重要参数。

碳化混凝土的碱性变化可作为检测碳化深度的依据。碳化深度的检测方法:在选定的检测位置对混凝土凿孔,孔内清扫干净,不得用水冲洗,随后,用浓度为 1% 的酚酞乙醇溶液滴在孔洞内壁的边缘处,喷洒量以表面均匀、湿润为准。喷洒酚酞后,未碳化的混凝土变为红色,当已碳化(颜色不变)与未碳化界线清楚时,再用深度测量工具测量已碳化与未碳化混凝土交界面到混凝土表面的垂直距离,测量不应少于 3 次,取其平均值。该距离即为混凝土的碳化深度值。每次读数精确至 0.5 mm。

碳化测区应选在构件有代表性的部位,除有特殊测试目的外,一般应布置在构件中部,避开较宽的裂缝和较大的孔洞。每个测区应布置三个测孔,取三个测试数据的平均值作为该测区碳化深度的代表值。

碳化深度测孔可用电锤、冲击钻或钢钎等打成,严禁使用风动工具。测孔直径在 12~25 mm,以能清楚地分辨碳化深度为准;碳化浅则测孔直径可小些,碳化深,则测孔直径可相应大些。当混凝土碳化层较厚时,宜分段打孔,逐段测量,以减小测定的误差。清扫孔中的碎屑、粉末可使用压缩空气(如可用皮老虎或吸耳球吹扫),尽可能不用水冲洗。

测定位置:构件的边角比平面部位碳化得快,因此碳化测区应尽量布置在平面部位,测孔距边角应有一定的距离(大于 2.5 倍的碳化深度值)。

表面饰层的处理:当碳化测区同时又是回弹或超声的测区时,应按规定将面层剔除,并用卡尺测定面层的实际厚度。对于仅测碳化的测区可不必剔除面层,在测定碳化深度时,用卡尺测定一下面层的厚度即可。喷洒酚酞试液后的红色反应经过一定时间后会消失,因此应及时测定深度,并画出变色的界线,以便以后核对。

根据混凝土实际碳化深度,可利用式(2-72)计算剩余碳化年数 t_1。

$$t_1 = t_0\left(\frac{D_1^2}{D_0^2} - 1\right) \tag{2-72}$$

式中: t_1 为剩余碳化年限,指从测定时算起,碳化达到钢筋表面所需的年数; t_0 为构件已使用的年数; D_1 为钢筋保护层厚度($D_0<D_1$); D_0 为实测碳化深度。

构件边角碳化深度可按图 2-32 推算。

从碳化达到钢筋表面的时刻计算,钢筋已经锈蚀的年数可按式(2-73)计算:

$$t_2 = t_0\left(1 - \frac{D_1^2}{D_0^2}\right) \tag{2-73}$$

式中: t_2 为钢筋已经锈蚀的年数($D_0 > D_1$)。

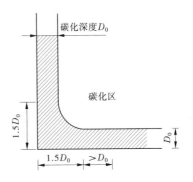

图 2-32　构件边角碳化深度

2.5.5　钢筋与钢结构的病害检测

对于渡槽这种钢筋混凝土结构,在长期使用过程中会出现裂缝从而导致渡槽渗漏,进而会造成钢筋的锈蚀,随着钢筋锈蚀的发生,混凝土易开裂及剥落,导致钢筋和混凝土的黏结力丧失,因此要对保护层的厚度进行检测;由于钢筋的锈蚀会使钢筋截面面积减小,承载能力下降,从而降低结构的安全度,因此可以采用电化学方法或非电化学方法对钢筋的锈蚀程度进行检测,通过检测可以得出钢筋的锈蚀程度,从而给出合理的评估方案。

2.5.5.1　钢筋位置和保护层厚度的测定

查明钢筋混凝土结构构件的实际配筋的数量和位置(包括分布及保护层厚度)等,是对结构进行安全复核的最可靠依据。如受弯构件,受拉主筋的保护层厚度大于设计值时,构件横截面的抗弯能力将低于设计值;反之,保护层过薄,则混凝土碳化深度易达钢筋,造成钢筋锈蚀,构件的耐久性降低。当然,配筋的数量和分布也同样重要。

不凿开混凝土表面,用钢筋位置探测仪可进行钢筋位置和保护层厚度的检测。该类仪器利用电磁感应原理工作,检测时将长方形的探头贴于混凝土表面,缓慢移动或转动探头(见图 2-33),当探头靠近钢筋或与钢筋趋于平行时,感应电流增大,反之减小。由此可确定内部钢筋的位置和走向。通过标定,在已知钢筋直径的前提下,可检测保护层的厚度。当对混凝土进行钻芯取样时,一般可用此法预先探明钢筋的位置,以达到避让的目的。

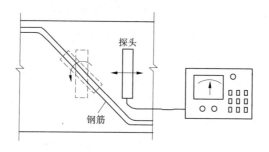

图 2-33　钢筋位置测试示意

2.5.5.2　钢筋锈蚀的鉴别与检测

钢筋锈蚀对结构构件的强度和耐久性的影响,不仅是因为锈蚀使钢筋的有效截面减小,而且使钢筋与混凝土的黏着力降低或遭破坏,同时锈蚀产生的膨胀,必将引起混凝土保护层开裂,加速钢筋的锈蚀,降低结构的抗力。

对于仍包裹在混凝土内的钢筋,检测其锈蚀程度可以采用非电化学方法和电化学方法。

1. 非电化学方法

非电化学方法包括分析法、裂缝观察法、破样检查法和电阻法等。

(1)分析法。依据现场实测的混凝土碳化速度、碳化深度、有害离子的含量、侵入深度、侵入速度、混凝土强度、保护层厚度等数据,综合考虑构件所处的环境情况,推断钢筋锈蚀速度和锈蚀量的方法称为分析法。

一般认为,钢筋的截面损失率与锈蚀时间之间有平方根的关系:

$$\lambda = k_r \sqrt{t} \tag{2-74}$$

式中:t 为钢筋锈蚀的时间,年;k_r 为钢筋锈蚀速度系数。

钢筋锈蚀速度系数 k_r 与许多因素有关,从目前的研究情况来看,尚很难给出有关 k_r 的统一表达形式,因此在工程实际检测中单纯使用分析法还存在一定的困难,目前在对旧的钢筋混凝土结构进行检测时,多是将分析法与一些实测法结合使用,也就是通过一些实测法测定出有代表性构件的 k_r 值,再利用分析法对结构中同类构件的钢筋锈蚀情况进行推定,这样既可发挥分析法的优点,又可保证推断结果的准确性。

(2)裂缝观察法。钢筋锈蚀后,锈蚀产物的体积要比钢材的体积大得多(一般为钢材体积的 2~4 倍),由此产生了膨胀力,最终造成保护层混凝土开裂和剥落。因此,观察构件表面是否有这类裂缝是判别钢筋是否锈蚀的依据。这就是初始的裂缝观察法。

通过大量的工程调查和试验研究,近年来裂缝观察法又有了进一步的发展,即从裂缝宽度、保护层厚度和钢筋直径等数据推断钢筋的锈蚀量。中国建筑科学院结构研究所的调研和试验数据表明,裂缝宽度与钢筋截面损失率有下述关系:

$$\left.\begin{array}{ll} \lambda = 507 \mathrm{e}^{0.007^a} \cdot f_{\mathrm{cu}}^{-0.09} \cdot d^{-1.76} & (0\ \mathrm{mm} \leqslant \delta_f < 0.2\ \mathrm{mm}) \\ \lambda = 332 \mathrm{e}^{0.008^a} \cdot f_{\mathrm{cu}}^{-0.567} \cdot d^{-1.108} & (0.2\ \mathrm{mm} \leqslant \delta_f < 0.4\ \mathrm{mm}) \end{array}\right\} \quad (2\text{-}75)$$

式中：λ 为截面损失率，%；a 为保护层厚度，mm；f_{cu} 为混凝土立方体强度，MPa；d 为钢筋直径，mm；δ_f 为锈蚀裂缝宽度，mm。

在实际检测中，可通过观察混凝土表面裂缝宽度，实测保护层厚度和钢筋公称直径，依据式（2-79），推断钢筋截面的损失率。

裂缝观察法的优点是不需要凿出钢筋，推断的结果总体上比较合适。

（3）破样检查法。破样检查法是破开混凝土层，直接观察钢筋锈蚀情况的检查方法。采用破样检查法时，宜选择构件上钢筋锈蚀比较严重的部位，如保护层被胀裂、剥落处，保护层有空鼓现象等部位。

破样检查可以量测钢筋剩余直径，剩余周长，蚀坑深度和长度或锈蚀产物的厚度。钢筋的剩余直径、蚀坑深度和长度以及锈蚀产物的厚度可用游标卡尺量测，剩余周长用较细的软尺量测。量测钢筋剩余直径和剩余周长前，应将钢筋除锈，使钢筋露出金属的光泽。一般将锈蚀产物厚度除以 3，可得到钢筋直径的损失量。有了上述实测数据就可以计算出钢筋截面的损失率，以及钢筋的锈蚀速度。

（4）电阻法。这种方法是根据锈蚀钢筋表面状态发生变化或截面缩小，其电阻也随之变化的原理，通过测量一定长度的钢筋电阻，应用电阻公式 $R = \rho \dfrac{l}{s}$ 计算出钢筋的剩余截面，从而得到锈蚀钢筋的截面损失。严格的做法是需在试样或结构物中埋设用钢筋制成的标准电阻棒，来预测和监视钢筋锈蚀及发展情况。

2. 电化学方法

混凝土中的钢筋锈蚀是一个电化学过程，因此用电化学方法进行腐蚀的测量与评定是有可靠的理论依据的。钢筋锈蚀的电化学检测方法有自然电位法、极化技术测量法和交流阻抗法。现场检测应用最广泛的是自然电位法。下面主要介绍自然电位法。

（1）基本原理。处于某种电解质溶液中的金属与介质间相互作用，并在其界面上形成双电层，双电层的两侧间产生电位差，并能反映出金属是处于活化状态还是钝化状态。如果采用一个外部电极作为基准（称作参比电极），与被测金属在介质中所形成的电位差作比较，则可得到一个电位相对值，称为该金属在某介质中的自然电位。

水泥在水化过程中产生一定量的氢氧化钙和水，混凝土中的钢筋便处在饱和氢氧化钙介质中，并具有相应的自然电位，若用硫酸铜为参比电极，这个电位值一般为 $-100 \sim 300$ mV，在此范围内，由于处于碱性条件下（pH>12），钢筋表面生成一层保护性氧化膜钝化膜保护钢筋不受腐蚀，即钢筋处于钝化状态。

当条件发生变化（如 pH 下降、氯盐侵蚀或受到杂散电流影响）时，钢筋自然电位随之发生变化。当钝化膜被破坏而发生腐蚀时，自然电位为负向变化（低于 -300 mV）；当钢筋遭受杂散电流影响时，自然电位有可能发生大幅度的正向或负向变化。因此，可通过测定混凝土中钢筋的电位及其变化规律,对钢筋所处状态和锈蚀程度做出判断。

(2)仪器设备与现场调试技术。钢筋锈蚀程度的监测,一般采用高内阻伏特计,其输入阻抗值为 $10^{-7} \sim 10^{-14}$;常采用饱和硫酸铜电极,或甘汞电极为参比电极,如图 2-34 所示。为减小界面电阻,也可采用氧化汞电极或氧化钼电极等。

(3)现场调试技术。现场调试技术主要有单极法和多极法两种。

①单极法。在被测结构构件上选择一处已外露的钢筋或凿去局部混凝土保护层露出钢筋,打磨钢筋表面露出金属光泽,以便接触良好。用导线将伏特计的负极与外露钢筋连接,正极与参比电极连接。将参比电极置于混凝土表面上(见图 2-35),这时由伏特计可读得混凝土保护层下

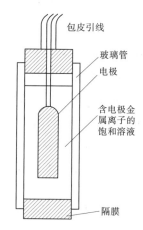

图 2-34 参比电极构造示意

对应于参比电极下方处钢筋的电位值。当参比电极在混凝土表面沿钢筋轴线顺序移动时,则可测得一系列对应位置的钢筋电位值,记录实测电位值,绘制钢筋电位分布图。根据实测电位值按表 2-49 判断标准推断钢筋是否锈蚀。

检测应选择在保护层混凝土的湿度基本相同时进行,以便减小因湿度不同引起的误差。

②双极法。图 2-36 为双极电位梯度法检测钢筋锈蚀的示意图。它适用于结构构件没有外露钢筋或不允许局部凿开保护层的情况。测试时,将两个间隔一定距离的相同参比电极同时置于结构构件的混凝土表面上,若两参比电极下方的钢筋处于同等状态,则无电位差,否则可以在连接两个参比电极的伏特计上测出电位差。将两个参比电极沿钢筋移动,则可测得下方钢筋电位梯度。根据实测电位梯度按表 2-49 中的判别标准推断钢筋是否锈蚀,所以也称双极电位梯度法。

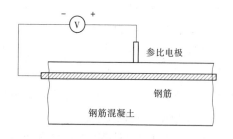

图 2-35 单极法接线示意

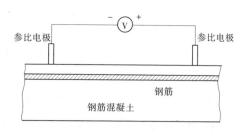

图 2-36 双极法接线示意

表 2-49 自然电位法钢筋锈蚀判断标准

单极法	电位值/mV	$0 \sim -250$	$-250 \sim -400$	低于 -400
	判断	不锈蚀	抗蚀或不确定	锈蚀
双极法	两电极相距 20 cm,电位梯度为 $150 \sim 200$ mV 时,低电位处判断有锈蚀			

2.5.6　工程实例

2.5.6.1　高壁渡槽

1. 槽身裂缝检测

1) 槽内壁面裂缝发育

渡槽内壁裂缝较为发育,据统计只有 5# 的槽段无明显可见裂缝,其余各槽段有 1~9 条数量不等的裂缝发育。

裂缝走向为竖向或斜向,多为竖向,裂缝长度为 50~80 cm,裂缝宽度小于 0.3 mm,裂缝均发育在槽的一侧(非 U 形)。渡槽内壁面裂缝(见图 2-37)分布具有以下特点:

(1) 渡槽跨中(两拉杆中间)部位裂缝最为发育,其次是拉杆端部周围。

(2) 裂缝集中分布情况与渡槽受力分布规律一致,故该类裂缝为结构性裂缝。

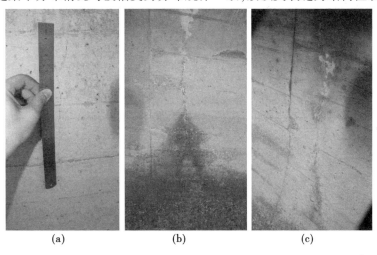

|(a)|(b)|(c)|

图 2-37　水槽内壁面裂缝

2) 槽外壁面裂缝发育

现场检查发现部分槽段(48#、47#、41#)水槽外壁面有裂缝发育,但由于现场条件限制,只能观察到部分跨高较小槽段外壁面裂缝发育情况,拱跨段及跨高较大的槽段无法观察到。48#、41# 槽段外壁面裂缝见图 2-38。

2. 渡槽主要构件混凝土碳化深度检测

本次主要针对槽身及排架混凝土进行了碳化深度检测,槽身内壁混凝土最大碳化深度约 7 mm,多在 1~6 mm,总体混凝土碳化并不严重;排架混凝土碳化则根据不同部位所处环境差异存在明显的变化:排架靠近基础部位约 1.5 m 高度范围内,混凝土碳化相对严重,最大约 15 mm,一般在 10 mm 左右;排架顶帽附近约 50 cm 高度范围内碳化相对严重,最大约 15 mm,多在 5~12 mm;排架其他部位混凝土碳化程度较轻,一般在 1~6 mm。

3. 渡槽主要构件保护层厚度检测

对高壁渡槽主要钢筋混凝土构件水槽、排架保护层厚度进行了抽样检测。检测结果评定标准参照《水利水电工程施工质量评定标准》执行:钢筋保护层厚度的允许偏差为

(a) 48#槽段外壁面裂缝　　　　(b) 41#槽段外壁面裂缝(仰视图)

图 2-38　渡槽外壁面裂缝

10 mm。

　　水槽受力筋保护层厚度设计值为 20 mm；排架钢筋(受力钢筋)保护层厚度设计值为 30 mm，构造钢筋(箍筋)直径 6 mm，换算成箍筋设计保护层厚度即为 24 mm。检测结果如图 2-39、图 2-40 所示。

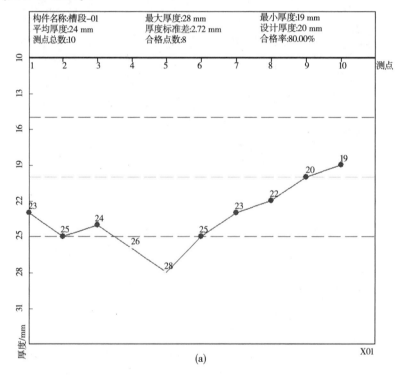

图 2-39　水槽保护层厚度检测结果

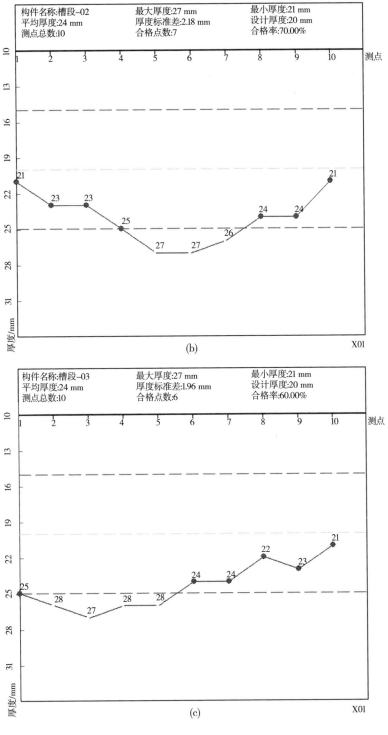

续图 2-39

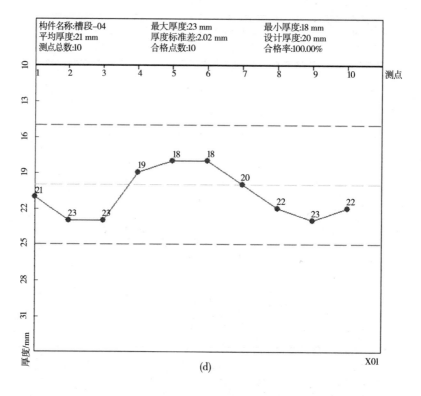

(d)

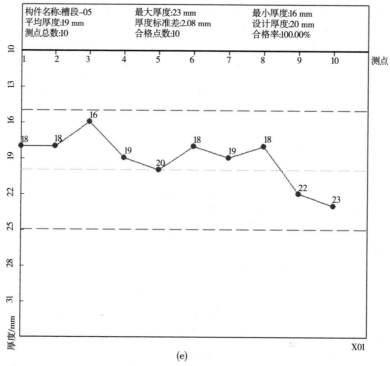

(e)

续图 2-39

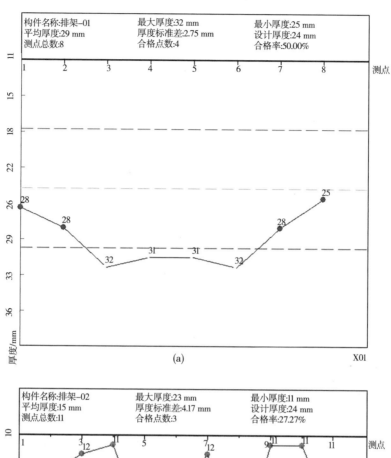

(a)

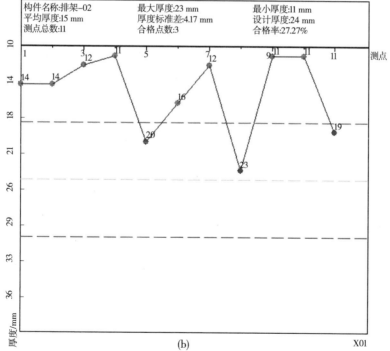

(b)

图 2-40　排架保护层厚度检测结果

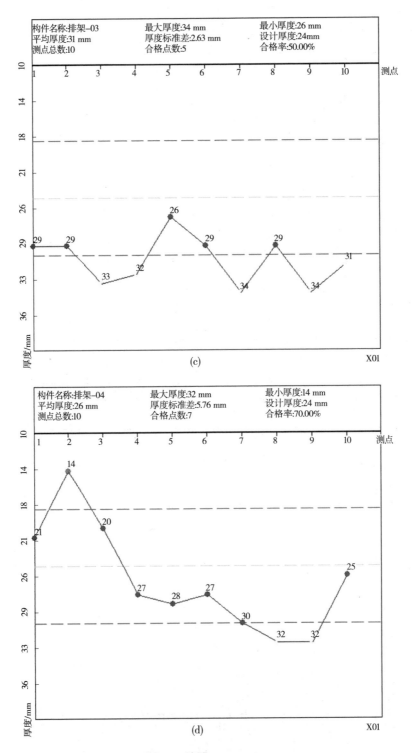

续图 2-40

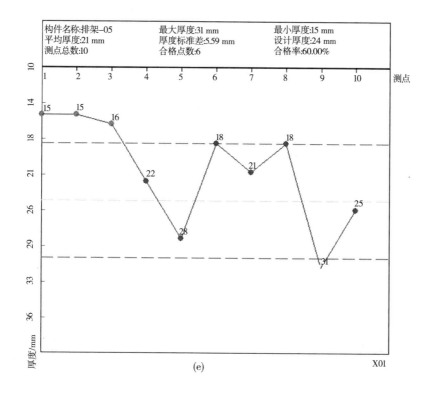

续图 2-40

由以上抽测结果可知,高壁渡槽槽身钢筋保护层厚度合格率较高,基本均达到设计要求;排架钢筋保护层厚度施工质量参差不齐,部分排架或排架的局部保护层厚度过小,远低于设计要求,故现场可见部分排架局部保护层由于厚度不够,已经老损、露筋。

4. 排架钢筋锈蚀电位检测分析

此次电位检测采用半电池电位法,半电池电位法是通过测量钢筋的自然腐蚀电位判断钢筋的锈蚀程度。腐蚀电位是钢筋上某区域的混合电位,反映了金属的抗腐蚀能力。混凝土中的钢筋的活化区(阳极区)和钝化区(阴极区)显示出不同的腐蚀电位,钢筋在钝化时,腐蚀电位升高,电位偏正;由钝态转入活化态(锈蚀)时,腐蚀电位降低,电位偏负。

将混凝土中的钢筋看作是半个电池组,与合适的参比电极(铜/硫酸铜参考电极或其他参考电极)连通构成一个全电池系统,混凝土是电解质,参比电极的电位值相对恒定,而混凝土中的钢筋因锈蚀程度不同产生不同的腐蚀电位,从而引起全电池电位的变化,根据混凝土中钢筋表面各点的电位评定钢筋的锈蚀状态。

通过现场调查发现所有排架所处的环境基本一致,从外观来看,未见锈迹外渗或混凝土胀裂等情况,考虑现场操作的方便,在出口段 47 号排架共布置了 2 个测区。

1)第 1 测区

第 1 测区共检测 20 个测点,检测数据以数据矩阵和等值线图的形式表示,如图 2-41、图 2-42 所示。

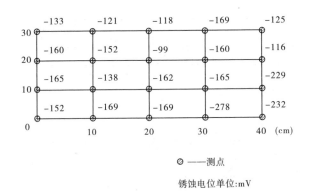

⊘ ——测点

锈蚀电位单位:mV

图 2-41　数据矩阵

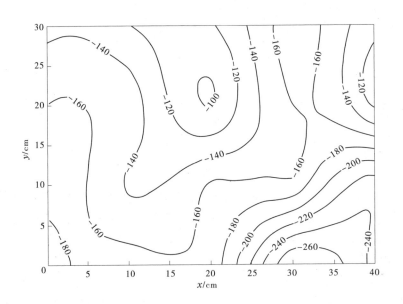

图 2-42　等值线图　（单位:mV）

结果分析:第 1 测区共检测 20 个测点,平均电位值-125.5 mV,最小值-278 mV,最大值-99 mV。钢筋锈蚀状况判别为:无锈蚀活动性或锈蚀活动性不确定,锈蚀概率 5%。第 1 测区钢筋锈蚀状况判别见表 2-50。

表 2-50　第 1 测区钢筋锈蚀状况判别

电位水平/mV	测点数 n	比例 n/N	钢筋锈蚀状况判别
≥-200	17	85%	无锈蚀活动性或锈蚀活动性不确定,锈蚀概率 5%
-200~-350	3	15%	钢筋发生锈蚀的概率为 50%,可能存在坑蚀现象
-350~-500	0	0	—

2）第 2 测区

第 2 测区共检测 20 个测点,检测数据以数据矩阵和等值线图的形式表示,如图 2-43、图 2-44 所示。

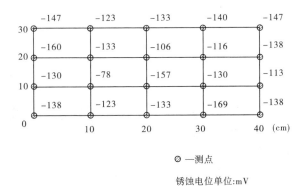

⊘ —测点

锈蚀电位单位:mV

图 2-43　数据矩阵

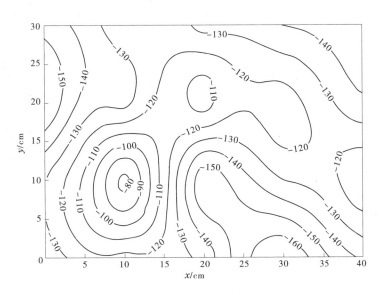

图 2-44　等值线图　(单位:mV)

结果分析:第 2 测区共检测 20 个测点,平均电位值−132.6 mV,最小值−169 mV,最大值−78 mV。钢筋锈蚀状况判别为:无锈蚀活动性或锈蚀活动性不确定,锈蚀概率 5%。第 2 测区钢筋锈蚀状况判别见表 2-51。

表 2-51　第 2 测区钢筋锈蚀状况判别

电位水平/mV	测点数 n	比例 n/N	钢筋锈蚀状况判别
≥−200	20	100%	无锈蚀活动性或锈蚀活动性不确定,锈蚀概率 5%
−200~−350	0	0	—
−350~−500	0	0	—

根据检测结果可知：

（1）第 1 测区和第 2 测区分别测了 20 个测点，从实测电位数据结果来看，除第 1 测区有 3 个测点测试值小于 -200 mV 外，其余测试值均高于 -200 mV，无锈蚀活动性或锈蚀活动性不确定，锈蚀概率 5%。

（2）从凿开钢筋的锈蚀状况来看，保护层完好部位钢筋较为完好（见图 2-45），仅表层稍有氧化，锈蚀很小，钢筋有效截面面积受影响很小。

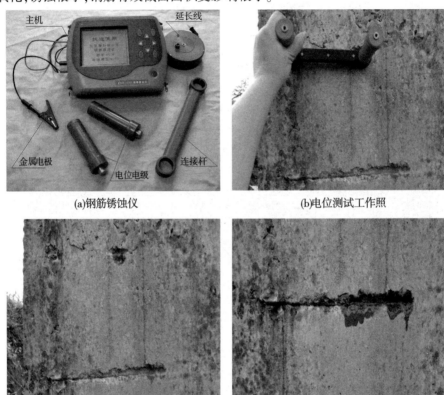

（a）钢筋锈蚀仪　　　　　　　　　　　　（b）电位测试工作照

（c）保护层剥起钢筋锈蚀检测情况　　　　（d）保护层完好钢筋锈蚀检测情况

图 2-45　排架钢筋点位检测实况

2.5.6.2　欧阳海灌区石洞江薄壳渡槽

1. 槽身裂缝情况

渡槽裂缝多见于槽身竖直部分。从图 2-46 可以看出，渡槽各段沿横向分布着数量众多的裂缝，裂缝宽度为 0.05～0.1mm。支座附近裂缝密集，跨中及悬臂端相对稀疏。原结构层未发现裂缝。此外，经现场检查发现局部地区槽底存在细微的纵向裂缝（见图 2-46）。

（a）槽段微裂缝密布　　　　　　　　　　　（b）拉杆与槽身接缝处

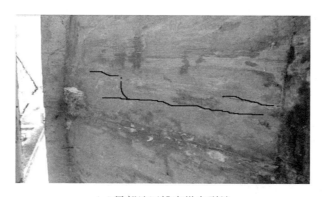

（c）局部地区槽底纵向裂缝

图 2-46　**槽身裂缝**

2. 渡槽结构露筋及破损情况

　　根据现场渡槽检查结果,存在以下问题:①拉梁破损严重,混凝土保护层剥落,钢筋外露锈蚀;②拉梁与槽身接合处存在裂缝(与局部地区槽底纵向裂缝相对应);③部分槽段防渗膜脱落或翘起,渡槽试水时有渗水现象;④渡槽槽底存在大面积钢丝网外露,有锈斑;⑤部分槽身接缝处有错位。存在的问题见图 2-47～图 2-50。

（a）槽内壁钢丝网锈蚀　　　　　　　　　　（b）槽外壁钢筋锈迹

图 2-47　**钢丝网锈胀外露**

（a）钢筋锈蚀、外露

（b）混凝土老化、保护层剥落

图 2-48　拉杆露筋、混凝土老化

（a）接缝止水材料老化

（b）接缝处漏水

（c）接缝错位（1）

（d）接缝错位（2）

图 2-49　接缝变形、止水材料老化

（a）

（b）

图 2-50　槽内壁面复合防渗膜老化、脱落

3. 排架结构露筋及破损情况评定

现场检查结果认为,排架普遍存在混凝土保护层剥落或翘起、钢筋外露锈蚀现象。综合检查结果,根据老损程度的不同,将排架当前整体老损情况分为以下四个等级:轻度、中度、较严重、严重。排架结构如图 2-51 所示。

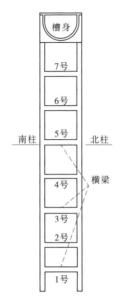

图 2-51 排架结构示意

其中露筋与剥落情况严重的有 8#、9#、10#、11#、13#、14#、15#、18#、38#;露筋与剥落情况较为严重的有:17#、19#、25#、37#、46#。现场问题见表 2-52、图 2-52。

表 2-52 排架现场问题检查

排架编号	现场检查内容	外观问题评定
1#~3#	有零星露筋现象	轻度
4#	北柱:露筋≥10 cm 计 6 处,<10 cm 计 8 处; 连接横梁:3 号横梁中部钢筋外露,约 8 cm 宽锈蚀,保护层剥落; 南柱:底部 1 处>10 cm 钢筋混凝土剥落,中部不明显,顶部约 5 处露筋	较严重
5#	北柱:有零星露筋约 4 处;南侧:有零星露筋,中部有几处露筋;连接梁:两侧有露筋现象	中度
6#	4~6 号连接横梁、南北柱有多处剥落露筋;南北柱底部零星露筋和混凝土剥落	中度
7#	南北柱有零星剥落和露筋现象	轻度
8#	北柱:腰部(中间)露筋严重,有贯穿露筋(3~4 号梁之间); 南侧:分布均匀的缝和露筋	严重

续表 2-52

排架编号	现场检查内容	外观问题评定
9#	南柱:顶部露筋和混凝土剥落,露筋锈蚀严重; 北侧:较完整,仅几处露筋	严重
10#	北柱:上中下部分别有 1~2 cm 高的露筋,锈蚀严重(2 号、3 号、4 号、5 号横梁); 南柱:中部有 6 处(4~5 号横梁)	严重
11#	北柱:贯穿于全部截面严重剥落露筋现象,间距 20 cm 左右,特别是 4~5 号横梁间有贯穿于截面的剥落露筋; 南柱:顶部间距不够,3~5 号横梁对应处分别有 4~5 处水平向的剥落露筋问题	严重
12#	南柱:顶部有 7 处露筋和混凝土剥落,中部(5 号横梁)有一处水平的贯穿剥落问题; 北柱:基本完好,零星几处小剥落问题	较严重
13#	有很多剥落问题(较严重),南侧约 7 处较小剥落锈蚀问题,均匀分布; 北侧 4 号、5 号横梁有 5 处连续剥落问题,顶部有 7 处小问题	严重
14#	北柱:1~4 号横梁处连续出现约 20 处剥落锈蚀问题,均匀分布,间距 20 cm 左右; 南柱:1~2 号横梁间出现 11 处缝隙,间距 20 cm 左右,剥落锈蚀问题严重	严重
15#	北柱:2~3 号横梁处连续出现大小 5 处剥落锈蚀问题,间距 20 cm 左右; 横梁:1~3 号对应南侧排架柱问题较严重; 南柱:1~3 号横梁 6 处剥落锈蚀问题,间距 40 cm 左右,顶部严重有 10 多处	严重
16#	南柱内侧 2~3 号横梁 6 处问题,间距 20 cm 左右,其他基本无问题	中度
17#	南柱内侧 5 号横梁 11 处剥落锈蚀问题,宽 12 cm 左右,间距 20 cm 左右	较严重
18#	2 号横梁底部剥落锈蚀严重,基本全落; 北柱:4 号横梁 5 处剥落现象间距 20 cm 左右,南北柱中内侧有较多剥落现象	严重
19#	北柱:外侧 5 号梁对应 4 处剥落问题,间距 20 cm 左右,其他零星问题; 南柱:内侧有较多剥落问题贯穿底部到顶部	较严重
20#	北柱:外侧有零星问题,内侧问题集中在底部有 9 处剥落问题	中度
21#	基本完好,北柱内侧底部仅有少量露筋	轻度
22#	南柱:内侧下部 6 处剥落问题,外侧 5~6 号横梁对应处集中剥落问题大于 10 处,间距 20 cm 左右,较严重	较严重
23#	南柱:外侧 4~6 号横梁对应处集中剥落问题大于 20 处,间距 20 cm 左右,较严重	较严重

续表 2-52

排架编号	现场检查内容	外观问题评定
24#	南柱:内侧 3~4 号横梁对应处集中剥落问题 6 处,间距 20 cm 左右,较严重; 北柱:内侧 1~2 号横梁对应处集中剥落问题 4 处,间距 20 cm 左右,裂缝较宽,2~3 号横梁对应处集中剥落问题 5 处	较严重
25#	北柱:外侧上中下各一处,内侧中部一处剥落; 南柱:外侧 2~3 号横梁,6 处集中剥落,顶部 6 处集中剥落,间距 20 cm 左右,较严重	中度
26#	南北柱内外侧均有零星的剥落锈蚀问题,共计 6~7 处	中度
27#	南柱:外侧 5 号横梁集中剥落问题 4 处,内侧 1 号横梁集中剥落问题 6 处; 北柱:5 号横梁对应处集中剥落问题 7 处	中度
28#	南北柱内外侧均有零星的剥落锈蚀问题,外侧情况较好	轻度
29#	北柱:内侧 5~6 号横梁对应处集中剥落问题 7 处,间距 20 cm 左右,较严重; 南柱:外侧 5~6 号横梁对应处集中剥落问题 6 处,内侧有零星的剥落锈蚀问题	中度
30#	南北柱内外侧均有少量的剥落锈蚀问题,宽度 10~25 cm	轻度
31#	问题和 30 号排架相同,典型问题	轻度
32#	基本完好,仅有零星剥落现象	轻度
33#	南柱:内侧 3~4 号横梁对应处集中剥落问题 6 处,外侧分段剥落; 北柱:内侧 5~6 号横梁对应处集中剥落问题 7 处,外侧情况较好,5~6 号横梁集中 5 处剥落现象	较严重
34#	基本完好,仅有零星剥落现象	轻度
35#	仅有零星剥落现象,南柱内侧较多剥落问题,分布不集中,数量较多近 10 处	中度
36#	南北柱外侧情况较好,但内侧均有数量较多的剥落锈蚀问题,北柱内侧 2~3 号、3~4 号横梁分别对应 6 处、5 处集中剥落问题; 南柱内侧,3~4 号横梁集中剥落问题 4 处,间距 30 cm 左右	较严重
37#	北柱内侧 2~3 号、3~4 号横梁分别集中 6 处剥落问题,5~6 号横梁集中 8 处剥落问题,20 cm 间距; 南柱内侧 2~3 号横梁分别集中 3 处剥落问题;4~5 号横梁集中 6 处剥落问题,顶部 4 处剥落	较严重
38#	南北柱外侧情况较好,南柱内侧 4 号横梁对应处集中剥落问题大于 30 处,20 cm 间距; 北柱内侧 1~2 号横梁对应 7 处剥落问题	严重
39#	北柱外侧底部 4 处集中剥落问题,内侧 3~4、4~5 横梁集中 7 处剥落问题; 南柱 3~5 号横梁集中剥落现象,间距 20 cm,大于 25 处	较严重

续表 2-52

排架编号	现场检查内容	外观问题评定
40#	基本完好,仅有零星剥落现象分布在南北柱内壁	轻度
41#	基本完好,仅有零星剥落现象分布在南北柱内壁,北柱外侧底部	轻度
42#~45#	基本完好,仅有零星剥落现象	轻度
46#	南柱外侧:2 号横梁集中分布 7 处剥落露筋问题,5 号横梁集中分布 7 处剥落露筋问题; 南柱内侧 3 号、6 号横梁对应 6 处剥落问题,间距 20 cm 左右; 北柱外侧分布 7 处问题(较严重),北柱内侧分布较多露筋剥落现象	较严重
47#	内外侧零星分布少量剥落露筋问题	轻度
48#	南柱内侧:1~2 号、3~4 号横梁间分别有 6 处集中剥落问题,外侧情况较好; 北柱内侧零星问题,外侧情况较好	中度
49#	南柱外侧情况较好,内侧 3 号横梁 4 处剥落露筋问题,其他零星分布; 北柱外侧有 7 处问题,分散分布	中度
50#~51#	基本完好,仅有零星问题分布在北柱内侧	轻度
52#~54#	基本完好,仅有零星剥落现象	轻度
55#	基本完好,仅有零星露筋现象,南柱内侧露筋偏多	轻度
56#	基本完好,有零星露筋现象,南柱内侧露筋偏多	轻度
57#	北柱西侧露筋严重,大于 10 处集中在中下部; 南柱内侧剥落严重,大于 10 处集中在中部,间距 20 cm	较严重
58#~61#	基本完好,有零星露筋现象	轻度

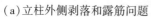

（a）立柱外侧剥落和露筋问题

（b）横梁底部剥落和露筋问题

图 2-52　保护层剥落、钢筋锈胀问题

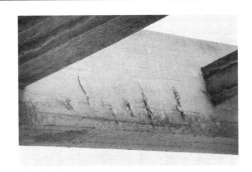

（c）立柱顶部剥落和露筋问题　　　　　　　（d）立柱内侧剥落和露筋问题

续图 2-52

4.排架混凝土碳化与内部钢筋锈蚀特性分析

根据以上检测情况及结果分析,为进一步了解排架混凝土老化剥落、钢筋锈蚀情况,以及混凝土碳化规律和内部钢筋锈蚀发展趋势,有针对性地进行了补充检测,检测示意如图 2-53 所示。

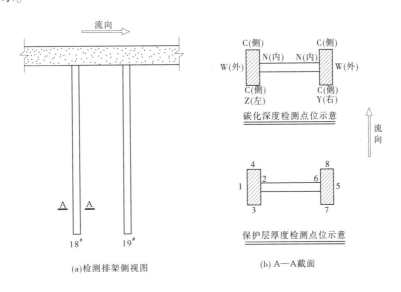

（a）检测排架侧视图　　　　　　　　（b）A—A截面

图 2-53　补充检测及检测位置示意

补充检测结果及分析如下。

（1）保护层厚度检测。

针对 18#、19#排架竖梁各部位（排架竖梁的各个面,检测位置示意见图 2-53）箍筋保护层厚度进行了检测,检测结果整理见表 2-53、表 2-54。

由检测结果可知,排架竖梁不同侧面保护层厚度不一,大多数部位不满足现行相关规范规定的最小保护层厚度规定。

表 2-53 18#排架保护层厚度检测结果   单位:mm

构件/部位		保护层厚度实测值								平均厚度
18#排架	1	22	23	22	26	29	31	30	35	27.3
	2	24	24	28	28	25	28	31	30	27.3
	3	30	32	31	33	33	—	—	—	31.8
	4	20	23	21	22	27	—	—	—	22.4
	5	25	26	29	29	26	32	35	391	30.1
	6	22	21	21	23	25	21	28	27	23.5
	7	23	24	24	25	24				24.0
	8	23	24	27	26	26				25.2

表 2-54 19#排架保护层厚度检测结果   单位:mm

构件/部位		保护层厚度实测值								平均厚度
19#排架	1	20	21	18	18	23	23	25	24	21.5
	2	29	32	31	34	33	36	34	34	32.9
	3	29	29	27	30	32	—	—	—	29.4
	4	21	18	21	22	21	—	—	—	20.6
	5	22	24	25	25	29	29	28	27	26.1
	6	23	24	24	22	24	28	26	26	24.6
	7	31	31	33	29	30	—	—	—	30.8
	8	19	18	23	23	17				20.0

（2）混凝土碳化特点分析。

根据工程实际情况,对排架处于不同工作环境的侧面的混凝土碳化深度情况进行了详细的检测,各测区位置示意见图 2-53。检测结果见表 2-55、表 2-56。

表 2-55 18#排架不同工作面混凝土碳化深度检测结果   单位:mm

测区		测点 1	测点 2
18#排架	Z(左)W(外)	34	36
	ZC(侧)	28	33
	ZN(内)	26	29
	Y(右)W(外)	38	34
	YC(侧)	31	35
	YN(内)	28	24

由以上结果可知,排架梁表层混凝土碳化深度整体均较大,均超过保护层厚度,同时具有"外侧(向阳,受雨水直接影响)大、内侧(背阳,不受雨水直接影响)小"的变化特点。

表 2-56　19#排架不同工作面混凝土碳化深度检测结果　　　　　单位:mm

测区		测点 1	测点 2
19#排架	Z(左)W(外)	36	41
	ZC(侧)	32	34
	ZN(内)	30	27
	Y(右)W(外)	40	37
	YC(侧)	31	33
	YN(内)	25	21

(3)排架钢筋锈蚀点位检测分析。

选择了两个测区(有锈胀问题区域和无锈胀问题区域)分别对比检测了保护层剥起部位与保护层完好部位的钢筋(箍筋)锈蚀情况。结合表 2-57 结构混凝土中钢筋锈蚀点位的判定标准,检测结果分别如图 2-54~图 2-56 所示。

表 2-57　结构混凝土中钢筋锈蚀电位的判定标准

评定标定值	电位水平/mV	钢筋状态
1	0~-200	无锈蚀活动性或锈蚀活动性不确定
2	-200~-300	有锈蚀活动性,但锈蚀状态不确定,可能坑蚀
3	-300~-400	锈蚀活动性较强,发生锈蚀概率大于90%
4	-400~-500	锈蚀活动性强,严重锈蚀可能性极大
5	<-500	构件存在锈蚀开裂区域

注:1. 表中电位水平为采用铜/硫酸铜电极时的量测值。

2. 混凝土湿度对量测值有明显影响,量测时构件应为自然状态,否则误差较大。

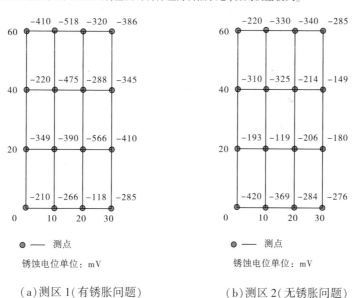

(a)测区 1(有锈胀问题)　　　　　(b)测区 2(无锈胀问题)

图 2-54　测区钢筋锈蚀电位数据矩阵

根据检测结果可知：

①第 1 测区和第 2 测区分别测了 16 个测点,其平均电位值为：-347.25 mV 和-273.75 mV,即其内部钢筋均为锈蚀活动性较强,发生锈蚀概率大于 90%。最小为-566 mV 的点位刚好位于露筋锈蚀处,与实际情况相符。

②保护层剥起部位钢筋锈蚀严重,局部表层呈酥松锈块状(见图 2-55),有效截面面积较大程度减少;而且剥起部位钢筋锈蚀向未剥起部位发展(见图 2-56),且影响(或发展)范围较大。

③保护层完好部位钢筋较为完好(见图 2-57),仅表层稍有氧化,钢筋有效截面面积受影响很小。

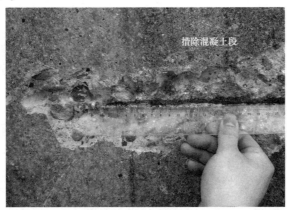

图 2-55　保护层剥起点 1 钢筋锈蚀检测情况

图 2-56　保护层剥起点 2 钢筋锈蚀情况　　　　图 2-57　保护层完好处钢筋锈蚀情况

2.5.6.3　宁乡黄材灌区养鱼塘渡槽

本次试验对渡槽裂缝进行了检测(见图 2-58)。裂缝描图见图 2-59~图 2-61。

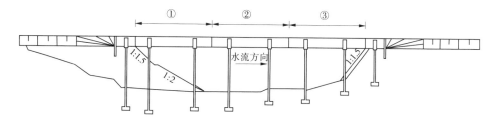

图 2-58　渡槽节段编号

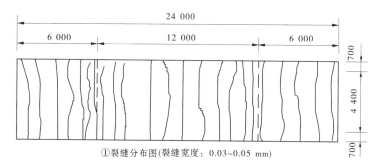

①裂缝分布图(裂缝宽度：0.03~0.05 mm)

图 2-59　1#段渡槽裂缝描图　（单位：mm）

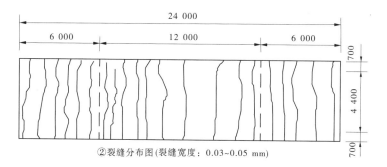

②裂缝分布图(裂缝宽度：0.03~0.05 mm)

图 2-60　2#段渡槽裂缝描图　（单位：mm）

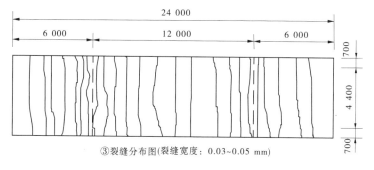

③裂缝分布图(裂缝宽度：0.03~0.05 mm)

图 2-61　3#段渡槽裂缝描图　（单位：mm）

图 2-59~图 2-61 为渡槽加固层临水面各段湿周展开图。从图中可以看出,渡槽各段沿横向分布着数量众多的通长裂缝,裂缝宽度为 0.03~0.05 mm,沿湿周通长分布而纵向未发现裂缝。支座附近裂缝密集,跨中及悬臂端相对稀疏。原结构层未发现裂缝。

2.5.6.4　永丰渡槽

1. 槽身检测结果及分析

1) 裂缝

(1)渡槽槽首(与进水渠连接处)存在一条较大的裂缝(见图 2-62),裂缝表观平均宽度 1~1.5 cm,渡槽工作时漏水十分严重(见图 2-63)。

图 2-62　槽首裂缝　　　　　　　　　　　　　图 2-63　槽首漏水

(2)U 形槽槽身内部裂缝集中、分布于支座附近(见图 2-64);部分裂缝还存在微弱的渗水(见图 2-65),裂缝宽度为 0.1~0.2 mm。

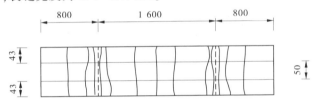

图 2-64　槽身内部裂缝分布描述图　（单位:cm）

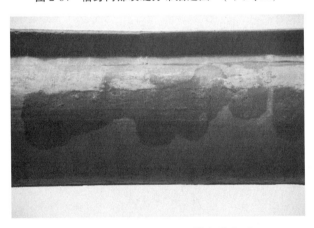

图 2-65　裂缝引起的渗漏(槽身外表面)

(3)踏步与 U 形槽壁间裂缝(见图 2-66),这类裂缝较为常见,主要存在于跨中附近部位,该类裂缝一般为混凝土表层剥落的先兆。

图 2-66 踏步与 U 形槽壁间裂缝

2)混凝土剥落与露筋

渡槽为薄壳型结构,槽壁设计厚度较薄,相应的混凝土保护层厚度较薄、容易老化剥落。保护层剥落,尤其是钢筋外露、锈蚀问题在本次检测槽段较为常见。

(1)槽身内、外表面钢筋(钢丝)网外露现象普遍,见图 2-67。其中,图 2-67(a)~(c)为槽身外表面,图 2-67(d)为槽内表面;同时外露的钢筋锈蚀较为严重,主要集中在 2#、3#、4#、5#段。

（a）　　　　　　　　　　　（b）

（c）　　　　　　　　　　　（d）

图 2-67 不同位置处槽身内、外表面外露的钢筋(钢丝)网

(2)踏步钢筋(网)外露、锈蚀现象普遍(见图 2-68),主要是保护层混凝土剥落以及薄层混凝土风化所致。

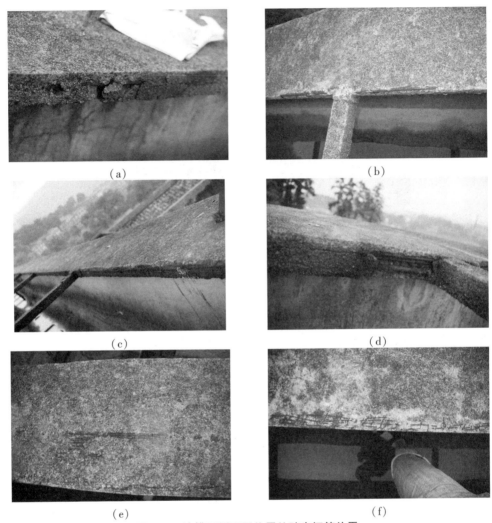

（a）　　　　　　　　　　　　（b）

（c）　　　　　　　　　　　　（d）

（e）　　　　　　　　　　　　（f）

图 2-68　渡槽两侧不同位置处踏步钢筋外露

（3）混凝土老化剥落，主要位于槽身外表面（见图 2-69），这类现象在所检查的 $1^{\#} \sim 4^{\#}$ 槽段少见，只有一处，而 $5^{\#}$ 槽段较为明显。

图 2-69　槽身混凝土老化剥落

3）接缝止水检测

相邻槽段接合处接缝施工较为简易，目前部分存在止水失效、材料老化渗漏以及拉筋锈蚀较为严重的问题，见图 2-70。

（a）接缝漏水　　　　　　　　　　（b）接缝拉筋锈蚀严重

图 2-70　2#、3#槽段接合处伸缩缝现状

4）其他问题

槽身段存在多处人为破坏导致槽身破坏、漏水的现象，目前失修、漏水较为严重，见图 2-71、图 2-72。

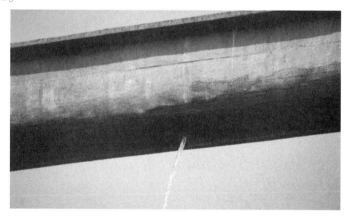

图 2-71　2#槽段中部人为破损漏水

（a）槽身内侧　　　　　　　　　　（b）槽身外侧

图 2-72　1#槽段槽身破损

2. 排架与基础检测结果及分析

1) 外观检查

本次重点检测的 1# ~ 5# 槽段排架表观情况一般,无明显可见变形,局部区域有裂缝和钢筋锈胀破坏等现象,5# 槽段排架存在问题较为明显。主要情况如下:

(1)由于槽首段(1# 槽段)工作时渗(漏)水较为严重,该 1# 槽段 1—1 排架受渗水浸泡的影响,存在加速老化的隐患,见图 2-73。

(2)1# 槽段 1—2 排架离地约 1.5 m 处存在较为集中、水平分布的横向裂缝和龟裂纹,见图 2-74;该问题可能是基础上部土体开挖导致排架及基础应力状态发生变化(该排架基础原理于斜坡土体中),故而导致裂缝和龟裂纹现象。

(3)检测槽段其他各排架基础无明显可见沉降、变形现象,工作情况良好。

图 2-73　1# 排架工作现状

图 2-74　1# 槽段 1—2 排架两支腿表面裂缝

2) 保护层厚度检测

在进行外观检查的同时,还使用相关检测仪器对排架混凝土保护层厚度进行了检测。表 2-58 为上游前 5 个槽段排架的保护层厚度测量结果,满足规范要求(≥25 mm)。

表 2-58　排架钢筋保护层厚度检测结果

序号	构件名称/编号	测量值/mm					均值/mm
		1	2	3	4	5	
1	1# 排架	28	26	29	27	30	28.0
2	2# 排架	30	31	28	30	26	29.0
3	3# 排架	32	30	31	34	29	31.2
4	4# 排架	26	26	29	30	33	28.8
5	5# 排架	29	33	34	30	32	31.6
平均值							29.7

3）其他检测结果

对 1#～5#槽段详细检测的同时，亦对下游 6#～9#槽段进行了外观检查。结果表明，该段渡槽老化、漏水十分严重，尤其部分槽段排架基础沉降变形过大，导致槽身接缝处明显的结构性错裂，漏水十分严重；同时大面积漏水腐蚀排架及槽身混凝土，进一步加重了安全隐患。现场检查情况见图 2-75～图 2-78。

图 2-75　排架混凝土剥落

图 2-76　排架裂缝、渗水侵蚀

图 2-77　槽身变形、接缝错裂漏水

图 2-78　接缝老化渗漏、踏步脱裂

2.5.6.5　黄石灌区典型渡槽

1. 狮子山 3#渡槽安全检测

1）渡槽整体表观现状

（1）渡槽整体老损情况较为明显，主要在以下几个方面：3#与 4#槽段接缝处槽身侧壁破坏（见图 2-79）、支座混凝土压裂破坏（见图 2-80），虽在原基础上进行了修补，但仍存在安全隐患；多个槽身接缝橡胶止水拉裂破坏（见图 2-81）；槽顶人行道安全护栏破损严重，部分护栏缺失（见图 2-82）。

图 2-79　3#槽身侧壁破坏

图 2-80　3#、4#槽段接头支座混凝土压裂破坏

图 2-81　橡胶止水老化拉裂

图 2-82　槽顶安全护栏破损严重

（2）渡槽排架表观情况良好，未见明显老损现象。

2）裂缝检测

除前所述槽体局部破损外，渡槽槽身及排架外表无明显的裂缝发育。

3）混凝土碳化深度检测

结合回弹值的检测对槽身及排架混凝土碳化深度进行了检测，检测结果见表 2-59。

表 2-59　渡槽各主要混凝土结构碳化深度测量值　　　　　单位：mm

检测部位	1#排架	2#排架	槽身内壁（上游）	槽身内壁（下游）
碳化深度	18	23	>20	>20

4）保护层厚度检测

本次现场检测对排架保护层厚度进行了随机取样检测，检测结果整理见表 2-60。

表 2-60　保护层厚度检测结果　　　　　单位：mm

构件	保护层厚度实测值					平均保护层厚度
	1	2	3	4	5	
排架 1	36	34	41	34	34	35.8
排架 2	36	28	37	32	40	34.6
排架 3	28	36	24	26	24	27.6

2. 沙丘台渡槽安全检测

1）渡槽整体表观现状

（1）右侧老槽槽身老损问题较为突出，主要问题如下：渡槽 3#、4#槽身内壁普遍存在保护层剥落、钢筋外露锈蚀现象，见图 2-83、图 2-84；1#槽段下游段细裂缝较为发育；槽身外壁及接缝处有轻微渗漏及侵蚀，见图 2-85、图 2-86；渡槽顶部人行道安全护栏破损严重。

图 2-83　保护层脱落

图 2-84　钢筋外露锈蚀

图 2-85　槽内壁微裂缝

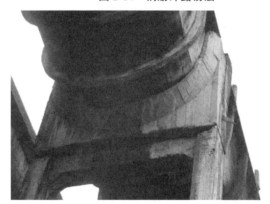

图 2-86　接缝渗漏

（2）左侧新槽槽身表观情况良好，主要问题是局部槽段接缝处橡胶止水拉裂破坏、止水失效并伴有渗漏问题；部分排架受渗水侵蚀，但整体表观情况良好、无明显老损现象，见图 2-87、图 2-88。

图 2-87　接缝渗漏

图 2-88　橡胶止水拉裂破坏

2）结构裂缝检测

左侧新槽槽身内、外壁面及排架均无明显裂缝发育。右侧老槽 1# 槽段下游段侧壁有裂缝发育，见图 2-85，裂缝宽度小于 0.2 mm、长度 10~50 cm，走向为竖向，非贯穿性裂缝。

3)混凝土碳化深度检测

对渡槽主要结构混凝土碳化深度进行了检测,检测结果见表 2-61。

表 2-61   渡槽各主要混凝土结构碳化深度测量值   单位:mm

检测部位	老槽槽身	老槽排架	新槽槽身	新槽排架
碳化深度	>20	23	12	18

4)保护层厚度检测

随机取样,分别检测了新、老渡槽排架不同部位的保护层厚度值,整理结果见表 2-62。

表 2-62   主要构件钢筋保护层厚度检测结果   单位:mm

构件		保护层厚度实测值						平均保护层厚度
		1	2	3	4	5	6	
老槽	排架 1	29	26	37	34	30	—	31.2
	排架 2	29	23	24	34	27	—	27.4
新槽	排架 1	36	33	29	27	33	—	31.6
	排架 2	29	32	33	21	28	—	28.6

3. 莫溪桥渡槽安全检测

1)渡槽整体表观现状

(1)槽体存在一定的老损现象,主要有以下几方面:

①槽段间接缝一定程度错位变形、渗漏;渡槽靠岸固定端存在因变形而产生的拉裂破坏,并有渗漏痕迹,见图 2-89。

(a)槽段接缝错移、变形   (b)接缝处渗漏

图 2-89   槽身主要老损问题

（c）靠岸固定端拉裂裂缝

续图 2-89

②槽底外表面局部区域保护层脱落、露筋锈蚀，见图 2-90。

图 2-90　槽底外表面局部保护层脱落、钢筋锈蚀

③槽顶人行桥面板、钢筋混凝土护栏一定程度破损，桥面局部存在裂缝发育，影响行人安全，见图 2-91。

（a）混凝土护栏老损　　　　　　　　　（b）人行桥桥面混凝土裂缝

图 2-91　槽顶人行桥主要破损现象

（2）排架整体情况良好，局部存在保护层脱落现象，见图 2-92。

图 2-92 排架局部保护层脱落

2）结构裂缝检测

对渡槽槽身内、外表面及排架表观检查发现，工程存在的裂缝主要为 1# 槽段与岸边固定支座之间的拉裂缝和槽顶人行桥面板微裂缝。其他槽身、排架等结构表面未见明显裂缝发育。

3）混凝土碳化深度检测

对槽身及排架混凝土碳化深度进行取样检测，检测结果见表 2-63。

表 2-63 渡槽各主要混凝土结构碳化深度测量值 单位：mm

检测部位	渡槽内壁 1	渡槽内壁 2	排架外侧面	排架内侧面
碳化深度	>30	>30	21	13

4）保护层厚度检测

本次现场检测对渡槽槽身内壁及排架保护层厚度进行了随机取样检测，检测结果见表 2-64。

表 2-64 保护层厚度检测结果 单位：mm

构件		实测保护层厚度					平均厚度
槽身	测区 1	50	48	50	42	52	48.4
	测区 2	48	51	46	43	49	47.4
排架	测区 1	39	35	37	35	30	35.2
	测区 2	37	35	32	33	35	34.4
	测区 3	35	35	36	32	33	34.2

4. 沙家台渡槽安全检测

1）渡槽整体表观现状

（1）槽身主要老损情况如下：

①槽段间接缝错位、变形，并存在渗漏迹象（此现象主要存在于靠岸槽段与中间槽段

接缝);渡槽靠岸固定端存在一定拉裂破坏,并存在渗漏迹象,见图 2-93。

(a)槽段接缝错位、变形、渗漏

(b)靠岸固定端拉裂裂缝　　　　　　　　　　(c)靠岸端接缝老化、拉裂

(d)靠岸固定端拉裂裂缝　　　　　　　　　　(e)靠岸固定端渗漏

图 2-93 　渡槽槽身主要老损问题

②槽顶人行桥混凝土护栏破损较为严重,部分护栏缺失,影响行人安全,见图 2-94。

(2)排架整体情况良好,局部混凝土表面发育微裂缝,无其他明显破损现象,见图 2-95。

2)结构裂缝检测

如上所述,渡槽主要裂缝发育位置或结构为渡槽靠岸固定端竖向裂缝、排架局部微裂缝。

3)混凝土碳化深度检测

对槽身及排架混凝土碳化深度进行取样检测,检测结果见表 2-65。

图 2-94　槽顶人行桥护栏破损情况

图 2-95　排架局部微裂缝

表 2-65　渡槽各主要混凝土结构碳化深度测量值　　　　单位：mm

检测部位	渡槽内壁 1	渡槽内壁 2	排架外侧面	排架内侧面
碳化深度	>30	24	20	3

4）保护层厚度检测

随机抽取、检测了槽身及排架不同部位的保护层厚度值，结果见表 2-66。

表 2-66　保护层厚度检测结果　　　　单位：mm

构件		实测保护层厚度					平均厚度
槽内壁	1#内侧	46	43	33	43	34	39.8
	2#内侧	44	45	30	42	31	38.4
	3#内侧	45	34	34	44	32	37.8
	1#外侧	35	40	34	38	33	36.0
排架	1#外侧	31	28	25	31	30	29.0
	1#内侧	31	33	30	37	32	32.6
	2#外侧	40	33	32	41	34	36.0
	2#内侧	31	35	29	41	33	33.8

第 3 章　渡槽工程的可靠性复核

　　建筑物的设计与施工,都是以其当时的社会环境、建筑标准和规范规程等为依据。在设计建筑物时,尽管考虑了多种因素对建筑物的影响,但与实际使用情况总是有一定差距,建筑物在使用过程中会遇到各类难以预料的偶然事件,例如:地基的不均匀沉降;结构的温度变形;生产过程中释放的有害气体对建筑材料的腐蚀;疲劳荷载作用、偶然超载、地震等。这些都是随机因素,难以在设计时做到"料事如神",使用中一旦发生了这类事件,就可能会危及结构的安全,影响生活和生产,因此迫切要求对已有建筑物进行可靠性复核。对已有建筑物可靠性复核的目的就是要对结构作用及结构抗力进行符合实际的分析判断,以利于建筑物的合理使用与加固处理。建筑物在加固、改扩建、事故处理、危房检查及施工质量事故裁决中经常要进行可靠性复核。

　　结构复核与结构设计的区别在于,结构设计是在结构可靠性与经济性之间选择一种合理的平衡,使所建造的建筑物能满足各种预定功能的要求。结构复核则是对结构上的作用力、结构抗力及其相互关系进行检查、测定、分析判断并取得结论的过程。

　　结构可靠性是指结构在规定的时间和规定的条件下,完成预定功能的能力。它包括安全性、适用性和耐久性。当用概率度量时,称为可靠度。但这一概念对使用若干年后的建筑物已发生了许多变化,对一些基本问题的定义和依据也有所不同。例如:

　　(1)基准期和目标使用期。结构设计中的设计基准期为编制规范采用的基准期。结构可靠性复核的基准期应当是以考虑下一个目标使用期为基础。目标使用期的确定,是由建筑物的主管部门根据生产安排、建筑物的技术状况(已使用年限、破损状况、危险程度、维修状况等)和工艺更新等综合确定。

　　(2)设计荷载和验算荷载。进行结构设计时采用的荷载值为设计荷载,它是根据荷载规范而确定的。对使用若干年后的已建建筑物进行承载力验算时采用的荷载值称作验算荷载。验算荷载的取值是根据建筑物在使用期间的实际荷载,并考虑荷载规范规定的基本原则经过分析研究核准确定。对一些无规范可遵循的荷载,如温度应力作用、超静定结构的地基不均匀下沉所造成的附加应力作用等,均应根据规范的基本规定和现场测试数据的分析结果来确定。

　　(3)抗力计算依据。结构设计的抗力是根据结构设计规范规定的材料强度和计算模式来进行结构计算的。而在复核工作中验算结构抗力时结构的材性和几何尺寸是查阅设计图纸、施工文件和现场检测结果等综合考虑确定。对结构抗力的验算模式可根据需要对规范提供的计算模式加以修正。对情况比较复杂的结构或难以计算的结构构造问题,还可以直接采用结构试验结果。总之,抗力验算的准则是要反映其真实性。

3.1　渡槽工程的荷载

3.1.1　荷载计算

作用于渡槽上的荷载有结构重力、槽内水重、静水压力、土压力、风压力、动水压力、漂浮物的撞击力、温度作用、混凝土收缩及徐变影响力、预应力、人群荷载、地震荷载以及施工吊装时的动力荷载等。结构重力、水重、静水压力、土压力等可采用一般方法计算。

3.1.1.1　风压力

横槽方向作用于渡槽表面的风压力,其值为风荷载强度 $W(\mathrm{kN/m^2})$ 乘以横向风力的受风面积。W 按下式计算:

$$W = \beta_z \mu_s \mu_z \mu_t W_0 \tag{3-1}$$

式中:W_0 为基本风压值,$\mathrm{kN/m^2}$,当有可靠风速资料时,按 $W_0 = \dfrac{v_0^2}{1\,600}$ 计算,其中 v_0 为当地空旷平坦地面离地 10 m 高处统计所得的 30 年一遇 10 min 平均最大风速,m/s,如无风速资料,可参照《建筑结构荷载规范》(GB 50009—2012)中全国基本风压分布图上的等压线进行插值酌定,但不得小于 0.25 $\mathrm{kN/m^2}$;μ_t 为地形、地理条件系数,由于基本风压是以平坦空旷地面为基础得到的,还应根据建槽地区的实际地形、地理情况乘以调整系数,如为与大风方向一致的谷口、山口,可取 $\mu_t = 1.2 \sim 1.5$,如为山间盆地、谷地等闭塞地形,则取 $\mu_t = 0.75 \sim 0.85$;μ_z 为风压高度变化系数,与地面粗糙度类别有关,建于田野、乡村、丛林、丘陵及房屋比较稀疏的中、小城镇和大城市郊区(地面粗糙度 B 类地区)的渡槽,μ_z 可按表 3-1 选用,表中离地面高度一栏,对于槽身,指风力在槽身上的着力点(迎风面形心)距地面的高度,对于槽墩、排架,指墩(架)顶距地面的高度,若槽墩、排架很高,可沿高度方向分段,各段选用相应的风压高度变化系数;μ_s 为风载体型系数,可参考表 3-2 所列数值选用,对于重要的具有特殊结构形式的渡槽,风载体型系数可由风洞试验确定;β_z 为风振系数,高度较大的排架支承式渡槽,如其基本自振周期 $T_1 \geqslant 0.25$ s,基本风压 W_0 尚应乘风振系数 β_z,以考虑风压脉动的影响,β_z 值可根据结构的基本自振周期按表 3-3 采用,对于高度不大的渡槽,其风振系数采用 1.0。

表 3-1　风压高度变化系数 μ_z

离地面高度/m	5	10	15	20	30	40	50	60	70	80	90
μ_z	0.8	1.0	1.14	1.25	1.42	1.56	1.67	1.77	1.86	1.95	2.02

表 3-2　风载体型系数 μ_s

槽身		高宽比 H/B		0.6	0.9	1.2
		空槽	均匀流场	1.61	1.88	2.07
			湍流场	1.56	1.62	1.76
		满槽	均匀流场	1.64	1.87	2.16
			湍流场	1.47	1.50	1.78
		高宽比 H/B		0.5	0.8	1.1
		空槽	均匀流场	0.61	1.01	1.42
			湍流场	0.68	0.92	1.06
		满槽	均匀流场	0.64	1.05	1.39
			湍流场	0.56	0.90	0.99
排架、拱圈	正方形截面			$\mu_s = 1.4$		
	圆形截面			$\mu_s = 0.8$		
	矩形截面			$l/b \leqslant 1.5\quad \mu_s = 1.4$ $l/b > 1.5\quad \mu_s = 0.9$		
	矩形截面			$l/b \leqslant 1.5\quad \mu_s = 1.4$ $l/b > 1.5\quad \mu_s = 1.3$		
槽墩	圆端形截面			$l/b \geqslant 1.5\quad \mu_s = 0.3$		
	圆端形截面			$l/b \leqslant 1.5\quad \mu_s = 0.8$ $l/b > 1.5\quad \mu_s = 1.1$		

续表 3-2

桁架	(a)两榀平行桁架的整体体型系数 $\mu_s = 1.3\varphi\,(1+\eta)$

(b) n 榀平行桁架的整体体型系数 $\quad \mu_s = 1.3\varphi\dfrac{1-\eta^u}{1-\eta}$

式中:$\varphi = A_n/A$ 为桁架的挡风系数,A_n 为桁架杆件和节点挡风的净投影面积,A 为桁架的轮廓面积。

η 与两榀桁架间距 b、桁架高度 h 及挡风系数 φ 有关,当 $b/h \leqslant 1$ 时,η 可按下表采用:

φ	0.1	0.2	0.3	0.4	0.5	≥0.6
η	1.0	0.85	0.66	0.50	0.33	0.15

注:表中槽身风载体型系数是在同济大学土木工程防灾国家重点实验室进行的风洞实验研究成果。一般认为在田园地带(地表面起伏不超过 20 cm),地面上流场的湍流度为 15% ~ 20%,如流场湍流度小于 4% 则为均匀流场。

表 3-3 风振系数 β_z

T_1/s	0.25	0.5	1.0	1.5	2.0	3.5	5
β_z	1.25	1.40	1.45	1.48	1.50	1.55	1.60

较高排架支承的梁式渡槽,其基本自振周期 $T_1(s)$ 可近似按下列公式计算:

$$T_1 = 3.63\sqrt{\frac{H^3}{EI}(M + 0.236\rho AH)} \tag{3-2}$$

式中:H 为槽身重心至地面的高度,m;M 为搁置于排架顶部的槽身质量(空槽情况)或槽身及槽中水体的总质量,kg;E 为排架材料的弹性模量,N/m²;I 为排架横截面的惯性矩,m⁴;A 为排架的横截面积,m²;ρ 为排架材料的密度,kg/m³。

按式(3-1)求得的横向风压力是作用在单位面积上的。如槽身迎风面投影面积为 ω_1(m²),计算得横向风荷载强度为 W_1,则作用于 ω_1 形心上的风压力 $P_1 = W_1\omega_1(kN)$,P_1 通过槽身与槽墩(架)接触面上的摩擦作用传给槽墩(架)。如槽墩(架)迎风面投影面积为 $\omega_2(m^2)$,所受风荷载强度为 W_2,直接作用于槽墩(架)的风压力 $P_2 = W_2\omega_2(kN)$。

3.1.1.2 动水压力

作用于一个槽墩(架)的动水压力 $P_3(kN)$ 可按下式计算:

$$P_3 = K_d\frac{\gamma v^2}{2g}\omega_3 \tag{3-3}$$

式中:K_d 为槽墩(架)形状系数,与迎水面形状有关,可按表 3-4 选用;γ 为水的重度,kN/m³;v 为水流的设计平均流速,m/s;g 为重力加速度,m/s²;ω_3 为槽墩(架)阻水面积,m²,即河道设计水位线以下至一般冲刷线处槽墩(架)在水流正交面上的投影面积。

表 3-4 槽墩(架)形状系数 K_d

槽墩(架)迎水面形状	K_d	槽墩(架)迎水面形状	K_d
方形	1.5	尖圆形	0.7
矩形(长边与水流方向平行)	1.3	圆端形	0.6
圆形	0.8		

动水压力 P_3 的作用点可近似取在设计水位线以下离水面 1/3 水深处。

3.1.1.3　漂浮物的撞击力

位于河流中的渡槽墩台,设计时应考虑漂浮物的撞击力。漂浮物撞击力 $P_4(kN)$ 可按下式计算:

$$P_4 = \frac{vG}{gT} \tag{3-4}$$

式中:v 为水流流速,m/s;G 为漂浮物重力,kN,根据河流中漂浮物情况通过调查确定;g 为重力加速度,m/s²;T 为撞击时间,s,应根据实际资料估算,无实际资料时一般可取 $T = 1.0$ s。

关于流水及船只等的撞击力计算,可参阅《公路桥涵设计通用规范》(JTG D60—2015)等。

3.1.1.4　温度作用

渡槽各部构件受温度变化影响产生变形,其变形值按下式计算:

$$\Delta_L = \alpha \Delta t L \tag{3-5}$$

式中:Δ_L 为温度变化引起的变形值(伸长或缩短),m;L 为构件的计算长度,m;Δt 为温度变化值,℃;α 为材料的线膨胀系数。各种结构的线膨胀系数为:钢结构 $\alpha = 0.000\ 012$,混凝土、钢筋混凝土和预应力混凝土结构 $\alpha = 0.000\ 01$,混凝土预制块砌体 $\alpha = 0.000\ 009$,石砌体 $\alpha = 0.000\ 008$。

对于中、小型渡槽,一般仅考虑在年温度变化(均匀的温度升高或降低)作用下引起的槽身整体变形(伸长或缩短),以及在拱形结构等超静定结构中引起的温度应力。温度变幅和拱的刚性越大,温度应力也越大。温度变幅可根据下式确定:

温度上升时 $\qquad\qquad\qquad \Delta t = T_1 - T_2 \tag{3-6}$

温度下降时 $\qquad\qquad\qquad \Delta t = T_3 - T_2 \tag{3-7}$

式中:T_1、T_3 为最高和最低月平均气温,℃;T_2 为结构浇筑、安装或合拢时的气温,℃。

拱圈封拱一般选在低于年平均气温时进行为宜。

对于重要的大型渡槽,必要时尚须考虑日照温度变化和秋冬季骤然降温温度变化引起的温度应力。此两种温度作用的特点是周期短,不会引起渡槽结构产生大的位移,但却能产生很大的局部温度应力。当大气骤然降温时,结构外表面温度迅速降低,形成内高外低的温度分布状态,从而在结构内引起较大温度应力。日落时的降温与秋冬季骤然降温相似,也会引起温度应力。渡槽在日照作用下的温度变化则很复杂,它与太阳的直接辐射强度、气温变化、风速、结构物的方位和朝向诸多因素有关,加上渡槽是一种输水建筑物,槽内水温对槽壁温度有一定影响,由于槽身侧墙、底板内外形成了较大的温度差,从而引起较大的温度应力。在进行渡槽温度应力计算时,不同部位应考虑不同的边界温差,以求得在各种荷载组合下该部位的不利工况。

3.1.1.5　混凝土收缩及徐变影响

对于刚架、拱等超静定的混凝土结构,应考虑混凝土的收缩及徐变影响。

由于混凝土收缩而引起的附加应力,可以作为相应于温度降低来考虑。整体浇筑的混凝土结构的收缩影响,一般地区相当于温降 20 ℃,干燥地区相当于温降 30 ℃;整体浇筑的钢筋混凝土结构的收缩影响,相当于温降 15~20 ℃;分段浇筑的混凝土及钢筋混凝土结构的收缩影响,相当于温降 10~15 ℃;装配式钢筋混凝土结构的收缩影响,相当于温降 5~10 ℃。

徐变引起应力松弛对拱圈应力的影响是有利的,计算拱圈的温变和收缩影响时,可根据试验资料考虑这种影响。如无试验资料,计算的拱圈内力可乘以影响系数,温变内力乘以 0.7,收缩内力乘以 0.45。

3.1.1.6 人群荷载

当槽顶设有人行便桥时,人群荷载一般取 2~3 kN/m,也可根据实际情况或参考所在地区桥梁设计的规定加以确定。作用在人行便桥栏杆立柱顶上的水平推力一般采用 0.75 kN/m,作用在栏杆扶手上的竖向力一般采用 1.0 kN/m。

3.1.1.7 支座摩阻力

支座摩阻力 P_5(kN)可按下式计算,其方向与位移方向相反。

$$P_5 = fV \tag{3-8}$$

式中:f 为支座的摩擦系数,可按表 3-5 选用;V 为作用于活动支座的竖向反力,kN。

表 3-5 支座摩擦系数 f

支座种类	f
滚动支座或摆动支座	0.05
弧形钢板滑动支座	0.20
平面钢板滑动支座	0.30
油毛毡垫层(老化后)	0.60
盆式橡胶支座:(1)纯聚四氟乙烯滑板	
常温型活动支座	0.04
耐寒型活动支座	0.06
(2)充填聚四氟乙烯滑板	
常温型活动支座	0.08
耐寒型活动支座	0.12

3.1.1.8 施工荷载

在作施工情况计算时,应考虑施工设备的重量及吊装时的动力荷载。如动力荷载数值不能直接决定,可将静荷载(如起吊构件的重力等)乘以动力系数,动力系数一般采用 1.1(手动)或 1.3(机动)。

3.1.1.9 地震力

地震是由地球构造运动而引起的弹性震动。地震时,地面上的物体随之做往复的振动,并产生加速度。由于物体的惯性作用,当物体做加速运动时,将产生惯性力。因地震而引起的惯性力,就是地震惯性力。除地震惯性力外,当槽墩(架)位于水中时,槽墩(架)

还受到附加的地震水压力,但由于渡槽跨越的河沟水深一般不大,故地震水压力可不考虑。

地震惯性力的大小,主要取决于地面最大加速度 a、地面最大加速度 a 与重力加速度 g 的比值,称为地震系数 K,即 $K=a/g$。

地震时地面除水平振动外,还有垂直振动。根据部分资料认为,垂直最大加速度是水平方向的 $1/2\sim1/3$。

地震惯性力的作用方向与地震的传播方向相反,而地震是可能来自任何方向的。通常情况下,只计算水平向地震力。采用的方向应根据其对建筑物的强度和稳定可能产生的最不利情况决定。

地震惯性力目前大多仍按照静力原理进行分析计算,采用所谓拟静力法,即以动力分析为基础分析各类建筑物的地震反应,再加以适当的概括简化为按一定规律分布的加速度图式。这样的地震惯性力分布规律,比较接近建筑物的实际地震反应,体现了建筑物的不同类型及高度和地震作用方向等因素的影响。渡槽槽墩(架)沿高度作用于质点 i 的水平向地震惯性力 P_c 可按下列公式计算:

$$P_c = K_H C_i \alpha_i W_i \tag{3-9}$$

式中:K_H 为水平向地震系数,为地面水平最大加速度的统计平均值与重力加速度的比值,K_H 与地震设计烈度的对应关系见表 3-6;C_i 为综合影响系数,取 $1/4$;W_i 为集中在质点 i 的重量;α_i 为地震加速度分布系数,地震时,建筑物上部产生的地震加速度要大于地面的地震加速度,因此对于高度较大的槽墩(架),在计算地震惯性力时,还应乘以加速度分布系数 α_i,α_i 的数值按表 3-7 采用,α_i 值用图 3-1 表示。

表 3-6 水平向地震系数 K_H

设计烈度	7	8	9
K_H	0.1	0.2	0.4

表 3-7 加速度分布系数 α_i

顺序	计算点的位量	α_i
1	在槽墩(架)顶面(包括顶面以上各部分,如槽身)	2.0
2	在槽墩(架)基础襟边水平面上(包括基础襟边以下各部分)	1.0
3	在槽墩(架)中间的各高度 H_i 上	$1+H_i/H$

3.1.2 荷载组合

渡槽设计时,应根据施工、运用及检修时的具体条件、计算对象及计算目的,采用不同的荷载进行组合。

(1)采用单一安全系数表达式进行槽身和下部支承结构设计,以及进行渡槽整体稳定验算时,渡槽结构设计的荷载组合应按表 3-8 选用。

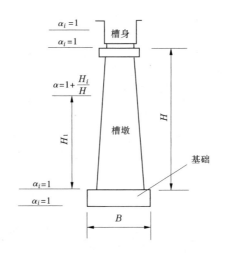

图 3-1　不同计算高度的 α_i 值

表 3-8　荷载组合

| 荷载组合 | 计算情况 | 荷载 | | | | | | | | | | | | | | |
		自重	水重	静水压力	动水压力	漂浮物撞击力	风压力	土压力	土的冻胀力	冰压力	人群荷载	温度荷载	混凝土收缩和徐变影响力	预应力	地震荷载	其他
基本组合	设计水深、半槽水深	√	√	√	√	—	√	√	√	√	√	√	√	√	—	—
	空槽	√	—	√	√	—	√	√	√	√	√	√	√	—	—
偶然组合	加大水深、满槽水深	√	√	√	√	—	√	√	√	√	√	√	√	—	—
	施工情况	√	—	√	√	—	√	√	√	—	√	√	—	√	—	√
	漂浮物撞击	√	—	√	√	√	√	√	—	—	√	√	√	—	—
	地震情况	√	√	√	√	—	√	√	√	—	√	√	√	√	√	—

注：温度荷载应分别考虑温升和温降两种情况。

（2）按《水工混凝土结构设计规范》（SL/T 191—2008），槽身和下部支承结构采用以分项系数设计表达式进行设计时，应根据承载能力和正常使用极限状态设计要求分别采用不同的荷载组合。

①按承载能力极限状态设计时，应考虑两种荷载组合：基本组合（持久设计状况或短暂设计状况下永久荷载与可能出现的可变荷载的效应组合）；偶然组合（偶然设计状况下永久荷载、可变荷载与一种偶然荷载的效应组合）。各种荷载组合见表 3-9，必要时还应考虑其他可能的不利组合。

表 3-9　渡槽按承载能力极限状态设计荷载组合

荷载组合			荷载
基本组合	持久状况		槽中为设计水深、有风工况下作用于槽身或支承结构的各种荷载
	短暂状况	I	槽中无水、有风、检修工况下作用于槽身或支承结构的各种荷载
		II	槽中为满槽水、无风工况下作用于槽身或支承结构的各种荷载
		III	渡槽施工、有风工况下作用于槽身或支承结构的各种荷载
偶然组合	I		槽中为设计水深、地震、有风工况下作用于槽身或支承结构的各种荷载
	II		槽中无水、有风、漂浮物撞击工况下作用于槽身或支承结构的各种荷载

②进行正常使用极限状态验算时，应按荷载效应的短期组合及长期组合分别验算。短期组合 I 、II 、III ：分别采用表 3-9 所列基本组合中短暂设计状况 I 、II 、III 三种相应的荷载组合；长期组合：采用表 3-9 所列基本组合中持久设计状况相应的荷载组合。

3.2　渡槽工程的稳定性复核

为确保渡槽工程的安全和正常运行并取得较好的经济效果，应对渡槽及其地基进行稳定性复核。渡槽工程的稳定性复核包括抗滑稳定性分析、抗倾覆稳定性分析和地基应力分析等。

3.2.1　槽身的整体稳定性复核

当槽中无水时，为防止槽身在风荷载作用下沿支承面滑动或被掀落，需进行槽身整体稳定性验算。如图 3-2 所示，当槽中无水时，槽身竖向荷载仅有槽身重力 $N_1(\text{kN})$，而作用于槽身的水平向风压力为 $P_1(\text{kN})$。

（1）槽身抗滑稳定安全系数 K_1 需满足下式要求：

$$K_1 = fN_1/P_1 \geq [K_1] \tag{3-10}$$

式中:K_1 为槽身抗滑稳定安全系数,$[K_1]=1.05$;f 为支座的摩擦系数,可按表 3-5 选用;N_1 为槽身自重;P_1 为作用于槽身的水平向风压力,为矩形槽身迎风面积或 U 形、梯形槽身迎风面垂直投影面积与风荷载设计值的乘积。

（2）槽身抗倾覆稳定安全系数 K_2 需满足下式要求:

$$K_2 = M_n/M_p \geqslant [K_2] \tag{3-11}$$

式中:M_n 为抗倾覆力矩,kN·m;M_p 为绕背风面支点转动的倾覆力矩,kN·m;$[K_2]$ 为槽身抗倾覆稳定安全系数,$[K_2]=1.1$。

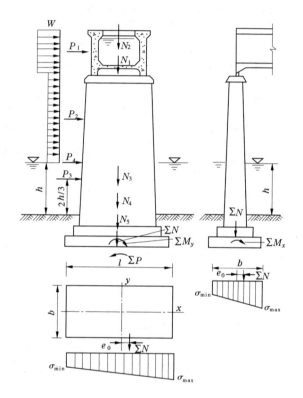

图 3-2　渡槽及其地基稳定性验算

3.2.2　渡槽的抗滑稳定性复核

槽墩（或槽架）及其基础,在水平荷载 $\sum P$ 的作用下,当地基的抗滑能力较小时,便可能沿基础底面产生水平滑动。抗滑稳定安全系数按下式计算:

$$K_c = f_c \sum N / \sum P \geqslant [K_c] \tag{3-12}$$

式中:$\sum N$ 为作用于基底面所有铅直力的总和,kN;$\sum P$ 为作用于基底面所有水平力的总和,kN;f_c 为基础底面与地基之间的摩擦系数,当缺少实测资料时,可参照表 3-10 选用;$[K_c]$ 为抗滑稳定安全系数,可参照《公路桥涵地基与基础设计规范》（JTG 3363—2019）的规定（见表 3-11）酌情采用。

表 3-10　摩擦系数 f_c 值

地基土的类别		摩擦系数 f_c
黏性土	软塑	0.20~0.25
	硬塑	0.30
	半坚硬	0.30~0.40
亚黏土、轻亚黏土		0.30~0.40
砂类土		0.35~0.40
碎、卵石类土		0.45~0.50
软质岩石		0.30~0.50
硬质岩石		0.60~0.70

注：1. 对易风化的软质岩和塑性指数 $I_P>22$ 的黏性土，基底摩擦系数应通过试验确定。

2. 对碎石土，可根据其密实程度、填充物状况、风化程度等确定。

表 3-11　抗倾覆和抗滑动稳定安全系数表

荷载情况	稳定安全系数类别	稳定安全系数
基本组合	$[K_0]$	1.5
	$[K_c]$	1.3
特殊组合	$[K_0]$、$[K_c]$	1.3
施工荷载	$[K_0]$、$[K_c]$	1.2

在利用式(3-12)计算时应选择对渡槽抗滑稳定不利的条件，如：①当 $\sum N$ 小时，对抗滑稳定是不利条件，故应计算槽中无水情况，即 $\sum N$ 中不包括槽中水重 N_2(见图 3-2)，对河道中的槽墩，其水下部分的重力、基础重力 N_4 及基础顶面以上土的重力 N_5 均需按浮重度计算；②当河道是高水位时，不仅减少了有效铅直荷载 $\sum N$，且因水深及流速均较大，故水平动水压力 P_3 大，因而是抗滑稳定的不利条件。洪水时起大风的可能性大，但起大风又遇漂浮物的撞击则可能性较小，因此只取水平风压力 P_1+P_2 或漂浮物的撞击力 P_4 中之大者组合于 $\sum P$ 之中。

3.2.3　渡槽的抗倾覆稳定性复核

对于图 3-2 所示的情况，抗倾覆稳定的不利条件与抗滑稳定的不利条件是一致的，所以抗倾覆稳定性复核的计算条件及荷载组合与抗滑稳定性复核相同。抗倾覆稳定安全系数按下式计算：

$$K_0 = \frac{l_a \sum N}{\sum M_y} = \frac{l_a}{e_0} \geqslant [K_0] \tag{3-13}$$

式中:l_a 为承受最大压应力的基底面边缘到基底面重心轴的距离,m;$\sum N$ 为基底面承受的铅直力总和,kN;$\sum M_y$ 为所有铅直力及水平力对基底面重心轴(y)的力矩总和,kN·m;e_0 为荷载合力在基底面上的作用点到基底面重心轴(y)的距离(偏心矩),此时重心轴的方向与矩形基底面的短边平行;$[K_0]$ 为抗倾覆稳定安全系数,可按表 3-12 规定酌情采用。

3.2.4　浅基础的基底压应力验算

渡槽进行基底压应力验算的目的是审查渡槽作用于地基表面单位面积上的压力是否超过了地基土的容许承载力,以保证地基不发生破坏并满足变形要求。

假定基底压应力(地基反力)呈直线变化,当不考虑地基的嵌固作用时,由偏心受压公式可得基底边缘应力为

横槽向:

$$\sigma_{max} = \frac{\sum N}{A} + \frac{\sum M_y}{W_{ya}} \tag{3-14}$$

$$\sigma_{min} = \frac{\sum N}{A} - \frac{\sum M_y}{W_{yi}} \tag{3-15}$$

顺槽向:

$$\sigma_{max} = \frac{\sum N}{A} + \frac{\sum M_x}{W_{xa}} \tag{3-16}$$

$$\sigma_{min} = \frac{\sum N}{A} - \frac{\sum M_x}{W_{xi}} \tag{3-17}$$

式中:A 为基础底面积;$\sum M_x$ 为所有铅直力及水平力对基底面重心轴(x)的力矩总和;W_{ya}、W_{xa} 为相应于最大应力 σ_{max} 基底边缘的截面抵抗矩($W_{ya} = I_y/l_a$,$W_{xa} = I_x/b_a$;I_y、I_x 为基底面对重心轴 y、x 的截面惯性矩;b_a 为顺槽向承受最大压应力的基底面边缘到基底面重心轴的距离);W_{yi}、W_{xi} 为相应于最小应力 σ_{min} 基底边缘的截面抵抗矩($W_{yi} = I_y/l_i$,$W_{xi} = I_x/b_i$,l_i、b_i 分别为横槽向和顺槽向承受最小压应力的基底面边缘到基底面重心轴的距离);其余符号意义同前。

基底面的核心半径 ρ 按下式计算:

横槽向:

$$\rho = \frac{W_{yi}}{A} = \frac{I_y}{Al_i} \tag{3-18}$$

顺槽向:

$$\rho = \frac{W_{xi}}{A} = \frac{I_x}{Ab_i} \tag{3-19}$$

式(3-14)~式(3-19)对于任何对称和不对称的基底面均适用。对于矩形基底面(见图 3-2),因 $l_a = l_i = l/2$,$b_a = b_i = b/2$,$I_y = bl^3/12$,$I_x = lb^3/12$,$A = bl$,$W_{ya} = W_{yi} = W_y = bl^2/6$,$W_{xa} = W_{xi} = W_x = lb^2/6$,故式(3-14)~式(3-19)可简化为:

横槽向：

$$\sigma_{max} = \frac{\sum N}{bl} + \frac{6M_y}{bl^2} \qquad (3\text{-}20)$$

$$\sigma_{min} = \frac{\sum N}{bl} - \frac{6M_y}{bl^2} \qquad (3\text{-}21)$$

顺槽向：

$$\sigma_{max} = \frac{\sum N}{bl} + \frac{6M_x}{lb^2} \qquad (3\text{-}22)$$

$$\sigma_{min} = \frac{\sum N}{bl} - \frac{6M_x}{lb^2} \qquad (3\text{-}23)$$

横槽向：

$$\rho = \frac{l}{6} \qquad (3\text{-}24)$$

顺槽向：

$$\rho = \frac{b}{6} \qquad (3\text{-}25)$$

基底的合力偏心矩 e_0 按下式计算：

横槽向：

$$e_0 = \frac{\sum M_y}{\sum N} \qquad (3\text{-}26)$$

顺槽向：

$$e_0 = \frac{\sum M_x}{\sum N} \qquad (3\text{-}27)$$

如果基底的合力偏心矩 e_0 等于基底面的核心半径 ρ，则基底最小边缘应力 σ_{min} 等于零。对于岩基上的基础，当 e_0 大于 ρ 时，按式（3-15）及式（3-17）计算的 σ_{min} 为负值，即产生拉应力。这时，可不考虑地基与基础间的拉应力，而仅按受压区计算最大压应力（压应力呈三角形分布），对于矩形基底面为

横槽向：

$$\sigma_{max} = \frac{2\sum N}{3(l/2 - e_0)b} \qquad (3\text{-}28)$$

顺槽向：

$$\sigma_{min} = \frac{2\sum N}{3(b/2 - e_0)l} \qquad (3\text{-}29)$$

对于非岩基上的基础，e_0 不允许大于 ρ。

为了保证渡槽工程的安全和正常运用,基底压应力及其分布须满足:

(1)$\sigma_{max} \leq [\sigma]$,$[\sigma]$为地基土的容许承载力,可根据地质勘探成果采用,也可参考《公路桥涵地基与基础设计规范》(JTG 3363—2019)选用。

(2)基底面的合力偏心矩应满足表 3-12 的规定。表中非岩石地基上槽墩(或槽架)的基础,要求在基本组合荷载情况下满足 $e_0 \leq 0.1\rho$,对于某些中小型渡槽工程,当满足这一要求较困难时,经论证后,可考虑适当放宽。

表 3-12　基础底面合力偏心矩的限制范围

荷载情况	地质条件	合力偏心矩
基本组合	非岩石地基	槽墩(架):$e_0 \leq 0.1\rho$
		槽台:$e_0 \leq 0.75\rho$
特殊组合	非岩石地基	$e_0 \leq \rho$
	石质较差的岩石地基	$e_0 \leq 1.2\rho$
	坚密岩石地基	$e_0 \leq 1.5\rho$

注:1. 对于非岩石地基上的拱式渡槽墩台基础,在基本组合荷载情况下,基底面的合力作用点应尽量保持在基底中线附近。

2. 建筑在岩石地基(较好的)上的单向推力墩,当满足强度 $\sigma_{max} \leq [\sigma]$ 和稳定(抗倾覆)要求时,合力偏心矩不受限制。

渡槽浅基础的基底压应力验算按横槽向和顺槽向分别计算基底压应力而不叠加,并分别考虑各自的不利条件。横槽向验算时,槽中通过设计流量或满槽水、河道最低水位加横向风压力是 σ_{max} 验算的不利条件;槽中无水、河道高水位加横向风压力或漂浮物的撞击力是验算基底合力偏心矩 e_0 的不利条件,也是抗倾覆稳定验算的不利条件。对于顺槽向一般只验算施工情况和地震情况,如一跨槽身已吊装另一跨未吊装(见图 3-2)、吊装设备置于已吊槽身上进行另一跨槽身起吊等情况。

浅基础底面下(或基桩桩尖下)有软土层时,应按下式验算软土层的承载力:

$$\sigma_{h+z} = \gamma_1(h + z) + \alpha(p - \gamma_2 h) \leq [\sigma]_{h+z} \tag{3-30}$$

式中:σ_{h+z} 为软土层顶面的压应力;h 为基底(或桩尖处)的埋置深度,m,当基础受水流冲刷时由一般冲刷线算起,当不受水流冲刷时由天然地面算起,如位于挖方内则由开挖后地面算起;z 为从基础底面或基桩桩尖处到软土层顶面的距离,m;γ_1 为深度$(h+z)$之间各土层的换算容重,kN/m^3;γ_2 为深度 h 范围内各土层的换算容重,kN/m^3;α 为土中附加压应力系数,见《公路桥涵地基与基础设计规范》(JTG 3363—2019)附录四附表4;p 为由使用荷载产生的基底压应力,kPa,当 $z/b > 1$ 时,p 采用基底平均压力,当 $z/b \leq 1$ 时,p 按基底应力图形采用距最大压力点 $b/3 \sim b/4$ 处的压力(b 为矩形基底的短边长度);$[\sigma]_{h+z}$ 为软土层顶面土的容许承载力,kPa。

3.3 渡槽工程的过流能力复核

3.3.1 过流能力计算

根据槽身长度 L 与渡槽进口渐变段前上游渠道水深 h_1 的不同比值,分别采用以下公式(见图 3-3)。

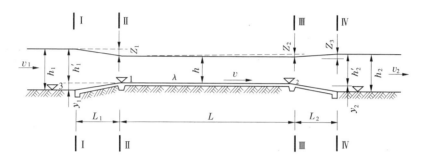

图 3-3 渡槽水力计算图

(1)当 $L>15h_1$ 时,按明渠均匀流公式计算。

$$Q = \frac{1}{n}AR^{2/3}i^{1/2} \tag{3-31}$$

式中:Q 为渡槽的过水流量,m^3/s;A 为槽身过水断面面积,m^2;R 为水力半径,m;i 为槽底比降;n 为槽身糙率,钢筋混凝土槽身可取 $n=0.013\sim0.015$,砌石槽身可取 $n\geqslant0.017$。

(2)当 $L\leqslant15h_1$ 时,按淹没宽顶堰流公式计算。

①槽身为矩形断面时的计算公式为

$$Q = \sigma_s\varepsilon mB\sqrt{2g}H_0^{3/2} \tag{3-32}$$

$$H_0 = h_1' + \frac{v_1^2}{2g} \tag{3-33}$$

$$\varepsilon = 1 - \frac{\alpha_1}{\left(0.2+\frac{y_1}{h_1'}\right)^{1/3}}\left(\frac{B}{B_1'}\right)^{1/4}\left(1-\frac{B}{B_1'}\right) \tag{3-34}$$

式中:H_0 为渡槽进口水头,m;h_1' 为渡槽进口前渠道水面高出槽身底板(始端)的水深,m;v_1 为渡槽上游渠道断面平均流速,m/s;B 为槽身宽度,m;m 为流量系数,渡槽进口较平顺时取 $m=0.35\sim0.38$,进口不平顺时可取 $m=0.32\sim0.34$;g 为重力加速度,m/s^2;ε 为侧向收缩系数;α_1 为反映渡槽进口处底板及两侧平顺程度的影响系数,平顺时取 $\alpha_1=0.1$,不平顺时取 $\alpha_1=0.19$;y_1 为渡槽进口底板超出上游渠底的高度,m;B_1' 为渡槽进口前渠道平均水面宽度,m,$B_1'=\frac{1}{2}$(水面宽+渠底宽);σ_s 为淹没系数,可根据 h_2'/H_0 值按表 3-13 采用,此

处 h_2' 为渡槽出口处(出口渐变段末端)下游渠道水面高出槽身底板(末端)的水深,m。

表 3-13　σ_s 值(有侧收缩)

h_2'/H_0	0.98	0.97	0.96	0.95	0.94	0.93	0.92	0.91	0.90	0.89
σ_s	0.500	0.590	0.660	0.735	0.775	0.825	0.850	0.875	0.900	0.925
h_2'/H_0	0.88	0.87	0.86	0.85	0.84	0.83	0.82	0.81	≤0.80	
σ_s	0.945	0.960	0.970	0.980	0.985	0.990	0.995	0.997	1.000	

②槽身为 U 形或梯形断面时的计算公式为

$$Q = \varepsilon\varphi A\sqrt{2gZ_0} \tag{3-35}$$

$$Z_0 = Z_1 + \frac{v_1^2}{2g} \tag{3-36}$$

式中:Z_1 为渡槽进口段水面降落,m,初步估算时可取 $Z_1 = 0.10\sim0.15$ m;ε 为侧向收缩系数,可取 $\varepsilon = 0.80\sim0.92$;$\varphi$ 为流速系数,可取 $\varphi = 0.89\sim0.95$;A 及 v_1 的意义同前。

3.3.2　水头损失复核

渡槽的进口段、槽身和出口段,构成输送水流的明渠通道。根据渠系规划的要求,当渡槽通过设计流量时,水流的总水头损失 ΔZ 应等于或略小于规划给定的允许水头损失。

(1)对于重要的大、中型渡槽,总水头损失可采用能量法计算。

①进口段水面降落值:

$$Z_1' = (1 + \sum\zeta_1)(v^2 - v_1^2)/2g + J_{1-2}L_1 \tag{3-37}$$

式中:J_{1-2} 为进口段的平均水力坡降;L_1 为进口段长度,m;$\sum\zeta_1$ 为进口段(含节制闸)局部水头损失系数之和,即进口渐变段水头损失系数与门槽水头损失系数之和;v_1 为上游渠道断面的平均流速,m/s;v 为槽身断面的平均流速,m/s。

当槽身采用双槽或多槽方案时,中间设有隔墙,进口渐变段共用。由于隔墙侧收缩引起的水面降落 Δh(m)可按美国陆军工程兵团水力设计准则中介绍的亚内尔(Yarnel)公式进行计算:

$$\Delta h = 2k(k + 10\omega - 0.6)(\alpha + 15\alpha^4)\frac{v^2}{2g} \tag{3-38}$$

式中:k 为隔墙头部形状系数,对半圆形可取 0.9;ω 为槽内流速水头与水深之比;α 为隔墙总厚度与槽宽之比;v 为槽内流速,m/s。

进口渐变段水面总降落值为

$$Z_1 = Z_1' + \Delta h \tag{3-39}$$

②槽身段水面降落值。在长槽情况下,槽身段水流为均匀流,根据槽身长度 L 和槽底比降 i 可求得该段水面降落值为

$$Z_2 = iL \tag{3-40}$$

③出口渐变段水面回升值。渡槽出口水流经过渐变段时,槽身末端的水流动能一部分消耗于摩阻、断面扩大及其他原因引起的沿程水头损失和局部水头损失,一部分恢复为位能而产生水面回升。出口段水面回升值可按下式计算:

$$Z_3 = (1 - \sum \zeta_2)(v^2 - v_2^2)/2g + J_{3-4}L_2 \tag{3-41}$$

式中:J_{3-4} 为出口渐变段的平均水力坡降;L_2 为出口渐变段长度,m;$\sum \zeta_2$ 为出口渐变段(含检修闸)局部水头损失系数之和,即出口渐变段水头损失系数与门槽水头损失系数之和;v_2 为出口渐变段末端下游渠道断面平均流速,m/s。

④渡槽总水头损失(通过渡槽的总水面降落)按下式计算:

$$\Delta Z = Z_1 + Z_2 - Z_3 \tag{3-42}$$

式中:ΔZ 为渡槽总水头损失,m,应等于或略小于渠系规划中允许的水头损失值。

当槽身为短槽时($L \leqslant 15h_1$),槽中水流为非均匀流,对求得的槽宽与水深须按非均匀流进行水面线复核,若复核所得的进、出口水位差超过了规划给定的允许值,则须调整槽身断面尺寸重新计算。

(2)对于一般中、小型渡槽,总水头损失 ΔZ 的计算公式中,槽身段水面降落值 Z_2 仍用式(3-40)计算,进、出口段按下列公式计算:

进口段水面降落值

$$Z_1 = (1 + \zeta_1)(v^2 - v_1^2)/2g \tag{3-43}$$

出口段水面回升值

$$Z_3 = (1 - \zeta_2)(v^2 - v_2^2)/2g \tag{3-44}$$

式中:ζ_1、ζ_2 分别为渡槽进口渐变段、出口渐变段局部水头损失系数,可根据渐变段形式由表 3-14 查得;v_1、v_2 及 v 意义同前。

表 3-14　进、出口水头损失系数

渐变段形式	示意图 (以梯形断面和矩形断面连接为例)	进口渐变段局部水头损失系数 ζ_1	出口渐变段局部水头损失系数 ζ_2
曲线形反弯扭曲面		0.1	0.2
直线形扭曲面		$\theta_{进} = 15° \sim 37°$ $\zeta_1 = 0.05 \sim 0.3$	$\theta_{出} = 10° \sim 17°$ $\zeta_2 = 0.3 \sim 0.5$
圆弧直墙		0.2	0.5

续表 3-14

渐变段形式	示意图 (以梯形断面和矩形 断面连接为例)	进口渐变段局部 水头损失系数 ζ_1	出口渐变段局部 水头损失系数 ζ_2
八字形		0.3	0.5
直角形		0.4	0.75

注: $\theta_{进}$ 表示进口渐变段水面收缩角; $\theta_{出}$ 表示出口渐变段水面扩散角。

3.3.3　槽身侧墙高度复核

为了保证渡槽有足够的过流能力,并考虑槽内水面可能会出现波动等因素,常要求通过设计流量时槽壁有一定的富余高度 Δh(m),此值可根据经验按下式计算:

$$\Delta h = H/12 + 0.05 \tag{3-45}$$

式中: H 为设计流量时槽内水深,m。

当槽身侧墙净高 $h \geqslant H + \Delta h$ 时,即满足设计要求。

3.4　结构承载力的安全性复核

结构承载力的安全是安全性复核的主要内容,结构安全是其正常运行的保证。对渡槽进行结构承载力安全复核,可分为两部分:槽身和排架的结构计算,并计算其应力值;复核结构是否满足要求。

3.4.1　槽身的结构计算

对于不同横断面形式、不同支承位置以及不同跨宽比与跨高比的槽身,其荷载作用下的应力状态不同,为了使计算结果有较好的精度,应采用不同的计算方法。如:①对于跨宽比大于4.0的梁式渡槽槽身,可按梁理论进行计算,即沿渡槽水流方向按简支梁、双悬臂梁、单悬臂梁或连续梁计算纵向内力,在垂直水流方向截取1 m长槽身按平面问题计算横向内力;②对于跨宽比小于4.0的梁式渡槽槽身,应按空间问题求解内力与应力。

3.4.1.1　梁理论计算法(纵向结构计算)

纵向计算中,作用于槽身的荷载一般按匀布荷载 q 考虑,包括槽身重力(拉杆等少量集中荷载也换算为匀布的)、槽中水重及人群荷载等。

1.矩形槽

槽身在纵向如同纵梁一样受力,根据其支承位置的不同,按简支梁、双悬臂梁等,用一般结构力学方法计算纵向弯矩 M 和剪力 Q (见图 3-4)。

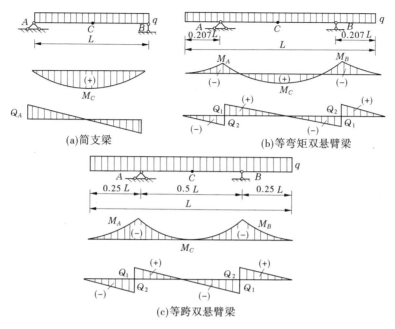

(a)简支梁　　　　　　　　(b)等弯矩双悬臂梁

(c)等跨双悬臂梁

图 3-4　纵向内力计算图

简支梁:

$$M_C = qL^2/8 \tag{3-46}$$
$$Q_A = qL/2 \tag{3-47}$$

等弯矩双悬臂梁:

$$\left.\begin{aligned} M_A = M_B = -qL^2/46.7 \\ M_C = qL^2/46.7 \end{aligned}\right\} \tag{3-48}$$

$$\left.\begin{aligned} Q_1 = \pm 0.293qL \\ Q_2 = \mp 0.207qL \end{aligned}\right\} \tag{3-49}$$

等跨双悬臂梁:

$$M_A = M_B = -qL^2/32 \tag{3-50}$$

$$\left.\begin{aligned} Q_1 = \pm 0.25qL \\ Q_2 = \mp 0.25qL \end{aligned}\right\} \tag{3-51}$$

　　弯矩及剪力求出后,即可按受弯构件进行正截面和斜截面强度计算,并进行正截面抗裂验算及挠度验算,最后定出侧墙及底板的厚度(还应满足横向计算的要求) 和材料标号,以及纵向受力钢筋与构造钢筋的布置。

　　进行槽身纵向结构计算时,矩形槽身截面可概化为工字形。槽身侧墙为工字梁的腹板,侧墙厚度之和即为腹板厚度;侧墙顶端加大部分和人行道板构成工字梁的上翼缘,槽身底板构成工字梁的下翼缘,翼缘的计算宽度应按规范规定取用。对于箱形槽身,如顶盖与侧墙可靠连接且顶盖是连续的整体板,亦可概化为工字形截面进行计算(注意翼缘宽度的规定）。当槽身顶部人行道板厚度较小、宽度不大时,矩形槽身纵向则可按倒 T 形梁计算。

　　计算时需要注意:①对于简支及等弯矩双悬臂梁式槽身的跨中部分底板,因处于受拉区,故在强度计算中不考虑底板的作用,但在抗裂验算中应加以考虑。如底板处于受压区(双悬臂梁式槽身),只要底板与侧墙的结合能保证整体受力,就必须按翼缘宽度的规定计入部分或全部底板的作用。②在斜截面强度计算中,不可把横向结构计算所定的侧墙横向受力钢筋兼作纵向结构计算中承受主拉应力的钢筋,需按斜截面强度计算要求另外增设附加垂直横向钢筋或弯起钢筋。附加横向钢筋的间距应与侧墙横向受力筋的间距相协调。

　　2. U 形槽

　　纵向内力计算方法与矩形槽相同。弯矩 M 及剪力 Q 求出后,对于中小型 U 形槽,纵向配筋可按材料力学方法计算,即先求出截面正应力和受拉区的总拉力,认为此总拉力全部由钢筋承担。为此,需先求出截面形心轴的位置以及截面形心轴至受拉区和受压区边缘的距离 y_1 及 y_2(见图 3-5),双悬臂梁式槽身的负弯矩作用断面,受拉区和受压区则与此相反。为了简化计算,槽顶加大部分的梯形截面用矩形截面 aB 代替。横截面的总面积 A、形心轴到圆心轴的距离 K、y_1 和 y_2 以及横截面对形心轴的惯性矩 I、受拉区面积对截面形心轴的静面矩 S_1 按下列各式计算:

$$
\left.
\begin{aligned}
A &= t(\pi R + 2f) + 2aB \\[4pt]
K &= \frac{t(2R^2 - f^2) - aB(2f - B)}{t(\pi R + 2f) + 2aB} \\[4pt]
y_1 &= K + f = \frac{t(2R^2 + \pi Rf + f^2) + aB^2}{t(\pi R + 2f) + 2aB} \\[4pt]
y_2 &= R_0 - K + t \\[4pt]
I &= \frac{2}{3}(aB^3 + tf^3) + 2aBf(f - B) + \frac{1}{2}t\pi R^3 - \left[t(2R^2 - f^2) - aB(2f - B)\right]K \\[4pt]
S_1 &= 2tR\left(R\cos\varphi_0 + K\varphi_0 - \frac{\pi K}{2}\right)
\end{aligned}
\right\} \tag{3-52}
$$

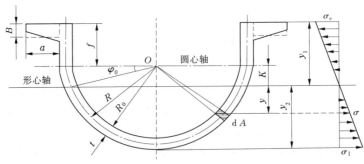

图 3-5　总拉力计算图

计算静面矩 S_1 的式中，φ_0 以弧度计，先根据 $\sin\varphi_0 = \lambda$ 按下式计算 $\cos\varphi_0$：

$$\left.\begin{array}{c} \cos\varphi_0 = \sqrt{1 - \lambda^2} \\ \lambda = K/R \end{array}\right\} \tag{3-53}$$

然后查找 φ_0 值。求得 I 和 S_1 后，即可按下式计算受拉区的总拉力 Z_1：

$$Z_1 = \frac{M}{I} S_1 \tag{3-54}$$

式中：M 为纵向梁的弯矩。

受拉区的总面积 A_g 按下式计算：

$$A_g = KZ_1/R_g \tag{3-55}$$

式中：K、R_g 分别为钢筋混凝土受弯构件的强度安全系数及钢筋设计强度。

求出了受拉钢筋总面积，即可配置纵向受力钢筋。对于简支式的 U 形槽，为保证安全，承担跨中正弯矩的纵向钢筋应布置在离槽底 2 倍槽壁厚度范围之内，该范围之上的槽壁中另配置纵向构造钢筋，在槽壁顶部配置架立钢筋。双悬臂式的 U 形槽，支座处的纵向受力钢筋则配置在槽壁顶部加厚处。

确定了纵向钢筋布置，进一步计算考虑钢筋面积在内的折算面积的重心轴位置、受压区和受拉区边缘到重心轴的距离 y_1 和 y_2 以及折算截面对重心轴的折算惯性矩 I_{np}，然后按下式计算最大拉应力 σ_1 并进行正截面抗裂校核：

$$\sigma_1 = \frac{M}{I_{np}} y_2' \leqslant \frac{\gamma R_f}{K_f} \tag{3-56}$$

式中：γ 为截面抵抗矩的塑性系数，对有底部加厚的 U 形截面 γ 取 1.35，无底部加厚的 U 形截面 γ 取 1.40，矩形槽通常按倒 T 形或 1 字形截面近似取值；R_f 为混凝土的抗裂设计强度；K_f 为钢筋混凝土受弯构件的抗裂安全系数。

式（3-55）、式（3-56）中 K、R_g、R_f 及 K_f 值按《水工钢筋混凝土结构设计规范》（SL 191—2008）选用。除进行正截面抗裂校核外，对简支或双悬臂 U 形槽身的支座截面（槽身支座承托边缘横截面处）还应进行斜截面强度和抗裂验算。斜截面抗裂验算要求荷载作用下混凝土的最大主应力 σ_{zl} 不应大于许可应力值，即：

$$\sigma_{zl} = \frac{QS_1}{2tI} \leqslant \frac{R_1}{K_f} \tag{3-57}$$

式中：Q 为计算截面承受的剪力；R_1 为混凝土抗拉设计强度；其他符号意义同前。

与矩形槽相同的一点是，不可将所配置的 U 形槽身横向受力钢筋兼作在纵向结构斜截面强度计算中承受主拉应力，为承受主拉应力可利用横向构造钢筋或另外增设附加横向钢筋。

3.4.1.2　横向结构计算

1. 矩形槽身

1）无拉杆矩形槽

无拉杆矩形槽身由侧墙和底板组成，顶部根据交通要求常设置人行桥。侧墙与底板浇筑成整体，二者底面可以是齐平的[见图 3-6（a）]，也可使侧墙底缘低于底板底面[见图 3-6（b）]。

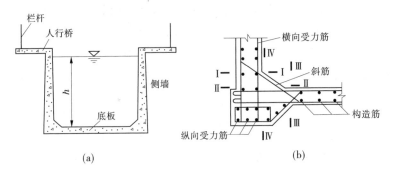

图 3-6 无拉杆矩形槽的构造

　　槽身横向内力计算时沿槽长方向取 1.0 m 按平面问题进行分析。如图 3-7(a)所示,作用于单位长度脱离体上的荷载除 q(自身重力+水的重力等)外,两侧还有剪力 Q_1 及 Q_2,该两剪力差值 ΔQ 与竖向力维持平衡,即 $\Delta Q = Q_1 - Q_2 = q$。ΔQ 在截面上沿高度的分布呈抛物线形[见图 3-7(b)],方向向上,它绝大部分分布在两侧的侧墙截面上(底板截面上的剪力很小,一般不考虑),工程设计中将此剪力近似地集中作用于侧墙的底面,即作为一个竖向支承链杆支持于侧墙底面,侧墙与底板仍按刚性连接处理,得无拉杆矩形槽的计算简图如图 3-8 所示。图 3-8 中,q_2 为按满槽水计算的槽内水压力与底板重力之和,P_0 为槽顶竖向荷载,M_0 为槽顶荷载对侧墙中心所产生的力矩。

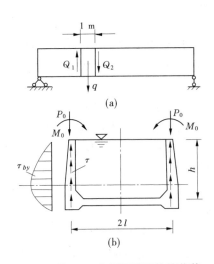

图 3-7 作用于脱离体的荷载

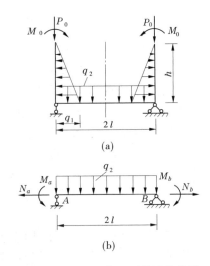

图 3-8 无拉杆矩形槽计算简图

　　根据图示条件,侧墙为固接于底板上的悬臂梁,近似按受弯构件计算(忽略轴向力影响),其下部最大弯矩为

$$M_a = M_b = \frac{1}{6}\gamma h^3 - M_0 \tag{3-58}$$

式中:γ 为水的重度。

　　底板两端承受侧墙传来的负弯矩 M_a、M_b 和轴向拉力 N_a、N_b,可按有端弯矩及轴向拉力作用的简支板计算,计算跨度 $2l$ 取两侧墙厚度中心线距离,计算简图如图 3-8(b)所示。

N_a、N_b 和底板跨中正弯矩 M_c 的计算式为

$$N_a = N_b = \frac{1}{2}\gamma h^2 \tag{3-59}$$

$$M_c = \frac{1}{2}(\gamma h + \gamma_h \delta) l^2 + M_0 - \frac{1}{6}\gamma h^3 \tag{3-60}$$

式中:γ_h 为钢筋混凝土重度;δ 为底板厚度。

　　根据式(3-58)~式(3-60)求出内力后,即可进行侧墙和底板在满槽水情况下的配筋计算。但是,底板的跨中在满槽水条件下不一定最危险,随着槽内水深 h 的减小,作用于底板的轴向拉力 N_a、N_b 将减小,跨中弯矩 M_c 却增大,令 $dM_c/dh = 0$,由式(3-60)可得 $h = l$(槽中水深为计算跨度的一半) 时 M_c 达到最大值,故还需按此水深计算,以 l 代替式(3-59)及式(3-60)中的 h,求得半槽水($h=l$)工况下底板的轴向拉力和跨中弯矩,并进行配筋计算。将半槽水与满槽水的计算结果进行比较,取其中大者配置底板底面横向受力钢筋。

　　在槽身横向配筋计算中应考虑侧墙与底板交接处贴角的影响[见图3-6(b)],侧墙内侧和底板顶面横向受力钢筋分别按Ⅰ—Ⅰ和Ⅲ—Ⅲ截面计算的内力配置,斜筋按Ⅱ—Ⅱ面计和Ⅳ—Ⅳ面计截面计算结果取其大者配置。横向受力钢筋与斜筋需分别布置,并保持一定的锚固长度。

　　2)有拉杆矩形槽

　　对于无通航要求的槽身,常沿槽顶每隔1.5~2.5 m设一根拉杆,人行道板可搁置于拉杆上,侧墙一般都做成等厚的,并适当加大侧墙顶部厚度以增加刚度,其他构造方面与无拉杆矩形槽基本相同。设拉杆后能改善槽身横向受力状态,减小侧墙和底板的弯矩,是一种较好的结构形式。

　　横向计算时,近似认为设置拉杆断面槽身的横向内力与不设拉杆处相差不多,因此将拉杆均匀化,然后沿槽长方向取 1.0 m 槽身按平面问题进行计算;计算表明,侧墙底部与底板跨中的最大弯矩均发生在满槽水深情况,近似地将槽中水位取至拉杆中心线处;为了简化计算,认为所有荷载均作用于槽壁和底板厚度的中心线上(偏于安全),并且由于槽身结构形状和荷载对称于断面中心线,可以沿中心线切开取一半计算,由此得计算简图如图3-9所示。计算时因为对称关系3点处剪力为零,只有弯矩和轴向力,故作为不能水平移动也不能转动但可以上下移动的双链杆支承;而拉杆的刚度远小于槽壁刚度,加之拉杆的轴向变形很小,可以认为拉杆与槽壁是铰接的,用一根水平向链杆代替。

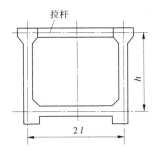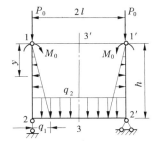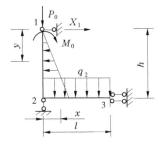

图 3-9　有拉杆矩形槽计算图

按上述简化后,图 3-9 所示结构为一次超静定,不计轴力及剪力对变位的影响,用力法求解可得多余未知力 X_1(均匀化拉杆的拉力)为

$$X_1 = \frac{1}{h}\left[\frac{1}{6}\gamma h^3 - M_0 - (\frac{M_0}{2} + \frac{\gamma h^3}{15})\mu_{23} - \frac{(\gamma h + \gamma_h\delta)l^2}{3}\mu_{21}\right] \tag{3-61}$$

$$\left.\begin{array}{l} \mu_{21} = \frac{3I_{21}}{h}/(\frac{3I_{21}}{h} + \frac{I_{23}}{l}) \\[2mm] \mu_{23} = \frac{I_{23}}{h}/(\frac{3I_{21}}{h} + \frac{I_{23}}{l}) \end{array}\right\} \tag{3-62}$$

式中:γ、γ_h 为水、钢筋混凝土重度;δ 为底板厚度;I_{21}、I_{23} 分别为侧墙、底板的截面惯性矩,其中 $I_{21} = \frac{t^3}{12}$,$I_{23} = \frac{\delta^3}{12}$($t$ 为侧墙厚度);其余参数可见图 3-9。

求出多余未知力 X_1 后,可按以下各式计算各项横向内力,计算时,弯矩以外侧受拉为正,轴力以拉力为正。

(1)侧墙计算。取计算截面距拉杆中心线为 y,该处的侧墙弯矩 M_y 为

$$M_y = X_1 y + M_0 - \frac{\gamma y^3}{6} \tag{3-63}$$

按式(3-63)计算可作出侧墙的弯矩图,最大弯矩出现在 $y = y_m$ 处,y_m 按下式计算:

$$y_m = \sqrt{\frac{2X_1}{\gamma}} \tag{3-64}$$

距离拉杆中心线为 y 处的轴力 N_y 按下式计算(只近似考虑侧墙截面承受剪力 ΔQ):

$$N_y = \frac{\Delta Q}{2h^3}(3hy^2 - 2y^3) - \gamma_h ty - P_0 \tag{3-65}$$

式中:ΔQ 为作用于槽身横截面上的计算剪力,即沿纵向取单位长度隔离体两侧截面上的剪力差,其值等于 1.0 m 槽身长的总荷载(纵向计算中的均布荷载 q);其余符号意义同前。

(2)底板计算。距侧墙中心线 x 处的底板弯矩按下式计算:

$$M_y = X_1 h + M_0 - \frac{\gamma h^3}{6} + (\gamma h + \gamma_h\delta)\left(l - \frac{x}{2}\right)x \tag{3-66}$$

按式(3-66)计算即可作出底板的弯矩图。令 $x=0$,得到底板端部的弯矩 M_2;令 $x=l$,得到底板跨中弯矩 M_3,即

$$\left.\begin{array}{l} M_2 = X_1 h + M_0 - \frac{1}{6}\gamma h^3 \\[2mm] M_3 = M_2 + \frac{1}{2}(\gamma h + \gamma_h\delta)l^2 \end{array}\right\} \tag{3-67}$$

底板的轴向拉力按下式计算:

$$N_d = \frac{1}{2}\gamma h^2 - X_1 \tag{3-68}$$

(3)拉杆计算。设拉杆间距为 S,则一根拉杆的拉力为

$$N_1 = X_1 S \tag{3-69}$$

拉杆处承受轴向力 N_1 外,还承受拉杆自重 q_A 和人行道板传来的荷载 q_B (间距为 S 范围内的荷载)。由于拉杆的抗弯刚度远小于与其连接的侧墙,因此拉杆的计算简图可按单跨端梁考虑(见图 3-10)。

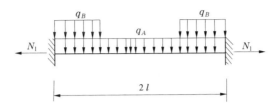

图 3-10　拉杆计算简图

3) 无拉杆加肋矩形槽

对于有通航要求的渡槽和一些并无通航要求的大型渡槽,为了加强侧墙及底板,可沿槽身每隔一定距离加设横肋(见图 3-11)。在布置横肋时,肋的间距 l_1 应使 H_1/l_1 及 l_2/l_1 的比值小于 2,使侧墙和底板成为双向受力的四边支承板。初拟尺寸,肋间距可按侧墙高度的 0.7~1.0 倍考虑。横肋的位置尚应与下部支承墩架的位置相协调。为保证侧墙和底板成四边固定的支承条件,侧墙顶部和底部常局部加厚,并要求顶梁、底梁与肋的刚度应大于 8 倍板的刚度,梁的厚度应大于板厚的 2 倍,肋的宽度 b 可等于侧墙厚度 t,肋厚一般为 $(2~2.5)t$。

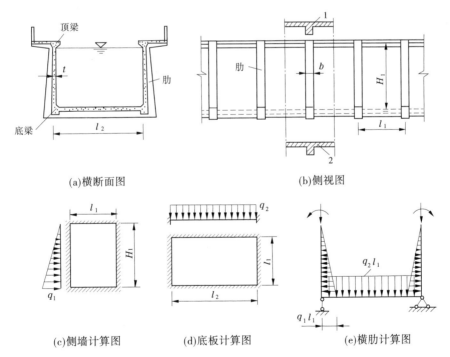

(a)横断面图　　　　　　　　　　(b)侧视图

(c)侧墙计算图　　　(d)底板计算图　　　(e)横肋计算图

1—框架立柱计算截面; 2—框架底梁计算截面。

图 3-11　无拉杆加肋矩形槽

加肋矩形槽的纵向计算与前述两种形式完全相同,横向计算的方法如下:

(1) 侧墙计算。侧墙兼作纵梁,剪应力主要由侧墙(纵梁腹板)承担,故其厚度往往由纵向抗剪强度所控制,因此须先进行纵向计算以选定厚度,然后再作横向校核。横向计算时,侧墙近似地简化为四边固定承受三角形水压力的矩形板[见图 3-11(c)],求出板中心弯矩和固定边中点弯矩。如果顶梁及人行道板的侧向刚度较小,不满足侧墙顶部形成固定端的要求,可根据顶梁及人行道板侧向刚度大小,将侧墙简化为三边固定、顶边简支或三边固定、顶边自由的双向板进行计算。

(2) 底板计算。底板近似地简化为四边固定的双向板,按承受均布荷载 q_2(满槽水时的水重加底板自重)计算内力[见图 3-11(d)]。底板及侧墙均需满足抗裂要求。

(3) 横肋计算。横肋与相连的侧墙、底板共同组成矩形敞口静定框架[见图 3-11(e)],框架立柱截面为侧肋和侧墙组成的 T 形截面,框架底梁截面为底肋和底板组成的 T 形截面,T 形截面翼缘宽度应符合规范要求。敞口框架的计算轴线可取在 T 形截面重心处或梁高一半处。横肋的计算图式与无拉杆矩形槽横向计算简图相似,所不同的是横肋承受的荷载为横肋间距 l_1 范围内的荷载。横肋内力除按满槽水情况计算外,也应计算半槽水情况下底梁的跨中截面弯矩,取两种计算结果的大者配置底梁钢筋。

(4) 人行道板计算。人行道板下如有支承横肋,根据支承横肋的间距与板的宽度的比值,按双向板(三边固定、一边自由)或单向悬臂板计算。

4) 有拉杆加肋矩形槽

为了改善肋的受力条件,减少肋内钢筋,也可采用有拉杆加肋矩形槽(见图 3-12)。此种形式槽身底板和侧墙的结构计算与无拉杆加肋矩形槽相同。横肋按有拉杆的矩形框架计算,框架立柱和底梁的截面为 T 形截面,分别由侧肋和侧墙、底肋和底板构成(侧墙和底板是肋的翼缘),T 形截面翼缘宽度应符合规范规定。横肋的结构计算图和计算方法与有拉杆矩形槽相似(见图 3-9),所不同的是肋承受的是顺槽向肋间距范围内(肋两侧各取半个肋间距)的荷载,计算公式(3-52)求出的是一根拉杆所承担的轴向力,不必再乘拉杆的间距。

5) 箱式矩形槽

横向计算时,沿槽身纵向取单位长度,槽身为一闭合框架,因结构与荷载均对称,故取一半按图 3-13 所示计算简图用力矩分配法计算内力。图 3-13 中 q_1 为顶板自重或顶板自重与人群荷载之和,q_2 为底板自重加水重。

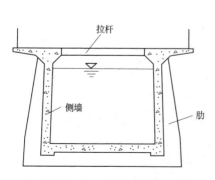

图 3-12　有拉杆加肋矩形槽

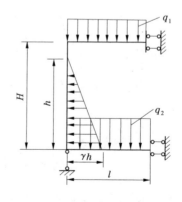

图 3-13　箱式矩形槽计算简图

2. U 形槽身

U 形槽和矩形槽相同,也沿槽长切取 1.0 m 槽身作为脱离体按平面问题求解横向内力。作用于单位长脱离体上的荷载有水重、自重、人群荷载等,这些向下的荷载与脱离体两侧横截面上的剪力差维持平衡。因结构与荷载均对称,可以取一半计算(见图 3-14)。

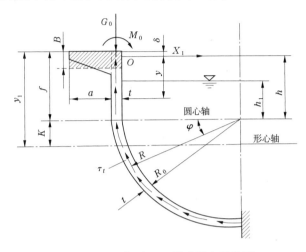

图 3-14　设拉杆的 U 形槽壳横向计算图

图 3-14 中:①G_0 为作用在槽顶的集中力(包括槽壳顶部加厚部分的自重、拉杆自重以及人行便桥传给单位槽长的荷载等),M_0 为槽顶集中力由实际位置平移到槽壳直段顶部中点计算时所产生的附加弯矩。②为了简化计算,槽壳顶部加厚部分的梯形面积用矩形面积($a \times B$)代替。③δ 为拉杆厚度的一半;f 为直段高度;K 为槽壳横截面形心轴到圆心轴的距离,K 按式(3-52)计算。④τ_t 为分布于槽壳截面上的剪力,按沿槽壳厚度中心线的切线方向作用计算;T_1 为直段顶部加大部分剪力;T_2 为加大部分以下的直段剪力;T 为直段上的总剪力:

$$T = T_1 + T_2 \tag{3-70}$$

其中:

$$T_1 = \frac{q}{I}\left(\frac{y_1 B}{2} - \frac{B^3}{6}\right)(t + a)$$

$$T_2 = \frac{q}{I}\left[t y_1\left(\frac{f^2}{2} - Bf + \frac{B^2}{2}\right) - t\left(\frac{f^3}{6} - \frac{B^2 f}{2} + \frac{B^3}{3}\right) + (t + a)\left(y_1 B - \frac{B^2}{2}\right)(f - B) \right]$$

式中:q 为每米槽壳长度内的所有荷载(包括自重、水重、人群荷载等)之和。

图 3-14 中,X_1 为"均匀化拉杆"的拉力。因拉杆的抗弯能力小,可以认为拉杆与槽壁是铰接的,故按一次超静定结构求解 X_1,然后利用静力平衡方程即可求得槽壳直段的横向弯矩 M_y、轴力 N_y 和圆弧段的横向弯矩 M_φ 和轴力 N_φ。

(1)求多余未知力 X_1。根据 O 点的水平位移为零的条件(忽略拉杆轴向力变形的影响)建立法方程式,得:

$$X_1 = -\frac{\Delta_{1p}}{\delta_{11}} = \frac{\Delta_{1G_0} + \Delta_{1M_O} + \Delta_{1h} + \Delta_{1W} + \Delta_{1\tau}}{\delta_{11}} \tag{3-71}$$

式中:δ_{11} 为 X_1 等于 1 时在 O 点引起的水平变位,Δ_{1G_0}、Δ_{1M_0}、Δ_{1h}、Δ_{1W}、$\Delta_{1\tau}$ 分别为集中力 G_0、槽壳自重、水的自重、水压力和剪应力 τ 在 O 点引起的水平变位。

δ_{11}、Δ_{1p} 和槽壳内力(M、N)的计算中将用以下各已知参数:

$$\left.\begin{array}{r} \lambda = K/R \\ \beta = h/R \\ I_t = \dfrac{1 \times t^3}{12} \end{array}\right\} \tag{3-72}$$

δ_{11} 及 Δ_{1G_0}、Δ_{1M_0}、Δ_{1h}、Δ_{1W}、$\Delta_{1\tau}$ 按下列公式计算:

$$\delta_{11} = \frac{R^3}{EI_t}(0.333\beta^3 + 1.571\beta^2 + 2\beta + 0.785) \tag{3-73}$$

$$\left.\begin{array}{l} \Delta_{1G_0} = -\dfrac{G_0 R^3}{EI_t}(0.571\beta + 0.5) \\[3mm] \Delta_{1M_0} = \dfrac{M_0 R^2}{EI_t}(0.5\beta^2 + 1.57\beta + 1) \\[3mm] \Delta_{1h} = -\dfrac{\gamma_h t R^4}{EI_t}(0.571\beta^2 + 0.929\beta + 0.393) \\[3mm] \Delta_{1W} = -\dfrac{\gamma}{EI_t}(-0.008h^5 + 0.04h^4 h_1 - 0.082h^3 h_1^2 + 0.083h^2 h_1^3) - \\[3mm] \qquad \dfrac{\gamma R}{EI_t}\big[h_1^3(0.262h + 0.167R) + h_1^2 R(0.5h + 0.393R) + \\[3mm] \qquad h_1 R_0 R(0.57h + 0.5R) + R_0^2 R(0.215h + 0.197R) \big] \\[3mm] \Delta_{1\tau} = \dfrac{1}{EI_t}\dfrac{qt}{I}R^6(0.214\beta - 0.294\lambda\beta - 0.265\lambda + 0.197) + \\[3mm] \qquad \dfrac{TR^3}{EI_t}(0.571\beta + 0.5) + \dfrac{T_1}{EI_t}\dfrac{aR^2}{2}(0.5\beta^2 + 1.57\beta + 1) \end{array}\right\} \tag{3-74}$$

式中:h_1 为圆心轴至水面高度;h 为圆心轴至拉杆中心高度;γ 为水的重度;γ_h 为钢筋混凝土的重度;E 为混凝土的弹性模量。

(2)求横向弯矩 M(以壳槽外壁受拉为正)。

①直线段:

$$\left.\begin{array}{l} M_{y \leqslant h-h_1} = M_0 + \dfrac{1}{2}aT_1 + X_1 y \\[3mm] M_{y > h-h_1} = M_0 + \dfrac{1}{2}aT_1 - \dfrac{1}{6}\gamma[y - (h - h_1)]^3 + X_1 y \end{array}\right\} \tag{3-75}$$

②圆弧段:

$$M_\varphi = M_{M_0} + M_{G_0} + M_h + M_W + M_\tau + M_{X_1} \tag{3-76}$$

式中:M_{M_0}、M_{G_0}、M_h、M_W、M_τ、M_{X_1} 分别为弯矩 M_0、集中力 G_0、水压力、槽壳自重、剪应力 τ 和多余未知力 X_1 在圆弧部分引起的弯矩,可按下列公式计算,式中 φ 值以弧度计:

$$
\left.
\begin{aligned}
M_{M_0} &= M_0 \\
M_{G_0} &= -G_0 R(1 - \cos\varphi) \\
M_h &= -\gamma_h t R^2 \Big[\frac{f}{R}(1 - \cos\varphi) + \sin\varphi - \varphi\cos\varphi \Big] \\
M_W &= -\gamma \Big[\frac{1}{2}(h_1^2 R + R R_0^2)\sin\varphi - \Big(\frac{1}{2} R R_0^2 \varphi + R R_0^2 h_1 \Big)\cos\varphi + \frac{1}{6} h_1^3 + R R_0 h_1 \Big] \\
M_\tau &= \frac{qt}{2I} R^4 \big[\sin\varphi - \varphi\cos\varphi + \lambda(\varphi^2 - \pi\varphi + 2\cos\varphi + \pi\sin\varphi - 2) \big] + TR(1 - \cos\varphi) + \frac{1}{2} a T_1 \\
M_{X_1} &= X_1(h + R\sin\varphi)
\end{aligned}
\right\}
\quad (3\text{-}77)
$$

（3）求轴向力（以受压为正）。

①直线段：

$$
\left.
\begin{aligned}
N_{y=B-\delta} &= G_0 + \gamma_h(t + a)b - T_1 \\
N_{y=f-\delta} &= G_0 + \gamma_h(tf + ab) - T
\end{aligned}
\right\}
\quad (3\text{-}78)
$$

②圆弧段：

$$
N_\varphi = N_{G_0} + N_h + N_W + N_\tau + N_{X_1}
\quad (3\text{-}79)
$$

式中：N_{G_0}、N_h、N_W、N_τ、N_{X_1} 分别为集中力 G_0、水压力、槽壳自重、剪应力 τ 和多余未知力 X_1 在圆弧段引起的轴向力，可由下式计算：

$$
\left.
\begin{aligned}
N_{G_0} &= G_0 \cos\varphi \\
N_h &= \gamma_h t R \Big(\frac{f}{R} + \varphi \Big)\cos\varphi \\
N_W &= \frac{1}{2}\gamma R_0^2 \varphi\cos\varphi - \frac{1}{2}\gamma(R_0^2 + h_1^2)\sin\varphi - \gamma h_1 R_0(1 - \cos\varphi) \\
N_\tau &= -\frac{qt}{2I} R^3 \big[\varphi\cos\varphi + (1 - \pi\lambda)\sin\varphi - 2\lambda(\cos\varphi - 1) \big] - T\cos\varphi \\
N_{X_1} &= X_1 \sin\varphi
\end{aligned}
\right\}
\quad (3\text{-}80)
$$

式中：y 为从拉杆中心向下为正量起的纵坐标；φ 为从通过圆心的水平轴量起的角度。

　　按上述方法计算时应注意，由式（3-71）算出的是"均匀化拉杆"的拉力，设拉杆的间距为 S，则一根拉杆承受的拉力为 $X_1 S$。

　　进行圆弧段内力计算时，通常每隔 15°取一计算截面（取 $\varphi = 0°$，15°，30°，…，90°）计算 M_φ 及 N_φ。内力分析表明，当槽内为设计水深和校核水深，U 形槽壳上半部一般为外侧受拉，最大正弯矩发生在 $\varphi = 30°$ 附近截面；下半部为内侧受拉，最大负弯矩发生在槽底（$\varphi = 90°$ 的截面）。因此，可根据这两个截面的内力，按偏心受拉或受压构件进行配筋与抗裂计算。需要指出的是，当槽内水深较小时（槽内水面平圆心轴或稍低）槽底会产生正弯矩，即槽壳底部外侧受拉，设计中对这一情况应进行计算，并在配筋中加以注意。槽壳横向受力筋的布置有两种方法：对于槽壁厚度大于 10 cm 通过流量较大的 U 形槽，按内、外侧控制截面求得的钢筋分别布置于内、外层（双层布筋），受力筋宜采用较小的直径并应伸入顶部加厚段内［见图 3-15（a）］；如槽身通过流量较小槽壳厚度在 10 cm 以下，横向钢筋可采用单层布筋，即是按照弯矩图形将钢筋布置在受拉一侧，槽底附近布置在内侧，槽身上部置在外侧(见图 3-16),单层布筋可节省钢筋用量,但钢筋弯扎比较困难。

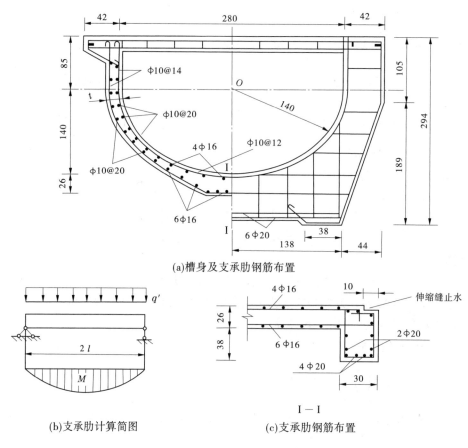

(a)槽身及支承肋钢筋布置

(b)支承肋计算简图　　　　　　(c)支承肋钢筋布置

图 3-15　U 形槽身及支承肋构造图　(单位:cm)

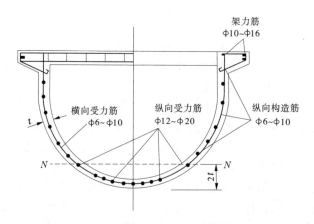

图 3-16　U 形槽身横向受力钢筋布置(单层布筋)

　　为使 U 形槽身便于支承在槽墩(或架)上,常设支承肋,对于简支梁式 U 形槽身则为端肋。支承肋上力的传递比较复杂,中小型工程中多采用以下近似计算方法。

方法一:将支承肋视为一承受均布荷载的等高简支梁,梁高取肋中部截面(最小截面)的高度,梁宽为肋的厚度,计算跨度取底部支承之间的距离,计算简图如图 3-15(b)所示。设一节槽身满槽水时的总重为 G',则梁的荷载强度 q' 为 $G'/4l$,跨中最大弯矩 $M_{\max} = q'l^2/2$,按跨中截面内力配筋,钢筋布置如图 3-15(a)、(c)所示。由于支承肋并非一等高简支梁,加之计算中未考虑顶部拉杆的作用,因此方法一是比较粗略的。

方法二:如图 3-17 所示,对于双悬臂 U 形槽[见图 3-17(a)],用距离为 l_b 的 I—I 截面和 II—II 截面分隔槽身(肋中线两侧各半个到一个拉杆间距),对于简支梁式 U 形槽[见图 3-17(b)],用到槽端距离为 l_b 的 I—I 截面分隔槽身(I—I 截面离端部拉杆中线半个到一个拉杆间距),l_b 范围内的荷载由支承肋及顶部"拉杆"所构成的框架直接承担,半跨槽身其余部分的荷载($L-l_b$ 范围内的荷载)则以截面剪力的方式作用于隔离体上,再由框架承担。肋框架的底横梁按等截面 bH_1 计算,竖杆按等截面 bH_2 计算($H_2 = a + t$),拉杆与竖杆之间按铰接考虑。框架竖杆承受 l_b 长度范围的水平水压力,并计算到底横梁的中线位置,水压力强度 q_1 为

$$q_1 = \gamma H l_b \tag{3-81}$$

设 1.0 m 槽身长的荷载为 q(按满槽水计算到拉杆中心)、支承肋自重为 G_b,假定 $l_b q + G_b$ 沿长度为 $2l$ 的框架底横梁呈均匀分布,其强度 q'_2 为

$$q'_2 = (l_b q + G_b)/2l \tag{3-82}$$

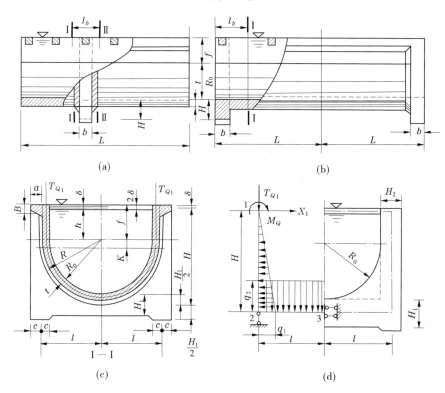

图 3-17　U 形槽支承肋计算图

作用于隔离体截面上的剪力 Q 近似按梁截面剪力的分布规律计算,分布在槽壳截面图[见图 3-17(c)]中的斜影面,重心轴以上部分(包括槽顶加大面积 aB)的剪力铅直分量为 T_{Q1} ,并假定 T_{Q1} 作用在直线段截面中心线上,对竖杆中线位置所产生的力矩为 M_Q ;分布在槽壳截面重心轴以下部分的剪力铅直分量 T_{Q2} ,并假定 T_{Q2} 沿长度为 $2l$ 的框架底横梁呈均匀分布,其强度为 q''_2 。令 $K/R = \lambda$,以上各值按下列公式计算:

$$Q = q(L - l_b) \tag{3-83}$$

$$T_{Q1} = \frac{1}{2}(Q - T_{Q2}) \tag{3-84}$$

$$T_{Q2} = Q\frac{tR^3}{I}\left[(0.5 + \lambda^2)\pi - 3\lambda\sqrt{1 - \lambda^2} - (1 + 2\lambda^2)\sin^{-1}\lambda \right] \tag{3-85}$$

$$q''_2 = T_{Q2}/2l \tag{3-86}$$

$$M_Q = T_{Q1}(a + 0.5t - c) \tag{3-87}$$

式(3-85)中,反三角函数 $\sin^{-1}\lambda$ 以弧度计。求得 q'_2 及 q''_2 后,框架底横梁的均布荷载 q_2 为

$$q_2 = q'_2 + q''_2 \tag{3-88}$$

根据以上考虑与假定便得到图 3-17(d) 所示的计算简图,图中 X_1 为"拉杆"轴力(以拉力为正,计算结果为负时则为压杆),按一次超静定结构求解,不计弹性压缩及剪切变形对变位的影响,X_1 计算公式为

$$X_1 = \frac{1}{H}\left[\frac{1}{6}q_1H^2 - M_Q - \left(\frac{M_Q}{2} + \frac{1}{15}q_1H^2\right)\mu_{23} - \frac{1}{3}q_2l^2\mu_{21} \right] \tag{3-89}$$

$$\left.\begin{array}{l} \mu_{23} = \dfrac{I_{23}}{l} \Big/ \left(\dfrac{3I_{21}}{H} + \dfrac{I_{23}}{l} \right) \\[3mm] \mu_{21} = \dfrac{3I_{21}}{H} \Big/ \left(\dfrac{3I_{21}}{H} + \dfrac{I_{23}}{l} \right) \end{array}\right\} \tag{3-90}$$

$$\left.\begin{array}{l} I_{23} = \dfrac{1}{12}bH_1^3 \\[3mm] I_{21} = \dfrac{1}{12}bH_2^3 \end{array}\right\} \tag{3-91}$$

支承肋底横梁跨中截面的轴力 N_l(以拉力为正)和弯矩 M_{32}(以下缘受拉为正)按下式计算:

$$N_l = \frac{1}{2}q_1H - X_1 \tag{3-92}$$

$$M_{32} = X_1H + M_Q - \frac{1}{6}q_1H^2 + \frac{1}{2}q_2l^2 \tag{3-93}$$

求得 N_l 及 M_{32} 后,即可计算支承肋底梁跨中截面所需钢筋用量。

3.4.2 槽墩和槽架的结构计算

槽墩和槽架所受的荷载中,除恒载外其他各项荷载的数值是变化的,且不一定同时发生,计算时一般应考虑以下几种情况:①槽中为设计水深加横向风压力;②空槽加横向风压力;③槽中为满槽水、无风;④施工过程中相邻孔荷载不对称作用时。位于河道中的槽墩和槽架,应计入横向动水压力和漂浮物的撞击力。根据各渡槽的情况,必要时还应考虑其他可能发生的不利的荷载组合。

3.4.2.1 槽墩的计算

1. 重力式墩身强度验算

对于较矮的重力式槽墩,通常只验算墩身与基础的接合面和墩身的突变处截面。当槽墩较高时,须沿墩身竖向每隔 2~3 m 验算一个截面。重力式槽墩主要用圬工材料建造,圬工结构的设计理论有容许应力法和极限状态法,目前,《铁路桥涵设计规范》(TB 10002—2017)采用容许应力法,《公路桥涵设计基本规范》采用极限状态法。以下所述重力式槽墩截面强度验算,是按《公路砖石及混凝土桥涵设计规范》(JTJ 022—1985)中的有关公式进行计算的,如果不能满足要求,则应修改墩身截面尺寸重新验算。

墩身正截面强度按下式计算:

$$N_j \leqslant \alpha A R_a^i / \gamma_m \tag{3-94}$$

式中:N_j 为各种组合中最不利的设计荷载效应(竖向压力),$N_j = \gamma_{s0}\psi \sum \gamma_{s1} N$,其中 N 为荷载在结构上产生的效应(竖向力),γ_{s0} 为结构的重要性系数(当计算跨径 $l < 50$ m 时,$\gamma_{s0} = 1.00$;当 50 m $\leqslant l \leqslant 100$ m 时,$\gamma_{s0} = 1.03$;当 $l > 100$ m 时,$\gamma_{s0} = 1.05$),γ_{s1} 为荷载安全系数[对于结构自重 $\gamma_{s1} = 1.2~0.9$(当自重作用效应对结构有利时取小值),对于其他荷载 $\gamma_{s1} = 1.4$,或参考《水工建筑物荷载设计规范》(DL 5077—1997)采用],ψ 为荷载组合系数,对基本可变荷载(人群荷载)和永久荷载(结构重力、土的重力及土侧压力、混凝土收缩及徐变影响力、基础变位影响力、水的浮力)的一种或几种相组合 $\psi = 1.0$,如再计入其他可变荷载(风力、流水压力、冰压力、温度影响力等)$\psi = 0.8$;A 为验算截面的面积;R_a^i 为材料的抗压极限强度;γ_m 为材料或砌体的安全系数,按表3-15采用;α 为竖向力的偏心影响系数,按下式计算:

$$\alpha = \frac{1 - \left(\dfrac{e_0}{y}\right)^m}{1 + \left(\dfrac{e_0}{\gamma_w}\right)^2} \tag{3-95}$$

式中:e_0 为竖向力的偏心距,$e_0 = \sum M / \sum N$;y 为截面重心至偏心方向截面边缘的距离;γ_w 为在弯曲平面内截面的回转半径;m 为截面形状系数(对圆形截面取 2.5,T 形截面取 3.5,箱形或矩形截面取 8)。

表 3-15　γ_m 值

砌体种类	受力情况	
	受压	受弯、受拉和受剪
石料	1.85	2.31
片石砌体、片石混凝土砌体	2.31	2.31
块石砌体、粗料石砌体、混凝土预制块砌体、砖砌体	1.92	2.31
混凝土	1.54	2.31

为防止圬工结构裂缝开展过大而影响耐久性,并保证结构有足够的稳定性,当槽墩承受偏心受压荷载时,其偏心距 e_0 不得超过容许值,即 $e_0 \leq 0.5y$。如荷载组合中考虑了水的浮力或基础变位影响力,容许偏心距按 $e_0 \leq 0.6y$ 采用。如偏心距 e_0 超过容许值,则需按下式计算确定截面尺寸:

$$N_j = \frac{AR_{\omega l}^{j}}{\left(\dfrac{Ae_0}{W} - 1\right)\gamma_m} \tag{3-96}$$

式中:$R_{\omega l}^{j}$ 为受拉边边层的弯曲抗拉极限强度;W 为截面受拉边缘的弹性抵抗矩;其他符号意义同前。

重力式边槽墩(也称槽台)的强度、偏心距验算与重力式槽墩相似,只做顺槽方向的验算。槽台与槽墩不同之处在于槽台要承受台后填土的侧向压力,而且这种侧向土压力对槽台尺寸的确定影响很大。进行槽台强度验算时需根据槽台的形状和尺寸,按独立挡土墙或 U 形槽台计算。按照有关规定,如 U 形槽台两侧墙宽度不小于同一水平截面前墙全长的 40%,可按 U 形整体截面验算截面强度,否则 U 形槽台的前墙应按独立挡土墙计算。

2. 墩帽局部承压计算

槽身搁置于墩帽上,墩帽是槽墩顶端的传力部分,它通过支座承托着槽身,并将槽身传来的集中力比较均匀地传递到墩身。为此,应验算墩帽的局部承压强度,并通过验算决定支座的平面尺寸。墩帽的局部承压强度可按《公路桥涵设计通用规范》(JTG D60—2015)的相关公式进行计算。

小型渡槽由于槽身荷载相对较小,墩帽常用混凝土做成。对于素混凝土墩帽,局部承压时按下式计算:

$$N_c \leq \beta A_c R_a^{j}/\gamma_m \tag{3-97}$$

$$\beta = \sqrt{\frac{A_d}{A_c}} \tag{3-98}$$

式中:N_c 为局部承压时各种组合中最不利的设计荷载效应(竖向压力),参照式(3-94)计算;A_c 为局部承压面积;β 为局部承压时混凝土抗压极限强度 R_a^{j} 的提高系数;A_d 为局部

承压时的计算底面积,可根据局部受压面积与计算底面积同心对称的原则确定,按图 3-18
取用;γ_m 意义与式(3-94)相同,按表 3-16 采用。

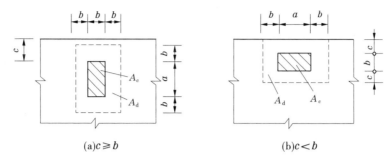

(a)$c \geqslant b$ 　　　　　　　　　　　　　(b)$c < b$

a—矩形局部承压面积的长边边长;b—矩形局部承压面积的短边边长;
c—矩形局部承压面积边缘至构件边缘的最小距离。

图 3-18　局部承压时计算底面积 A_d 示意图

当渡槽槽墩承受的荷载较大时,为防止墩帽产生裂缝,在墩帽放置支座的部位应布置
一层或多层钢筋网,图 3-19 为某渡槽的墩帽构造。

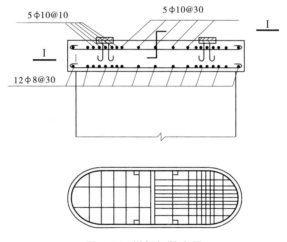

图 3-19　墩帽钢筋布置

对于上述配置了间接钢筋的墩帽,局部承压强度按下式计算:

$$N_c \leqslant 0.6(\beta R_a + 2\mu_t \beta_{he}^2 R_g) A_c \qquad (3-99)$$

$$\beta_{he} = \sqrt{\frac{A_{he}}{A_c}} \qquad (3-100)$$

$$\mu_t = \frac{n_1 a_{j1} l_1 + n_2 a_{j2} l_2}{l_1 l_2 s} \qquad (3-101)$$

式中:N_c 为局部承压时的竖向压力;A_c 为局部承压面积(考虑在垫板中沿 45°刚性角所扩
大的面积);β_{he} 为配置间接钢筋时局部承压强度提高系数;A_{he} 为包罗在钢筋网范围以内
的混凝土核心面积,其重心应与 A_c 的重心相重合;R_g 为间接钢筋抗拉设计强度;μ_t 为间
接钢筋的体积配筋率(核心范围内单位混凝土体积所包含的间接钢筋体积);n_1、a_{j1} 为钢筋

网沿 l_1 方向的钢筋根数及单根钢筋的截面面积;n_2、a_{j2} 为钢筋网沿 l_2 方向的钢筋根数及单根钢筋的截面面积;s 为钢筋网的间距;R_a 为混凝土抗压设计强度;β 意义与式(3-98)相同。

需要注意的是:式(3-99)等号右边由第二项算得的数值不应超过第一项的50%。

3.4.2.2　单排架的结构计算

单排架是由两根铅直肢柱(立柱)与横梁组成的单跨多层平面刚架,刚架平面置于横槽向。双排架是由四根铅直肢柱与横梁组成的空间刚架,当承受横槽向及顺槽向荷载作用时,可在横槽向及顺槽向分解为单排架来计算,因此仅介绍单排架的结构计算。

图 3-20 为单排架结构计算图,按图所示条件计算内力和配置钢筋,并验算顺槽向单柱的稳定性。对于高而窄的单排架,可按格形直杆验算排架平面内的稳定性,验算条件是满槽水加人群荷载。

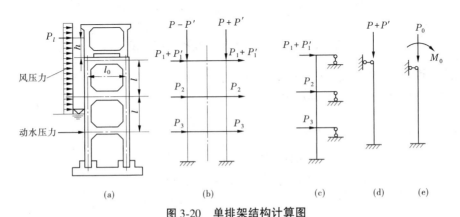

图 3-20　单排架结构计算图

作用于排架的铅直荷载有:①槽身重力及槽内水重力 P;②槽身在横向风压力 P_l 作用下通过支座传给肢柱的轴向拉力和压力 P'($P' = P_l h/l_0$);③排架重力,计算时将排架重力化为节点荷载,每一节点荷载等于相邻上半柱和下半柱重力以及横梁重力之半的总和。作用于排架的水平荷载有:①通过摩阻作用传至肢柱顶部的槽身横向风压力 P_1',近似按 $P_1' = P_l/2$ 计算;②作用于排架立柱上的横向风压力或动水压力等(P_i,$i = 1, 2, \cdots$)。漂浮物的撞击力可移至邻近的节点上。

铅直向节点荷载只使肢柱产生轴向力。水平向节点荷载是反对称的[见图 3-20(b)],但结构是对称的,可取一半按图 3-20(c)用"无切力分配法"计算排架内力。也可用杆系有限元法计算。满槽水加横向荷载条件下,背风面肢柱承受的轴向压力最大,应分别对横槽向及顺槽向进行计算,横槽向按排架内力计算成果配置受力钢筋,顺槽向[见图 3-20(d)]按单柱并考虑纵向弯曲影响进行承载能力验算。空槽加横向荷载条件下,迎风面肢柱的轴向压力最小,按横槽向内力计算成果配置受力钢筋。因风向是可以改变的,所以两肢柱实际配置的受力钢筋,应按迎风面肢柱和背风面肢柱计算成果中之大者进行配置。图 3-20(e)为槽身吊装时排架顺槽向的计算简图,P_0 为柱顶铅直荷载;M_0 为两侧荷载不对称而产生的力矩。如排架采用吊装法施工,还应根据吊装方法验算排架柱起吊时(考虑动荷作用,将重力乘以 1.1~1.3 的动荷系数)的强度。图 3-21 为排架(或单柱)单吊点起吊时的计算简图,q 为肢柱重力;P_i 为横梁重力(均考虑动荷作用)。如按上述应用情况配置的钢筋不满足施工要求时,应采取措施,如改变吊装方案等,以免因施工原因而增加配筋量。

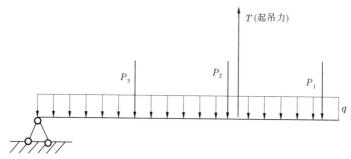

图 3-21 排架单吊点起吊计算简图

对于高度较大的单排架,应采用多点起吊,并使起吊时排架任何位置的弯矩不超过该位置排架的抗弯能力。为此目的,对于吊点数目及其位置、吊索长度、各吊点位置的吊索与吊件轴线之间的夹角、转向轮和滑轮组的运用、一个吊钩上的吊索集中方式以及采用一个吊钩起吊还是两个吊钩抬吊等,均需合理选定并反复计算和调整才能获得满意的结果。此外,还需选定控制平稳移动、转动和就位的方法,并核算整个吊装过程中各种不利条件下吊件的受力状态。排架结构计算时,基础对排架的约束条件根据排架柱与基础的接头构造可采用固结或铰接计算。运用时期顺槽向的单柱计算,考虑槽身对肢柱起一定的约束作用,在决定纵向弯曲系数时,柱顶可按铰接端考虑。如约束作用很小或不可靠,则应按自由端考虑。

3.4.2.3 A 形排架的结构计算

A 形排架可顺槽向布置,也可横槽向布置。顺渡槽水流方向布置(见图 3-22)时,因横向风压力等水平荷载是按垂直渡槽水流方向计算的,顺槽向的 A 形架不起作用,实际由横槽向的双排架承担,故只需计算横槽向的双排架。计算时,可将 A 形架分为两半而成为两个横槽向的单排架,因斜柱倾斜度不大,故可近似按铅直计算。顶横梁也各分一半,然后按单排架计算在铅直及水平荷载作用下的内力。

横槽向的 A 形排架(见图 3-23)是结构对称的 A 形空腹刚架,刚架平面为铅直面,搁置于其上的槽身结构也是对称布置的。当排架高度及槽身荷载均较大时,为了满足顺槽向的稳定要求,可以采用两片铅直布置的双 A 形架,这时,因水平向荷载是按横槽向计算的,故可将此双 A 形架分解为两片单 A 形架计算。横槽向 A 形架的荷载包括铅直和水平两个方向,计算时,将铅直和水平向的荷载分开,分别计算 A 形架的内力,然后叠加而得实际内力。

A 形架的铅直荷载有顶部槽身重力和槽中水重力(按空槽及满槽水两种情况计算)$2W$[见图 3-23(a)]及 A 形架重力 G。W 作用于架顶结点上,重力 G 按结点荷载计算,例如,图 3-23(b)中的 G_A 即为集中于 A 结点的各杆重力和的一半。对于图 3-23(b)所示的情况,当不计各杆轴向弹性压缩对结构变形的影响时,各杆只产生轴力 N(以压力为正),弯矩和剪力均等于零。在图 3-23 中,称横梁为腹杆,斜柱为弦杆。任一腹杆 AA' 的轴力 $N_{AA'}$(顶部腹杆为 $N_{nn'}$)和任一弦杆 $A(A-1)$ 的轴力 $N_{A(A-1)}$ 可按下列各式计算:

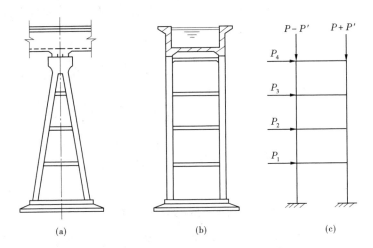

图 3-22　顺槽向 A 形架的布置与计算图

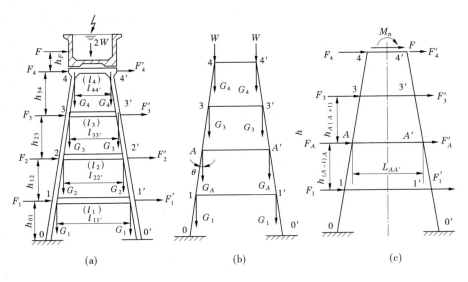

图 3-23　槽横向 A 形架计算图

$$
\left.\begin{array}{l}
N_{nn'} = (W + G_n)\tan\theta \\
N_{AA'} = G_A\tan\theta
\end{array}\right\}
\tag{3-102}
$$

式中：$A = 1, 2, \cdots, n-1$。

$$
N_{A(A-1)} = \left(W + \sum_{i=A}^{n} G_i\right)/\cos\theta
\tag{3-103}
$$

式中：θ 为斜柱中线与铅直线的夹角。

A 形架的水平向荷载有：通过摩阻作用传到架顶的槽身横向风压力[见图 3-23(c)]（在计算 nn' 顶横梁的轴力时，n 及 n' 二端各按 $F/2$ 计算）；槽身横向风压力对架顶高程所产生的力矩 M_n（$M_n = Fh_F$）；迎风面斜柱结点上的水平荷载 F_A（根据荷载组合情况计算，包括横向风压力、动水压力及漂浮物的撞击力等,为简化计算,将结点上、下各半节斜柱上的分布荷载集中置于结点上)和背风面斜柱结点上的水平荷载 F'_A(包括横向风压力或动水压力等)。对称 A 形空腹刚架在这种荷载(向左为正)作用下的内力,可采用"调整分配法(力矩的分配计算则采用一次分配法)"计算,计算步骤及具体方法如下。

(1)先在各腹杆上加刚度为无限大的附加刚片,再将荷载作用于刚架上,然后按下列公式计算各弦杆的刚腹端弯矩 M_F。

$$\left.\begin{aligned}
M_{FA(A-1)} &= \frac{2 + n_{A(A-1)}}{4(1 + n_{A(A-1)} + n^2_{A(A-1)})}(M_A - n_{A(A-1)}M_{(A-1)}) \\
M_{F(A-1)A} &= \frac{-(2 + n_{(A-1)A})}{4(1 + n_{(A-1)A} + n^2_{(A-1)A})}(M_{(A-1)} - n_{(A-1)A}M_A)
\end{aligned}\right\} \quad (3\text{-}104)$$

$$\left.\begin{aligned}
n_{A(A-1)} &= l_{AA'}/l_{(A-1)(A-1)'} \\
n_{(A-1)A} &= l_{(A-1)(A-1)'}/l_{AA'}
\end{aligned}\right\} \quad (3\text{-}105)$$

$$\left.\begin{aligned}
M_A &= M_{A+1} + P_{A+1}h_{A(A+1)} \\
M_{(A-1)} &= M_A + P_A h_{(A-1)A}
\end{aligned}\right\} \quad (3\text{-}106)$$

$$P_A = F + \sum_{i=A}^{n}(F_i + F'_i) \quad (3\text{-}107)$$

利用式(3-104)~式(3-107),取 $A = 1, 2, \cdots, n$,便可求得所有弦杆的刚腹端弯矩 M_F(以顺时针转为正)。

(2)做好否定附加刚片的以下各项准备工作:

①按下列公式计算各杆的调整抗弯劲度 K 及调整传递系数 C。

$$\left.\begin{aligned}
K_{A(A-1)} &= \frac{3n^2_{A(A-1)}}{1 + n_{A(A-1)} + n^2_{A(A-1)}}i_{A(A-1)} \\
K_{(A-1)A} &= \frac{3n^2_{(A-1)A}}{1 + n_{(A-1)A} + n^2_{(A-1)A}}i_{A(A-1)}
\end{aligned}\right\} \quad (3\text{-}108)$$

$$K_{AA'} = 6i_{AA'} \quad (3\text{-}109)$$

$$\left.\begin{aligned}
C_{A(A-1)} &= -1/n_{A(A-1)} = -n_{(A-1)A} \\
C_{(A-1)A} &= -1/n_{(A-1)A} = -n_{A(A-1)}
\end{aligned}\right\} \quad (3\text{-}110)$$

$$C_{AA'} = 0 \quad (3\text{-}111)$$

各杆的 i 值(线刚度,$i = EI/l$,I 为截面惯性矩,l 为杆长,E 为材料弹性模量),计算时可采用相对值。n 值按式(3-105)计算。

②计算各结点 $A(A = 1, 2, \cdots, n)$ 的分配系数 μ 及各杆的修正抗弯劲度 K' 和修正传递系数 C'。否定附加刚片采用一次分配法进行计算,并按 11',22',否定附加,nn' 的次序由下向上相继否定,已否定了的附加刚片就不再加上,一次否定完毕不再反复否定。配合采用一次分配法的这种否定次序,对于分配系数 μ,计算时除 10 杆端外的所有弦杆上杆端均需采用修正抗弯劲度 K',其余各杆的杆端仍采用调整抗弯劲度 K。对于传递系数,除 C_{10} 外所有弦杆从上杆端到下杆端的向下传递系数均需采用修正传递系数 $C'_{A(A-1)}$,向上及

左右传递仍采用调整传递系数。但应注意,因 $C_{AA'} = C_{A'A} = 0$,故 A 形架右边各结点不必进行计算,只计算左边即可。因此,μ、K' 和 C' 需按下列公式和次序计算:

结点 1:

$$\left.\begin{array}{l} \mu_{10} = \dfrac{K_{10}}{K_{10} + K_{11'} + K_{12}} \\[3mm] \mu_{11'} = \dfrac{K_{11'}}{K_{10} + K_{11'} + K_{12}} \\[3mm] \mu_{12} = \dfrac{K_{12}}{K_{10} + K_{11'} + K_{12}} \\[3mm] \lambda_{21} = 1 - \mu_{12} \\[2mm] K'_{21} = K_{21}\lambda_{21} \\[2mm] C'_{21} = \dfrac{C_{21}}{\lambda_{21}} \end{array}\right\} \tag{3-112}$$

节点 $A(A = 2,3,\cdots,n)$:

$$\left.\begin{array}{l} \mu_{A(A-1)} = \dfrac{K'_{A(A-1)}}{K'_{A(A-1)} + K_{AA'} + K_{A(A+1)}} \\[3mm] \mu_{AA'} = \dfrac{K_{AA'}}{K'_{A(A-1)} + K_{AA'} + K_{A(A+1)}} \\[3mm] \mu_{A(A+1)} = \dfrac{K_{A(A+1)}}{K'_{A(A-1)} + K_{AA'} + K_{A(A+1)}} \\[3mm] \lambda_{A(A+1)} = 1 - \mu_{A(A+1)} \\[2mm] K'_{(A+1)A} = K_{(A+1)A}\lambda_{(A+1)A} \\[2mm] C'_{(A+1)A} = C_{(A+1)A}/\lambda_{(A+1)A} \end{array}\right\} \tag{3-113}$$

(3)依次否定附加刚片、计算杆端弯矩,采用一次分配法计算。其主要步骤是:先将已算好的 μ、C、C' 和刚腹端弯矩 M_F 填入计算表中,然后按 $11', 22', \cdots, nn'$ 的次序否定各附加刚片,并在否定 AA' 附加刚片时计算由杆端 $A(A+1)$ 向上传到杆端 $(A+1)A$ 的传递弯矩 $M_{\overline{F(A+1)A}}$,将计算值填入计算表中相应栏内。$M_{\overline{F(A+1)A}}$ 按下式计算:

$$M_{\overline{F(A+1)A}} = -(M_{FA(A-1)} + M_{\overline{FA(A-1)}} + M_{FA(A+1)})\mu_{A(A+1)}C_{A(A+1)} \tag{3-114}$$

在否定最上端 nn' 附加刚片时,计算结点 n 的各杆端分配弯矩 $\overline{M}_{nn'}$ 及 $\overline{M}_{n(n-1)}$(图 3-23 中 $n=4$)

$$\left.\begin{array}{l} \overline{M}_{nn'} = -(M_{Fn(n-1)} + M_{\overline{Fn(n-1)}})\mu_{nn'} \\[2mm] \overline{M}_{n(n-1)} = -(M_{Fn(n-1)} + M_{\overline{Fn(n-1)}})\mu_{n(n-1)} \end{array}\right\} \tag{3-115}$$

最后,按下列各式进行由弦杆的上端向下杆端的传递计算(n 结点的分配弯矩 $\overline{M}_{nn'}$ 及 $\overline{M}_{n(n-1)}$ 已求出):

$$M_{\overline{A(A+1)}} = \overline{M}_{(A+1)A} C'_{(A+1)A}$$

$$\overline{M}_{A(A+1)} = -\left(M_{\overline{A(A+1)}} + M_{FA(A+1)} + M_{FA(A-1)} + M_{\overline{FA(A-1)}}\right)\mu_{A(A+1)}$$

$$\overline{M}_{AA'} = -\left(M_{\overline{A(A+1)}} + M_{FA(A+1)} + M_{FA(A-1)} + M_{\overline{FA(A-1)}}\right)\mu_{AA'}$$

$$\overline{M}_{A(A-1)} = -\left(M_{\overline{A(A+1)}} + M_{FA(A+1)} + M_{FA(A-1)} + M_{\overline{FA(A-1)}}\right)\mu_{A(A-1)}$$

$$M_{\overline{(A-1)A}} = \overline{M}_{A(A-1)} C'_{A(A-1)}$$

$$\left. \right\} \qquad (3\text{-}116)$$

利用上列公式,依次取 $A = n-1, n-2, \cdots, 1$ 进行计算,便得出所有结果。将各杆端刚腹端弯矩(M_F)、传递弯矩($M_{\overline{FA(A-1)}}$ 或 $M_{\overline{FA(A+1)}}$)及分配弯矩(M_F)相加,便得到所有杆端弯矩,即 A 形架在水平结点荷载作用下的实际杆端弯矩。若某一杆端弯矩的计算结果是正号,则其方向为顺时针转,是负号则为逆时针转。最后还需注意,如果否定附加刚片采用从上向下按 $nn', (n-1)(n-1)', \cdots, 11'$ 的次序相继否定时,则 μ、K' 及 C' 的计算公式均需改变。

在水平向节点荷载作用下,A 形架左边各结点处的杆端弯矩求出后,右边各结点处与左边相对应的杆端弯矩是相等的(大小相等,方向相同而是反对称关系),故右边各结点处的杆端弯矩也就相应可得了。A 形架所有杆端弯矩求得后,即可取各杆为脱离体,由力矩平衡条件计算杆端剪力。所有杆端剪力求出后,将其反向作用于各结点上,与各结点上的水平荷载一起,按 $n, n-1, \cdots, 1$ 及 $n', (n-1)', \cdots, 1'$ 的次序,根据力的平衡条件(注意:斜柱并不是铅直的)计算各杆的轴力(注意:由结点力的平衡条件求出的是各杆轴力的反向值)。将铅直向荷载作用下的各杆内力与水平向荷载作用下的各杆内力相加,便得到 A 形架内力计算的最后成果。

3.4.2.4　实例:渡槽排架结构的复核

1. 基本资料

在一座中型水库向灌区输水的干渠上,建有一座跨越一洼地的简支梁式渡槽。渡槽设计流量 $Q_0 = 10 \text{ m}^3/\text{s}$,加大流量 $Q_m = 11.9 \text{ m}^3/\text{s}$。渡槽为 3 级建筑物。其布置及结构尺寸如下。

槽身:采用 U 形钢筋混凝土结构,槽身横断面结构尺寸见图 3-24。槽壳直段高 $f = 0.94 \text{ m}$,内半径 $R_0 = 1.4 \text{ m}$,厚度 $t = 0.12 \text{ m}$。槽端设支承肋,肋厚 0.3 m。槽壳从端肋向外伸出 0.1 m 以便设止水。槽身端肋间净距 $l = 10.20 \text{ m}$,一节槽身总长度 $L_j = 10.20 + 0.3 \times 2 + 0.2 = 11.00 (\text{m})$。每节槽身设拉杆 8 根,其间距 $S = 1.5 \text{ m}$,截面高 0.2 m、宽 0.15 m。槽顶栏杆柱截面面积为 $0.12 \times 0.12 (\text{m}^2)$,栏杆纵杆截面面积为 $0.1 \times 0.08 (\text{m}^2)$。其余尺寸见图 3-24。

排架:由于渡槽高度不大,故均采用单排架支承,排架间距 $L_p = 11.00 + 0.06 = 11.06 (\text{m})$,最大排架高度 12.20 m,基础为板基。最大高度排架的结构尺寸见图 3-25。

作用于槽身、排架上的荷载主要有结构自重、槽中水重、槽顶人群荷载及槽身与排架上的风荷载。计算中,取钢筋混凝土的容重 $\gamma_h = 25 \text{ kN/m}^3$,水的重度 $\gamma = 10 \text{ kN/m}^3$,槽顶人群荷载按 2 kN/m² 计算。渡槽所在位置的最大风速按 9 级,取 $v = 24 \text{ m/s}$。

试计算排架的内力和复核其配筋,即进行承载力的复核。

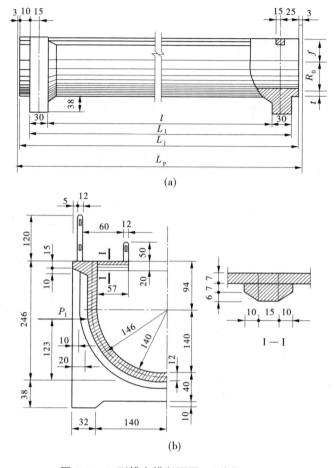

(a)

(b)

图 3-24　U 形槽身横断面图　(单位:cm)

2. 荷载计算

作用于排架上的荷载:槽身自重、槽内水重、槽顶人群荷载、槽身及排架深度风荷载等。

荷载计算公式:

$$S=\gamma_0\varphi(\gamma_G G_k+\gamma_Q Q_k)$$

式中:γ_0 为结构重要性系数,建筑物为 3 级,其对应安全级别为 Ⅱ 级,故 $\gamma_0=1.0$;φ 为设计状况系数,本例为持久设计状况,取 $\varphi=1.05$;γ_G 为永久荷载分项系数,取 1.05;γ_Q 为可变荷载分项系数,取 1.20。

1) 槽身自重

槽壳自重:$G_z=[(3.141\ 6×1.46+2×0.94)×0.12+2×0.2×0.2]×11×2.5×9.81×1.05$

$=242.48(kN)$

槽顶结构重:$G_d=$ 拉杆重+承托重+桥面板重+栏杆柱重+栏杆纵杆重

$=0.2×0.15×2.8×8+0.1×0.1×0.57×32+0.07×0.57×$

$(1.5-0.15)×14+0.07×0.57×0.35×2+0.12^2×$

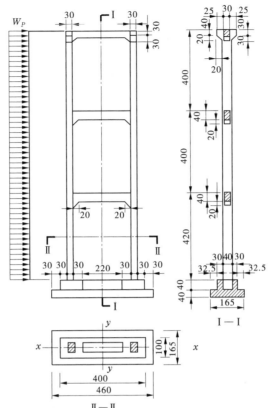

图 3-25　**渡槽排架结构布置图**　（单位:cm）

$$[(1.2+0.5)\times16+0.1\times0.08\times(1.5-0.12)\times42]\times2.5\times9.81\times1.05$$
$$=14.66(\text{kN})$$

端肋重:$2G_1=[2\times(1.4+0.32)\times(2.46+0.38)\times0.3+0.5\times0.1\times0.1\times(3.141\ 6\times$
$$1.55+2\times0.71)-0.1\times0.27\times0.3-2\times0.2^2\times0.3-(3.141\ 6\times1.52^2\times$$
$$0.5+0.94\times3.04)\times0.3]\times2\times2.5\times9.81\times1.05$$
$$=64.26(\text{kN})$$

槽身自重:$N_2=242.48+14.66+64.26=321.40(\text{kN})$

2) 满槽水重
$$N_1=1\times(3.141\ 6\times1.4^2\times0.5+2.8\times0.84)\times11.06\times9.81\times1.20$$
$$=707.08(\text{kN})$$

满槽水重 + 槽身自重 $=321.40+707.08=1\ 028.48(\text{kN})$

3) 人群荷载

槽顶人群重:$N_3=0.2\times0.6\times2\times11\times9.81\times1.20=31.08(\text{kN})$

4) 排架重
$$N_4=[0.26\times0.40\times12.2\times2\times2.5+0.5\times(0.3+0.6)\times0.3\times$$
$$0.26\times4\times2.5+(2.86\times0.6-2.66\times0.2)\times0.26\times3\times2.5]\times$$
$$9.81\times1.05$$

$$= 92.74(\text{kN})$$

5) 风荷载

横向风压力可按下式计算

槽身：

$$W_c = KK_z\beta W_0 \qquad\qquad (3\text{-}117)$$

排架：

$$W_P = (1+\eta)KK_z\beta_z W_0 \qquad\qquad (3\text{-}118)$$

式中：K 为风载体形系数，与建筑物的体形、尺度等有关，矩形槽身可取 $1.2 \sim 1.3$（空槽取小值，满槽取大值），U 形槽身可取 $0.8 \sim 0.9$（直段高度大时取大值），圆管形断面可取 0.7，本例 U 形槽身因直段高度较大，取体形系数 $K = 0.9$，对于排架，取 $K = 1.3$；K_z 为风压高度变化系数，可按表 3-16 采用，本例中，槽身距地面高度 13.80 m，由表 3-16 近似取风压高度系数 $K_z = 1.15$，排架迎风面形心高度约 6.1 m，近似取 $K_z = 0.8$；η 为排架前柱对后柱的挡风系数，因排架立柱净距与立柱迎风面宽度之比为 $2.86/0.40 = 7.15$，当此比值大于或等于 10 时，不计前柱对后柱的挡风作用，即 $\eta = 1.0$，此处比值 $7.15 < 10$，η 值在 $0.2 \sim 10$ 之间变化，本例比值为 7.15，故近似取 $\eta = 0.53$；β_z 为风振系数，对较高的排架式渡槽，如果其基本自振周期 $T > 0.5$ s，可根据建筑物结构的类别及基本自振周期按表 3-3 采用；W_0 为基本风压强度。

表 3-16　风压高度变化系数 K_z

离地面高度/m	≤2	5	10	15	20	30	40	50	60	70	80	90
K_z	0.52	0.78	1.00	1.15	1.25	1.41	1.54	1.63	1.71	1.78	1.84	1.90

基本风压：

$$W_0 = \frac{v^2}{16} \times \frac{9.81}{1\,000} = \frac{24^2 \times 9.81}{16\,000} = 0.353(\text{kN/m}^2)$$

作用于槽身、排架上的横向风压力分别为

$$W_c = KK_z\beta W_0\gamma_Q = 0.9 \times 1.15 \times 1 \times 0.353 \times 1.20 = 0.438(\text{kN/m}^2)$$

$$W_P = (1+\eta)KK_z\beta W_0\gamma_Q = (1+0.53) \times 1.3 \times 0.8 \times 1 \times 0.353 \times 1.20$$
$$= 0.674(\text{kN/m}^2)$$

作用于整个槽身上的横向风压力为

$$P_c = 0.438 \times 2.46 \times 11.06 = 11.92(\text{kN})$$

渡槽的自振周期 $T(\text{s})$ 按下式计算：

$$T = 3.63\sqrt{\frac{H^3 G_0}{EIg}} \qquad\qquad (3\text{-}119)$$

式中：H 为槽身高度，取 1 380 cm；G_0 为作用于排架顶部的槽身重（槽中有水时应计入水重），$G_0 = 353\,900 + 707\,080 = 1\,060\,980(\text{N})$；$E$ 为排架材料的弹性模量，285 000 kg/cm^2 = 2 795 850 N/cm^2；I 为排架截面的惯性矩，$(40 \times 30^3/12 + 40 \times 30 \times 155^2) \times 2 = 5.784 \times 10^7$ (cm^4)。

则渡槽的自振周期：

$$T = 3.63\sqrt{\frac{1\,380^3 \times 1\,060\,980}{2\,795\,850 \times 5.784 \times 10^7 \times 981}} = 0.481(\text{s}) < 0.5\ \text{s}$$

　　因本渡槽的高度较小,仅 12.2 m,且满槽水时的自振周期 T 小于 0.5 s,当渡槽中无水时 G_0 更小,则 T 值还要小,故不计风振影响,即取 $\beta=1.0$。

3. 排架内力计算与配筋复核

作用于排架上的荷载即排架的计算简图见图 3-26。

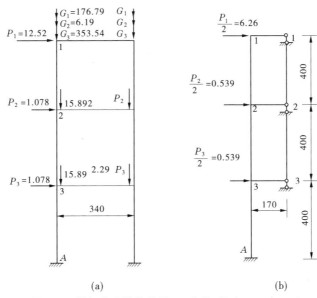

(a)　　　　　　　　　　　(b)

图 3-26　排架内力计算简图　(单位:尺寸,cm;力,kN)

1)对空槽加横向风压力情况

$$G_1 = \frac{N_2}{2} - \frac{P_c h_c}{b} = \frac{353.57}{2} - \frac{11.92 \times (1.23 + 0.38)}{2.80 + 0.3} = 170.59 \text{ (kN)}$$

$$G_2 = \frac{N_2}{2} + \frac{P_c h_c}{b} = \frac{353.57}{2} + \frac{11.92 \times (1.23 + 0.38)}{2.80 + 0.3} = 182.98 \text{(kN)}$$

$$Q_1 = Q_2 = \frac{P_c}{2} = \frac{11.92}{2} = 5.96 \text{(kN)}$$

作用于排架各节点上的风压力如下:

节点 1:$P_1 = [W_P \times 0.4 \times (4/2 + 0.2)]/2 + Q = 0.674 \times 0.4 \times 2.2/2 + 5.96 = 6.26 \text{(kN)}$

节点 2:$P_2 = W_P \times 0.4 \times 4/2 = 0.674 \times 0.4 \times 4/2 = 0.539 \text{(kN)}$

节点 3:$P_3 = P_2 = 0.539 \text{ kN}$

2)对满槽水加横向风压力情况

$$G_1 = \frac{N_1 + N_2}{2} - \frac{P_c h_c}{b} = \frac{707.08 + 353.57}{2} - \frac{11.92 \times (1.23 + 0.38)}{2.80 + 0.3} = 524.13 \text{(kN)}$$

$$G_2 = \frac{N_1 + N_2}{2} + \frac{P_c h_c}{b} = \frac{707.08 + 353.57}{2} + \frac{11.92 \times (1.23 + 0.38)}{2.80 + 0.3} = 536.52 \text{(kN)}$$

$$Q_1 = Q_2 = \frac{P_c}{2} = \frac{11.92}{2} = 5.96 \text{(kN)}$$

作用于排架各节点上的风压力同上。

3) 横向风压力作用下的排架内力计算

已知横梁中心距 $l = 4$ m，两立柱的中心距之半 $l_1 = \dfrac{l'}{2} = \dfrac{3.1}{2} = 1.55$ (m)。

节点水平风荷：$p_1 = 6.260$ kN，$p_2 = p_3 = 0.539$ kN。

(1) 固端弯矩：

$$M_{12}^F = M_{21}^F = -\frac{p_1}{2}l = -\frac{6.260}{2} \times 4 = -12.52(\text{kN} \cdot \text{m})$$

$$M_{23}^F = M_{32}^F = -\frac{p_1 + p_2}{2}l = -\frac{6.260 + 0.539}{2} \times 4 = -13.598(\text{kN} \cdot \text{m})$$

$$M_{34}^F = M_{43}^F = -\frac{p_1 + p_2 + p_3}{2}l = -\frac{6.260 + 0.539 + 0.539}{2} \times 4 = -14.676(\text{kN} \cdot \text{m})$$

(2) 抗弯劲度：

柱的惯性矩：

$$I_1 = \frac{b_1 h_1^3}{12} = \frac{40 \times 30^3}{12} = 9 \times 10^4 (\text{cm}^4)$$

梁的惯性矩：

$$I_2 = \frac{b_2 h_2^3}{12} = \frac{30 \times 40^3}{12} = 16 \times 10^4 (\text{cm}^4)$$

柱的抗弯劲度：

$$k_{12} = k_{23} = k_{34} = i = \frac{EI_1}{l} = \frac{90\,000E}{400} = 225E$$

梁的抗弯劲度：

$$k_{11'} = k_{22'} = k_{33'} = 3i = 3\frac{EI_2}{l_1} = \frac{3 \times 16 \times 10^4 E}{155} = 3\,100E$$

(3) 分配系数：

$$k_1 = k_{11'} + k_{12} = 3\,100E + 225E = 3\,325E$$

$$k_3 = k_2 = 3\,550E$$

分配系数：

$$\mu_{11'} = \frac{k_{11'}}{k_1} = \frac{3\,100E}{3\,325E} = 0.932$$

$$\mu_{12} = \frac{k_{12}}{k_1} = \frac{225E}{3\,325E} = 0.068$$

$$\mu_{21} = \mu_{23} = \frac{k_{21}}{k_2} = \frac{225E}{3\,550E} = 0.063$$

$$\mu_{32} = \mu_{34} = \frac{k_{32}}{k_3} = \frac{225E}{3\,550E} = 0.063$$

$$\mu_{22'} = \mu_{33'} = \frac{k_{33'}}{k_3} = \frac{3\ 100E}{3\ 550E} = 0.874$$

（4）列表计算杆端弯矩，见表 3-17。

表 3-17　力矩分配计算表

节点	1		2			3			4
杆端	11	12	21	22	23	32	33	34	43
分配系数	0.932	0.068	0.063	0.874	0.063	0.063	0.874	0.063	
固端弯矩		−12.52	−12.52		−13.598	−13.598		−14.676	−14.676
				−1.781	1.781	24.712	1.781	−1.781	
		−1.758	1.758	24.383	1.758	−1.758			
	13.307	0.971	−0.971		−0.11	0.11	1.538	0.11	−0.11
		0.068	0.945	0.068					
Σ	13.307	−13.307	−11.665	25.328	−13.663	−13.465	26.250	−12.785	−16.567

（5）剪力计算（使节点顺时针旋动，剪力为正）：

$$V_{12} = V_{21} = -\frac{M_{12} + M_{21}}{l} = -\frac{-(13.307 + 11.665)}{4} = 6.243(\text{kN}) \approx P_1$$

$$V_{23} = V_{32} = -\frac{M_{23} + M_{32}}{l} = -\frac{-(13.663 + 13.456)}{4} = 6.782(\text{kN}) = P_1 + P_2$$

$$V_{34} = V_{43} = P_1 + P_2 + P_3 = 6.260 + 0.539 + 0.539 = 7.338(\text{kN})$$

$$V_{11''} = -\frac{M_{11''} + M_{1''1}}{2l_1} = -\frac{M_{11''}}{l_1} = -\frac{13.307}{1.55} = -8.585(\text{kN})$$

$$V_{22''} = -\frac{M_{22''}}{l_1} = -\frac{25.328}{1.55} = -16.34(\text{kN})$$

$$V_{33''} = -\frac{M_{33''}}{l_1} = -\frac{26.25}{1.55} = -16.936(\text{kN})$$

（6）求轴向力（取节点平衡计算）。

计算左侧柱的轴向力[见图 3-27(a)]：

$$N_{12} = P - V_{11''} = 170.59 - 8.585 = 162.005(\text{kN})$$

$$N_{21} = N_{12} + G_1$$

其中 G_1 为半根横梁及一节柱的自重，即横梁与柱的自重逐渐往下增加。

$$G_1 = \gamma_h(b_2 h_2 \times 1.4 + b_1 h_1 l_1) \times g$$

$$= 2.5 \times (0.3 \times 0.4 \times 1.4 + 0.4 \times 0.3 \times 4) \times 9.81$$

$$= 15.892(\text{kN})$$

$$N_{21} = N_{12} + G_1 = 162.005 + 15.892 = 177.897(\text{kN})$$

$$N_{23} = N_{21} - V_{22''} = 177.897 - 16.34 = 161.557(\text{kN})$$

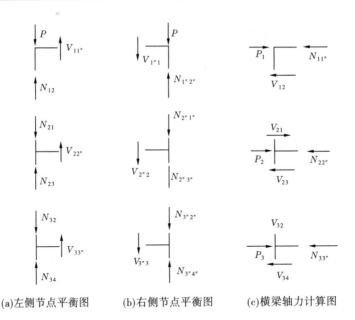

(a)左侧节点平衡图　　　(b)右侧节点平衡图　　　(c)横梁轴力计算图

图 3-27　排架节点平衡图

$$N_{32} = N_{23} + G_1 = 161.557 + 15.892 = 177.449(\text{kN})$$
$$N_{43} = N_{34} + G_1 = 160.513 + 15.892 = 176.405(\text{kN})$$

计算右侧柱的轴向力[见图 3-27(b)]：

$$N_{1''2''} = N_{1''1} + P = 170.59 + 8.585 = 179.175(\text{kN})$$
$$N_{2''1''} = N_{1''2''} + G_1 = 179.175 + 15.892 = 195.067(\text{kN})$$
$$N_{2''3''} = N_{2''3''} + V_{2''2} = 195.067 + 16.34 = 211.407(\text{kN})$$
$$N_{3''2''} = N_{2''3''} + G_1 = 211.407 + 15.892 = 227.299(\text{kN})$$
$$N_{3''4''} = N_{3''2''} + V_{3''3} = 227.299 + 16.936 = 244.235(\text{kN})$$
$$N_{4''3''} = N_{3''4''} + G_1 = 244.235 + 15.892 = 260.127(\text{kN})$$

计算横梁轴向力[见图 3-27(c)]：

$$N_{11''} = P_1 - V_{12} = 0$$

同理：$N_{22''} = N_{33''} = 0$ 说明水平向荷载反对称,横梁无轴力。

排架的弯矩、剪力和轴力见图 3-28。

4)排架配筋复核

(1)空槽有风时的排架配筋计算。

①立柱配筋。排架在横向按超静定单跨多层钢架计算,由于有横梁存在,一般不考虑柱的纵向弯曲的影响,而将每一段柱按偏心受压构件做配筋计算。由排架内力可以判断,以弯矩最大轴向力较小的 43 柱段最危险,对此柱做配筋计算,由于风向的可变性,立柱均按对称配筋。

排架原设计混凝土为 250 号,相当于 C23。经现场检测,混凝土的实际强度等级为C20。故以下按 C20 进行复核。

43 柱段:$M_{43} = 16.567$ kN·m,$N_{43} = 176.405$ kN,$b = 400$ mm,$h = 300$ mm,$l_0 = 4$ m。

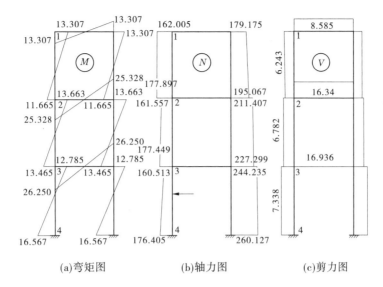

13.307　13.307　162.005　179.175　8.585
13.307　1　1　1
13.307
Ⓜ　Ⓝ　Ⓥ　6.243
25.328　177.897
13.663　13.663　16.34
11.665　2　11.665　161.557　2　211.407　2
25.328　195.067　6.782
26.250　177.449　16.936
12.785　12.785　227.299
13.465　3　13.465　160.513　3　244.235　3　7.338
26.250
16.567　4　16.567　176.405　4　260.127　4

(a)弯矩图　　　(b)轴力图　　　(c)剪力图

图 3-28　排架内力图 （单位:kN）

$a = a' = 35$ mm,$h_0 = h - a = 265$ mm,C20 混凝土 $f_c = 10.0$ N/mm^2。

排架在横向风荷载作用下为有侧移钢架,故按一端固定一端自由考虑,则:$l_0/h = 2 \times 2\,400/300 = 26.67 > 8$,需考虑纵向弯曲的影响。

$$e_0 = \frac{M_{43}}{N_{43}} = \frac{16.567}{176.405} = 94(\text{mm})$$

$$\frac{h}{30} = \frac{300}{30} = 10(\text{mm})$$

因为 $e_0 > \dfrac{h}{30}$,所以偏心距取实际值 94 mm。

$\xi_1 = \dfrac{0.5f_c A}{\gamma_d N} = \dfrac{0.5 \times 10 \times 400 \times 300}{1.2 \times 176.405 \times 10^3} = 2.83 > 1$,取 $\xi_1 = 1$,经检测,保护层实际厚度 $a = 35$ mm,则 $h_0 = h - a = 300 - 35 = 265(\text{mm})$。

由于 $l_0/h = 15$,所以 $\xi_2 = 1.15 - 0.01(l_0/h) = 1.15 - 0.01 \times 26.67 = 0.883\,3$

$$\eta = 1 + \frac{1}{1\,400(e_0/h_0)}(l_0/h)^2 \xi_1 \xi_2$$

$$= 1 + \frac{1}{1\,400 \times (94/265)} \times 26.67^2 \times 1 \times 0.883\,3 = 2.265$$

因为 $\eta e_0 = 2.265 \times 94 = 212.91 > 0.3h_0 = 79.5$,所以按大偏心受压构件计算。

计算 A_s' 及 A_s:

$$e = \eta e_0 + \frac{h}{2} - a = 212.91 + \frac{300}{2} - 35 = 327.91(\text{mm})$$

对于 Ⅰ 级钢筋,可查表得 $\alpha_{sb} = 0.426$,

$$A_s' = \frac{\gamma_d Ne - f_c \alpha_{sb} bh_0^2}{f_y'(h_0 - a')}$$

$$= \frac{1.2 \times 176.405 \times 1\,000 \times 327.91 - 10 \times 0.426 \times 400 \times 265^2}{210 \times (265 - 35)} < 0$$

按最小配筋率计算 A_s'。查表得：$\rho_{min} = 0.25\%$，所以

$$A_s' = \rho_{min} bh_0 = 0.25\% \times 400 \times 265 = 265(\text{mm}^2)$$

实际配筋为 $2 \Phi 21 (A_s' = 693\ \text{mm}^2)$。

$$\alpha_s = \frac{\gamma_d Ne - f_y' A_s'(h_0 - a')}{f_c bh_0^2}$$

$$= \frac{1.2 \times 176\,405 \times 327.91 - 210 \times 693 \times (265 - 35)}{10 \times 400 \times 265^2} = 0.128$$

$$\xi = 1 - \sqrt{1 - 2\alpha_s} = 1 - \sqrt{1 - 2 \times 0.128} = 0.137 < \xi_b = 0.614$$

$$x = \xi h_0 = 0.137 \times 265 = 36.31(\text{mm}) < 2a' = 70(\text{mm})$$

$$A_s = \frac{\gamma_d Ne'}{f_y(h_0 - a')} = \frac{1.2 \times 176\,405 \times (212.91 - 150 + 35)}{210 \times (265 - 35)} = 429.1(\text{mm}^2)$$

实际采用 $2 \Phi 21 (A_s' = 693\ \text{mm}^2)$，满足要求。

②横梁配筋。横梁 33″弯矩最大，$M = 26.25\ \text{kN} \cdot \text{m}$，$N = 0$，所以按纯弯构件配筋。在梁与柱的连接处，一般加承托以改善受力条件。横梁的配筋不应采用梁端柱中心线上的弯矩，而用承托末端的弯矩，由于弯矩随横梁长度成直线变化，所以承托末端弯矩为

$$M = M_{33''} \times \frac{1.2}{1.55} = 26.25 \times \frac{1.2}{1.55} = 20.32(\text{kN} \cdot \text{m})$$

$b = 300\ \text{mm}$；$h = 400\ \text{mm}$；$a = 35\ \text{mm}$；$h_0 = h - a = 365\ \text{mm}$；$\gamma_d = 1.2$；$f_c = 10\ \text{N/mm}^2$

$$\alpha_s = \frac{\gamma_d M}{f_c bh_0^2} = \frac{1.2 \times 20.32 \times 10^6}{10 \times 300 \times 365^2} = 0.061$$

$$\xi = 1 - \sqrt{1 - 2\alpha_s} = 1 - \sqrt{1 - 2 \times 0.061} = 0.063 < \xi_b = 0.614$$

$$A_s = \frac{f_c \xi bh_0}{f_y} = \frac{10 \times 0.063 \times 400 \times 365}{210} = 438(\text{mm}^2)$$

$$\rho = \frac{A_s}{bh_0} = \frac{438}{300 \times 365} = 0.4\% > \rho_{min} = 0.15\%$$

实际已采用 $3 \Phi 19$，$A_s = 851\ \text{mm}^2$，满足要求，且考虑到风荷载的反向性，采用梁的上下层对称配筋。横梁 22″弯矩略小于 33″，配筋量与 33″相同。同理可对横梁 11″进行配筋量的校核。

(2)满槽水有风时的排架配筋计算。

水平荷载与空槽有风的情况相同，即各构件的弯矩，剪力与空槽有风情况相同，满槽水时只增加了排架柱上铅直向水重，即增加了柱的轴向力。

①对 4″3″柱段配筋计算。4″3″柱段承受的轴向力较大，弯矩也最大。

$$M = M_{4''3''} = 16.567\ \text{kN} \cdot \text{m}$$

$$N = N_{4''3''} + 536.52 = 260.127 + 536.52 = 796.647(\text{kN})$$

$$e_0 = \frac{M}{N} = \frac{16.567 \times 10^3}{796.647} = 20.79(\text{mm}), \frac{h}{30} = \frac{300}{30} = 10(\text{mm})$$

因为 $e_0 > \dfrac{h}{30}$，所以偏心距取实际值 20.97 mm。

$$\zeta_1 = \frac{0.5 f_c A}{\gamma_d N} = \frac{0.5 \times 10 \times 400 \times 300}{1.2 \times 796.647 \times 10^3} = 0.627，因为 l_0/h > 15，所以$$

$$\zeta_2 = 1.15 - 0.01(l_0/h) = 1.15 - 0.01 \times 26.67 = 0.883\ 3$$

$$\eta = 1 + \frac{1}{1\ 400(e_0/h_0)}(l_0/h)^2 \xi_1 \xi_2$$

$$= 1 + \frac{1}{1\ 400 \times (20.79/265)} \times 26.67^2 \times 0.627 \times 0.883\ 3 = 4.587$$

$\eta e_0 = 4.587 \times 20.79 = 95.36 > 0.3 h_0 = 79.5$，所以按大偏心受压构件计算。

计算 ξ 值：$\xi = \dfrac{\gamma_d N}{f_c b h_0} = \dfrac{1.2 \times 796\ 647}{10 \times 400 \times 265} = 0.722 > \xi_b = 0.614$

虽然 $\eta e_0 > 0.3 h_0$，但此时 $\xi > \xi_b$，故按小偏心受压构件计算。

$$e = \eta e_0 + \frac{h}{2} - a = 95.36 + 150 - 35 = 210.36$$

$$\xi = \frac{\gamma_d N - \xi_b f_c b h_0}{\dfrac{\gamma_d N e - 0.45 f_c b h_0^2}{(0.8 - \xi_b)(h_0 - a')} + f_c b h_0} + \xi_b$$

$$= \frac{1.2 \times 796\ 647 - 0.614 \times 10 \times 400 \times 265}{\dfrac{1.2 \times 796\ 647 \times 210.36 - 0.45 \times 10 \times 400 \times 265^2}{(0.8 - 0.614) \times (265 - 35)} + 10 \times 400 \times 265} + 0.614$$

$$= 0.723$$

$$A_s = A_s' = \frac{\gamma_d N e - \xi(1 - 0.5\xi) f_c b h_0^2}{f_y'(h_0 - a')}$$

$$= \frac{1.2 \times 796\ 647 \times 210.36 - 0.723 \times (1 - 0.5 \times 0.732) \times 10 \times 400 \times 265^2}{210 \times (265 - 35)}$$

$$= 1\ 479(\text{mm}^2)$$

大于最小配筋率：$A_s = A_s' = \rho_{min} b h_0 = 0.25\% \times 400 \times 265 = 265(\text{mm}^2)$

实际采用 2 Φ 21($A_s' = 693$ mm^2)，所以不满足要求。

②对 43 柱段配筋计算。43 柱段承受的轴向力较小，但弯矩最大。

$$M = M_{4''3''} = 16.567 \text{ kN} \cdot \text{m}$$

$$N = N_{43} + \frac{G_1}{2} = 176.405 + 524.13 = 700.535(\text{kN})$$

$$e_0 = \frac{M}{N} = \frac{16.567 \times 10^3}{700.535} = 23.65(\text{mm}), \quad \frac{h}{30} = \frac{300}{30} = 10(\text{mm})$$

因为 $e_0 > \dfrac{h}{30}$，所以偏心距取实际值 23.65 mm。

$$\xi_1 = \frac{0.5 f_c A}{\gamma_d N} = \frac{0.5 \times 10 \times 400 \times 300}{1.2 \times 700.535 \times 10^3} = 0.713，因为 l_0/h = 26.67 > 15，所以$$

$$\xi_2 = 1.15 - 0.01(l_0/h) = 1.15 - 0.01 \times 26.67 = 0.8833$$

$$\eta = 1 + \frac{1}{1\,400(e_0/h_0)}(l_0/h)^2\xi_1\xi_2$$

$$= 1 + \frac{1}{1\,400 \times (23.65/265)} \times 26.67^2 \times 0.713 \times 0.8833 = 4.587$$

$\eta e_0 = 4.587 \times 23.65 = 108.48 > 0.3h_0 = 79.5$，所以按大偏心受压构件计算。

计算 ξ 值：$\xi = \dfrac{\gamma_d N}{f_c b h_0} = \dfrac{1.2 \times 700.535}{10 \times 400 \times 265} = 0.793 > \xi_b = 0.614$

虽然 $\eta e_0 > 0.3h_0$，但此时 $\xi > \xi_b$，故按小偏心受压构件计算。

$$e = \eta e_0 + \frac{h}{2} - a = 108.48 + 150 - 35 = 223.48$$

$$\xi = \frac{\gamma_d N - \xi_b f_c b h_0}{\dfrac{\gamma_d N e - 0.45 f_c b h_0^2}{(0.8 - \xi_b)(h_0 - a')} + f_c b h_0} + \xi_b$$

$$= \frac{1.2 \times 700.535 - 0.614 \times 10 \times 400 \times 265}{\dfrac{1.2 \times 700.535 \times 223.44 - 0.45 \times 10 \times 400 \times 265^2}{(0.8 - 0.614) \times (265 - 35)} + 10 \times 400 \times 265} + 0.614 = 0.690$$

$$A_s = A_s' = \frac{\gamma_d N e - \xi(1 - 0.5\xi)f_c b h_0^2}{f_y'(h_0 - a')}$$

$$= \frac{1.2 \times 700.535 \times 223.44 - 0.69 \times (1 - 0.5 \times 0.69) \times 10 \times 400 \times 265^2}{210 \times (265 - 35)} = 1\,260\,(\text{mm}^2)$$

大于最小配筋率：$A_s = A_s' = \rho_{\min} b h_0 = 0.25\% \times 400 \times 265 = 265\,(\text{mm}^2)$

实际采用 2 Φ 21 ($A_s' = 693\,\text{mm}^2$)，所以不满足要求。

4. 支座复核

槽身端梁与排架顶部接触面处要设置支座，以避免混凝土局部压碎，此外，当温度下降混凝土收缩时，可减少接触面上的摩擦力。根据本渡槽的跨度与荷重，属于中型渡槽，决定采用钢板支座，钢板平面尺寸，初步拟定为 $a \times b = 25\,\text{cm} \times 30\,\text{cm}$ [见图 3-29(b)]。

1) 钢板下的混凝土平均应力

$$\sigma = \frac{G'}{nab} \tag{3-120}$$

式中：G' 为满槽水时一个槽身总重，1 060.65 kN；n 为一个槽身支撑钢板个数，实际 $n = 4$，但考虑到施工的可能偏差，引起三点支撑，取 $n = 3$；a 为沿槽长方向的钢板宽度，$a = 25$ cm；b 为沿槽宽方向钢板宽度，$b = 30$ cm。

$$\sigma = \frac{1\,060.65 \times 10^3}{3 \times 250 \times 300} = 4.714\,(\text{N/mm}^2) \tag{3-121}$$

2) 钢板垫底座下的混凝土允许局部抗压强度

可用下列经验公式计算：

$$f_{cm} = \frac{f_c}{K}\sqrt[3]{\frac{F}{F_{cm}}}$$

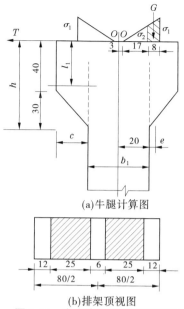

(a)牛腿计算图

(b)排架顶视图

图 3-29　支座牛腿及排架顶视图

式中:K 为钢筋混凝土结构强度安全系数,Ⅳ级建筑物特殊荷载 $K=1.6$;f_c 为混凝土棱柱体抗压强度极限 C20 的 $R_a=14.22\ \text{N/mm}^2$;F_{cm} 为支座钢板面积,$F_{cm}=a\times b=25\times30=750$($\text{cm}^2$);$F$ 为支座处受压混凝土面积。

对于槽身端梁底部支撑面,$F=30\times30=900(\text{cm}^2)$

$$f_{cm}=\frac{f_c}{K}\sqrt[3]{\frac{F}{F_{cm}}}=\frac{10}{1.6}\sqrt[3]{\frac{900}{25\times30}}=6.64>\sigma=4.714(\text{N/mm}^2)$$

对于排架顶部混凝土支撑面,$F=40\times30=1\ 200(\text{cm}^2)$

$$f_{cm}=\frac{f_c}{K}\sqrt[3]{\frac{F}{F_{cm}}}=\frac{10}{1.6}\sqrt[3]{\frac{1\ 200}{15\times30}}=10.21>\sigma=4.714(\text{N/mm}^2)$$

说明初步拟定的钢板尺寸是足够的。

3)支座钢板厚度计算

当槽身混凝土因温度下降而收缩,则端梁与排架顶部的钢板发生相对移动而产生摩擦力。

$$T=\frac{G'f}{n} \tag{3-122}$$

式中:f 为钢板之间的摩擦系数,考虑钢板运用时间长了生锈,取 $f=0.5$;n 为一个槽身支撑钢板个数,取 $n=3$;G'同前,则

$$T=\frac{G'f}{n}=\frac{1\ 060.65\times0.5}{3}=176.78(\text{kN})$$

支座钢板厚度计算:

$$\delta=\frac{T}{b[\sigma]}=\frac{176.78\times10^3}{30\times160\times9.8}=3.8(\text{mm}),从刚度考虑采用 \delta=8\ \text{mm}$$

式中:[σ]为钢板的允许应力,160 N/mm²。

5. 牛腿复核

1)牛腿尺寸

为了降低排架顶部接触应力,在排架头部伸出牛腿成一短悬臂梁,悬臂长度 $C \geq \frac{1}{2}b_1$

(b_1 为立柱长边宽度,本立柱 $b_1 = 40$ cm),取 $C = \frac{1}{2}b_1 = 0.5 \times 40 = 20$(cm)。

悬臂高度由弯矩拉力和剪力等控制,一般 $h > b$,取 $h = 70$ cm。

2)牛腿内力及配筋计算

(1)近似假定排架顶部三点支撑,且考虑槽身产生一定挠度,钢板垫底下的混凝土应力按三角形分布,由零到 σ_1。

$$\sigma_1 = \frac{2G'}{nab} = \frac{2 \times 1\,060.65 \times 10^3}{3 \times 250 \times 300} = 9.43\,(\text{N/mm}^2)$$

悬臂末端应力 σ_2 按直线比例为:$\sigma_2 = \sigma_1 \times \frac{17}{25} = 9.43 \times \frac{17}{25} = 6.41\,(\text{N/mm}^2)$

悬臂所受剪力

$$Q = \frac{1}{2}(\sigma_1 + \sigma_2) \times 80 \times b = \frac{1}{2} \times (9.43 + 6.41) \times 80 \times 300 = 190.1\,(\text{kN})$$

剪力 Q 对悬臂末端的偏心距 e(梯形重心距顶边的距离):

$$e = \frac{80}{3} \times \frac{2\sigma_1 + \sigma_2}{\sigma_1 + \sigma_2} = \frac{80}{3} \times \frac{2 \times 9.43 + 6.41}{9.43 + 6.41} = 42.5\,(\text{mm})$$

由剪力 Q 对悬臂末端产生的弯矩:

$$M_1 = Qe = 190.1 \times 0.042\,5 = 8.08\,(\text{kN} \cdot \text{m})$$

由摩擦力 T 对悬臂竖向截面产生的弯矩:

$$M_2 = Te_1 = 176.78 \times \frac{0.4 + 0.3}{2} = 61.88\,(\text{kN} \cdot \text{m})$$

$$M = M_1 + M_2 = 69.96\,\text{kN} \cdot \text{m}$$

轴向拉力 $N = T = 176.78$ kN

$$e_0 = \frac{M}{N} = \frac{69.96}{176.78} = 0.396\,(\text{m}) > \left(\frac{h}{2} - a\right) = \left(\frac{700}{2} - 35\right) = 0.315\,(\text{m})$$

属于大偏心受拉构件。

由于是对已有结构的承载力复核,可按以下步骤计算构件的实际承载力。

大偏心受拉构件正截面承载力计算的基本公式为(忽略受压钢筋作用时)

$$\gamma_d N = f_y A_s - f_c bx \tag{3-123}$$

$$\gamma_d Ne = f_c bx\left(h_0 - \frac{x}{2}\right) \tag{3-124}$$

$$e = \frac{\varphi}{2} + a + \delta \tag{3-125}$$

已知已配钢筋为 $3 \phi 20$，$A_s = 942$ mm^2；钢筋直径 $\phi = 20$ mm；保护层厚度 $a = 35$ mm，钢板厚度 $\delta = 8$ mm。

则：$e = 10 + 35 + 8 = 53$（mm）将各已知数据代入式（3-123）～式（3-125）得：

$$1.2N = 210 \times 942 - 10 \times 30x$$

$$1.2N = 10 \times 30(665x - x^2/2)/53$$

上两式右端相等得：

$$197\,820 - 300x = 3\,764x - 2.83x^2$$

求得：$x = 1\,562.5 > \xi_b h_0 = 0.614 \times 665 = 408$（mm），取 $x = 408$ mm 代入求 N：

$$N = 10 \times 30(665 - x^2/2)63.3 = 887.2 \times 10^3（N）= 887.2 \text{ kN}$$

大于轴向拉力（摩擦力）176.78 kN，故已配钢筋满足要求。

（2）抗剪计算。已知 $\theta = 190.1$ kN。

①截面尺寸复核：

$$h_\omega = h_0 = 665 \text{ mm}，f_c = 10 \text{ N/mm}^2$$

$$\frac{h_\omega}{b} = \frac{665}{300} < 4，0.25f_c bh_0 = 0.25 \times 10 \times 300 \times 665 = 498.75（\text{kN}）$$

$$\gamma_d N_{max} = 1.2 \times 190.1 = 228.12 \text{ kN}$$

因为 $0.25f_c bh_0 > \gamma_d N_{max}$，所以截面尺寸满足抗剪要求。

②验算是否需要按计算确定腹筋：

由 $V_c = 0.07f_c bh_0 = 0.07 \times 10 \times 300 \times 665 \times 10^{-3} = 139.65（\text{kN}）< \gamma_d N_{max} = 228.12$ kN

所以需要计算来确定抗剪腹筋。

由

$$V_{cs} = 0.07f_c bh_0 + 1.25f_{yv}\frac{A_{sv}}{s}h_0 = \gamma_d N_{max}$$

所以　　$228.12 = 139.65 + 1.25 \times 210 \times \dfrac{A_{sv}}{s} \times 0.665$ 得 $\dfrac{A_{sv}}{s} = 0.507$　选用 $\phi 6 @ 300$。

因为 $V_{cs} = 139.65 + 1.25 \times 210 \times 0.507 \times 0.665 = 188.10（\text{kN}）< \gamma_d N_{max} = 228.12$ kN

所以不需要配置弯起钢筋。

6. 基础复核

1）基础形式与尺寸

河床为砂卵石层，河床及两岸覆盖层不深，下层为风化的石灰岩，承载力在 490 kN/m^2 以上，基础形式为钢筋混凝土板式基础比较合适。经检测，基础混凝土为 C15，由于基础坐落在风化的岩层上，不需要进行冲刷深度计算。

基本尺寸见图 3-25。

总宽度：$B = 1.65$ m；总长度 $L = 4.6$ m；基础底板下部厚度 $h_2 = 0.4$ m；上部杯口深度 0.4 m；杯口四周混凝土厚度均为 0.3 m。

2）计算情况及荷载

对于基础板最不利的情况是满槽水时又有水平风向压力，即排架计算的第二种情况，由前面计算成果已知，由排架传给基础底板的荷重为

轴向力：$N_1 = 536.52 + 260.127 = 796.647$（kN）

$$N_2 = 5\,524.13 + 176.405 = 700.535(\text{kN})$$

弯矩：　　$M = 16.567 \text{ kN} \cdot \text{m}$　　　　$Q = 7.338 \text{ kN}$

底板自重及底板以上的回填土重,作均布荷载 q

$$q = \gamma_{混} h_2 + \gamma_{土} h_4 \qquad\qquad (3\text{-}126)$$

式中: $\gamma_{混}$ 为 25 kN/m³; $\gamma_{土}$ 为 18 kN/m³; h_2 为底板厚度($h_2 = 0.4$ m); h_4 为回填土高度($h_4 = 1.5$ m)。

$$q = 25 \times 0.4 + 18 \times 1.5 = 37(\text{kN/m})$$

3)柱下底板的抗冲切验算

基础底板下部厚度 $h_2 = 0.4$ m,沿柱边基础底板不被柱子冲切破坏的条件(忽略杯口周围的剪应力作用,偏于安全):

$$h_2 \geqslant \frac{K_a N}{2(b_1 + h_1)R_{cp}} \qquad\qquad (3\text{-}127)$$

式中: K_a 为混凝土达到抗拉极限强度时的安全系数,Ⅳ级建筑物,特殊荷载作用下取 $K_a = 2.0$; R_{cp} 为混凝土纯抗剪强度,一般取 $R_{cp} = 30$ kg/cm²; N 为由排架传给基础板的轴向力。

$$N = 796.647 \text{ kN}; \quad h_2 = 0.4 \text{ m}; \quad h_1 = 0.4 \text{ m}$$

由 $h_2 = 40 \text{ cm} > \dfrac{2 \times 796.647 \times 10^3}{2 \times (40+30) \times 30 \times 9.81} = 38.7(\text{cm})$,故满足要求。

4)地基反力计算

由图 3-25 可知,地基反力表达式为

$$\sigma_{1,2} = \frac{N_1 + N_2}{BL} + q \pm \frac{6M_0}{BL^2} \qquad\qquad (3\text{-}128)$$

式中:　　　$M_0 = 2(M + Qh) + a(N_1 - N_2)$

$$= 2 \times (16.567 + 7.338 \times 0.8) + 1.55(796.647 - 700.535) = 193.85(\text{kN} \cdot \text{m})$$

$$\sigma_{1,2} = \frac{796.647 + 700.535}{1.65 \times 4.6^2} + 37 \pm \frac{6 \times 193.85}{1.65 \times 4.6^2} = 234.26 \pm 33.31(\text{kN/m}^2)$$

$$\sigma_1 = 267.57 \text{ kN/m}^2 < 490 \text{ kN/m}^2$$

$$\sigma_2 = 200.94 \text{ kN/m}^2$$

5)底板内力计算

(1)长边方向。满槽水加上横向风荷载情况对底板受力最不利。在此条件下,计算底板端部的最大和最小地基反力强度 σ_{max} 和 σ_{min} ,然后按下式计算底板右边悬臂段,跨中段及左边悬臂段的弯矩 M_{1x} , M_{2x} , M_{3x} 。

$x \leqslant c$ 时:

$$M_{1x} = 0.5(\sigma_2 - q)Bx^2 + \frac{1}{6L}(\sigma_1 - \sigma_2)Bx^3$$

$$= 0.5 \times (200.94 - 37) \times 1.65x^2 + \frac{1}{6 \times 4.6} \times (267.57 - 200.94) \times 1.65x^3$$

$$= 135.25x^2 + 3.98x^3$$

$c<x\leqslant L-c$ 时:

$$M_{2x} = 0.5(\sigma_2-q)Bx^2+\frac{1}{6L}(\sigma_1-\sigma_2)Bx^3+(M+Qh)-N_2(x-c)$$
$$= 135.25x^2+3.98x^3+(16.567+7.338\times0.8)-700.535\times(x-0.75)$$
$$= 135.25x^2+3.98x^3-700.535x+547.84$$

$x>L-c$ 时:

$$M_{3x} = 0.5(\sigma_2-q)Bx^2+\frac{1}{6L}(\sigma_1-\sigma_2)Bx^3+(M+Qh)-N_2(x-c)-$$
$$N_1(x-c-2a)$$
$$= 135.25x^2+3.98x^3-700.535x+547.84+(16.567+7.338\times0.8)-$$
$$796.647\times(x-0.75-3.1)$$
$$= 135.25x^2+3.98x^3-1\,497.18x+3\,637.37$$

将 $x=0.75$ 代入前两式中,分别得 N_1 作用截面两侧的弯矩 $M_1=77.76$ kN, $M_2=82.65$ kN, $M_3=105.10$ kN。

最小弯矩产生在跨中剪力为零的断面,对 M_{2x} 求导得:

$$x^2+22.67x-58.67=0$$

得到 $x=2.35$ m

代入式 M_{3x} 得: $M_{\min}=-299.41$ kN·m

(2)短边方向。把基础突破的部分作为固定在柱边截面的悬臂板计算。悬臂板承受的是地基反力,为

$$\frac{1}{2}(\sigma_1+\sigma_2)=0.5\times(267.57+200.94)=234.26(\text{kN/m}^2)$$

则沿短边方向力为 $q=234.26\times4.6=1\,077.57(\text{kN/m})$

板端: $M=qL^2/2=1\,077.57\times0.75^2/2=303(\text{kN·m})$

6)底板配筋

(1)长边方向。

①对于柱脚处底板截面:

$M=105.10$ kN·m, $b\times h=600$ mm $\times800$ mm,取 $a=50$ mm, $h_0=750$ mm,

$$f_c=7.5\text{ N/mm}^2,$$

I 级钢筋 $f_y=210$ N/mm²

$$\alpha_s=\frac{\gamma_d M}{f_c b h_0^2}=\frac{1.2\times105.10\times10^6}{7.5\times600\times750^2}=0.05$$

$$\xi=1-\sqrt{1-2\alpha_s}=1-\sqrt{1-2\times0.05}=0.05$$

$$A_s=\frac{f_c\xi b h_0}{f_y}=\frac{7.5\times0.05\times600\times750}{210}=804(\text{mm}^2)$$

底板地面已配筋 6 ф 20, $A_s=1\,885$ mm²,故满足要求。

②对于基础跨中截面按 $M = 299.41$ kN 配筋：

$$\alpha_s = \frac{\gamma_d M}{f_c b h_0^2} = \frac{1.2 \times 299.41 \times 10^6}{7.5 \times 600 \times 750^2} = 0.142$$

$$\xi = 1 - \sqrt{1 - 2\alpha_s} = 1 - \sqrt{1 - 2 \times 0.142} = 0.154$$

$$A_s = \frac{f_c \xi b h_0}{f_y} = \frac{7.5 \times 0.154 \times 600 \times 750}{210} = 2\,475 (\text{mm}^2)$$

基础跨中纵梁已配筋 8 Φ 20, $A_s = 2\,513$ mm², 故满足要求。

（2）短边方向。

$M = 303$ kN · m, $b \times h = 1\,650$ mm×800 mm, 取 $a = 50$ mm, $h_0 = 750$ mm, $f_c = 7.5$ N/mm²,

Ⅰ级钢筋 $f_y = 210$ N/mm²。

$$\alpha_s = \frac{\gamma_d M}{f_c b h_0^2} = \frac{1.2 \times 303 \times 10^6}{7.5 \times 1\,650 \times 750^2} = 0.05$$

$$\xi = 1 - \sqrt{1 - 2\alpha_s} = 1 - \sqrt{1 - 2 \times 0.05} = 0.05$$

$$A_s = \frac{f_c \xi b h_0}{f_y} = \frac{7.5 \times 0.05 \times 1\,650 \times 750}{210} = 2\,210 (\text{mm}^2)$$

已选配钢筋 16 Φ 16, $A_s = 3\,218$ mm², 故满足要求。

第 4 章　渡槽工程老化病害的评估

4.1　渡槽工程老化病害评估的目的与原则

渡槽建成投入运行后,在荷载及恶劣环境的持续作用下,由于规划设计、施工质量等原因,以及运行年限增加、运行管理不善等诸多不利因素的综合作用,不可避免地会产生老化和损伤。根据《灌区改造技术标准》(GB/T 50599—2020)的有关规定,灌区改造时,应对灌区内的调蓄工程进行复核及安全鉴定,对有病害的调蓄工程应进行除险加固。规范要求应通过必要的技术手段,对灌区已有工程设施进行全面技术检测,并对其安全性、适用性及耐久性做出技术判断与评定。

4.1.1　渡槽工程老化病害评估的目的

渡槽工程老化病害评估的目的有:

一是为了及时掌握与了解渡槽运行多年后的实际工作状况。

二是预测作用,通过对渡槽结构的破损、变形等进行检测,以便能够及时发现问题并采取相应的有效措施,避免事故的发生,同时延长渡槽的使用寿命。

三是反馈施工与设计,能够对设计和施工的安全与质量状况进行检测并给出评估,从而对渡槽的维修设计或反馈其他渡槽工程设计提供经验、依据,为维修过程中及时指导渡槽维修、保证渡槽结构质量提供保证,从而形成勘测设计—施工—诊断与评估的循环。

四是对渡槽进行不间断的定期健康检测和安全性评估,从而形成完整的渡槽全寿命状况记录,为研究渡槽结构在运行过程中的变化及其成因提供完整资料,可使维修渡槽计划更具有效率性,进一步保障渡槽安全,降低维修成本,同时有助于新的渡槽修建规范的拟定。

4.1.2　渡槽工程老化病害评估的原则

评估工作应遵循下述原则:

(1)要先明确老化病害评估的内容,做好基础资料的收集工作,针对工程现状,在现状调查分析、现场质量检测和工程复核分析计算的基础上,对工程管理、工程质量及工程安全复核各专项内容进行评价和分级。

(2)评估过程中,要以水利工程现有管理规定和技术标准作为评估依据,并参照渡槽的工作特点、功能要求及所处的工作环境等,确定渡槽的评估项目(或参数)、取值原则及评定标准等。

(3)根据渡槽的重要性及评估要求,可采用不同精度的评估方法,一般可采用定量计算和定性分析相结合的方法。

4.2　渡槽工程老化病害评估方法综述

对渡槽工程老化病害的评估是一项技术性很强、专业面极广的工作,是衔接渡槽检测、可靠性复核与维修处理加固的关键环节。渡槽作为复杂的结构系统,及时准确地评价其健康状态,对于渡槽的正常运营意义重大。渡槽老化病害评估问题是属于多人、多层次和多目标的综合评价问题,单纯应用某一种方法进行评价,很难保证评价结果的可靠性。因此,在渡槽老化病害评估体系中应当选择合适的评估方法,并尽量综合应用多种方法,各取所长,取得满意的结果。

4.2.1　传统经验法

该法的主要工作程序为:首先由工程使用部门根据建筑物的损坏状况提出鉴定任务,由技术部门委派专家前往调查、分析,提出鉴定报告或会议纪要,作为有关部门进行决策处理的依据;鉴定中常以原设计标准、设计要求为准,通过调查、目测等手段了解建筑物现状,并与原设计情况相比较做出评定。这种评定方法一般不使用检测设备与仪器,且无统一的鉴定标准可循,而是以个人或少数鉴定者的经验为主。因此,其评定结果在很大程度上取决于鉴定者的专业特长、经验以及资料掌握的广度及深度。这种方法鉴定程序少,花费的人力、物力及时间少,仅能对结构进行定性评估,不能给出定量的损伤程度,且人为客观因素较多。

4.2.2　标准比照评定法

由技术主管部门制定各种建筑物技术状况评定标准,对各类典型构件、典型的老化病害状况直接进行分级,或根据不同的老化病害程度制定评分标准。对具体工程进行评定时,可对被评对象进行逐件逐项的检测(或计算),然后对照标准划分等级或分项给出评分后,综合对比定出老化病害等级。

在已有相应的技术规范或标准的情况下,采用这种方法简便易行。但对结构复杂的建筑物适用性较差。目前,我国关于渡槽老化病害评估方面的研究还很少,由于桥梁已有相应的评定标准,渡槽从结构形式到受力特点都与桥梁相似,故可参考桥梁的技术状况评定标准,并结合渡槽的荷载、结构及使用特点,制定相应的评定标准。

4.2.3　现场试载法

当结构构件的荷载、材料强度和几何尺寸等有关参数,无法通过检验获得全部实测值时,可采用在建筑物上直接加载方法进行承载力试验。荷载试验分静载和动载试验两种,加载方法从较低荷载开始,逐渐加到设计荷载。需要进行超载试验的,可逐步提高加载量,但要加强检查,以防意外。静载试验测定建筑物的应变、挠度和裂缝变化;动载试验主要测定冲击系数、自振频率、振幅及动挠度等。通过试验可直接检验建筑物的实际承载能力。现场静载试验,一般仅适用于非破坏性的鉴定试验,荷载通常只加到设计荷载或要求达到的使用荷载,而不允许结构出现影响继续使用的破坏。此法对渡槽的可靠性评定有重要的参考价值。

4.2.4　现场调查、试验与分析计算结合的方法

这是一种现场调查、试验与理论分析计算相结合的方法,首先在现场进行系统调查、收集分析历年观测资料、对地基及建筑物进行取样试验或进行无损检测,以确定地基及材料强度,获取各种原始数据,其次对渡槽进行分项复核,并将计算结果与设计要求的数值相比较,以评定渡槽的安全度。

复核计算方法有用常规力学法进行内力及稳定分析;用有限元法计算渡槽的应力场、承载力、稳定性等;断裂力学法分析判断裂缝的稳定性等。

4.2.5　数值模拟法

渡槽在运行期内,由于作用在渡槽上的荷载、地基不均匀沉降等因素而引起渡槽结构出现裂缝。对这一类裂缝必须进行严格检查,以便判断出现裂缝后渡槽工程的安全性和耐久性。为此,需进行以下工作:①模拟渡槽的原始状态和到目前为止所承受的荷载;②必要时根据算得的应力成果建立带裂缝的渡槽的数值模型,与渡槽现状相比较,并按现场实测的裂缝状况对模型进行修改;③根据有限元程序对带裂缝的渡槽进行应力计算,以定量确定现阶段渡槽的安全度及预测渡槽的后期寿命。

4.2.6　层次分析方法

层次分析法(AHP)由 T. L. Saaty 提出,可以将复杂的问题进行定量评估。它综合多种因素进行定量的设计与分析,将问题进行分层,分为总目标和子目标,应用判断矩阵对它进行权重确定,从而建立一个层次结构,可以分析一些难以量化的问题,简化分析的过程,大幅提高理论研究和实践使用的效率。

层次分析法有如下特征:①全面性。它将检测信息和评估人员的建议综合起来,实现对复杂问题的全面系统分析。②简洁性。它不需要大型计算机计算,小型计算机就可以实现问题的分析计算。③灵活性。它可以有针对性地分析一些有争议和不明确的问题,并且改正分析过程是很容易的。④实用性。它只需要较少的信息就可以得到准确的结果,节约各方面的资源,应用十分广泛。

层次分析方法认为影响渡槽结构状况的因素非常多,有主有从,又相互制约。有些因素影响虽小,但积累到一定程度就会发生质变,从而危及整个结构的使用状况。所以,渡槽老化病害评估不能单纯地考虑重要构件,也要兼顾次要构件,但也不能主次不分,使评估工作量大而繁杂。采用层次分析,得到各个渡槽构件重要程度及相互影响的关系,通过多级模糊评判及打分法,简化量大繁杂的评估工作,科学、简捷而又实用。

该方法的详述见 4.3 节。

4.2.7　模糊综合评价法

模糊性是指边界的不清楚,即从质的角度没有确切的含义,从量的角度没有明确的界限。这种边界不清的模糊概念,不是由于人的主观认识达不到客观实际的要求所造成的,

而是因为事物的一种客观属性。1965 年,美国控制论专家 L. A. Zadeh 教授首次提出模糊集合的概念,标志着模糊理论的产生,创立了模糊数学这一门新的学科。

模糊综合评价法是应用模糊数学方法对含有一些差异界限不明因素的事物进行单级或多级评定的方法。主要步骤如下:

(1)建立因素集及因素子集。

(2)建立因素权重集。

(3)建立因素等级集及评判对象等级集。

(4)通过模糊运算,确定评判对象等级。

该方法的详述见 4.4 节。

4.2.8　基于结构可靠性理论的方法

近年来,国内外的结构设计规范普遍依据结构可靠度理论对结构的可靠性进行评估。结构失效用两类极限状态表示:承载能力极限状态和正常使用极限状态。具体实现方法有两种:一种是直接计算建筑物的可靠指标 β ,与目标可靠指标 β_T 进行对比;另一种是应用基于可靠度的建筑物评估规范。对于重要、复杂建筑物可应用直接计算 β 法,其主要的工作包括失效模式、结构分析模型、荷载和抗力模型、目标可靠度 β 的确定,以及可靠指标 β 的计算和结构安全判别等。但由于渡槽结构的复杂性,计算结构系统可靠度有一定的困难,而且在建筑结构设计的过程中,结构的几何参数与施工材料等都属于随机变量值,而在结构可靠度计算当中,这些则是定量值。

4.3　层次分析法

4.3.1　层次分析法的基本原理

层次分析法(Analytic Hierarchy Process,简称 AHP 法) ,是美国运筹学家 T. L. Saaty 教授于 20 世纪 70 年代研究提出的一种新的决策科学方法,能既实用又简洁地处理复杂的社会、政治、经济和技术等决策问题。它以其深刻的数学基础、合理的决策手段、简单的应用方式引起了世界各国学者及决策者们的极大关注与重视。在很短的时间里,它在理论研究及应用领域中都取得了巨大的进展。

AHP 是在多目标、多准则的条件下,对多种方案进行选择与判断的一种简洁而有力的工具。正因为如此,它被广泛地应用于人们生活的各种宏观与微观决策中。

层次分析法的核心之一是把复杂的决策问题层次化。它根据问题的性质以及所要达到的目标,把问题分解为不同的组成因素,并按各因素之间的隶属关系和相互关联程度分组,形成一个不相交的层次结构。上一层次的元素对相邻的下一层次的全部或部分元素起着支配作用,从而形成一个自上而下的逐层支配关系。具有这一逐层支配关系性质的结构称为递阶层次结构。递阶层次结构的决策问题,最后可归结为最低层(供选择的方案、措施等)相对于最高层(系统目标)的相对重要性的权值或相对优劣次序的总排序问题。

其核心之二是引导决策者通过一系列成对比较的评判来得到各个方案或措施在某一个准则之下的相对重要度的度量。这种评判能转换成数字处理,构成一个判断矩阵,然后使用单准则的排序计算方法,可获得这些方案或措施在该准则之下的优先度的排序。

在层次结构中,这些准则本身也可以对更高层次的各个元素的相对重要性赋权。通过层次的递阶关系可以继续这个过程,直到各个供决策的方案或措施对最高目标的总排序计算出来为止。这样,决策者就可进行评价、选择和计划等决策活动。

层次分析法具有以下特点:

(1)系统性。

系统分析是当今重大科学、重大工程和社会背景下的一种重要的决第分析方法。系统分析的观点之一是把分析对象看作一个整体——系统。系统中的每个子系统乃至每个子元素都是与系统内其他部分相互关联、彼此影响的。尽管每个子系统、子元素具有自身特定的功能和特点,有时彼此间甚至是相互冲突的,但它们都是构成系统整体功能所不可缺少的组成部分。系统分析的观点之二是要把系统分清层次。任何复杂系统都具有一定的层次结构,下层因素受到上层因素的支配,反过来上层因素又要受到下层因素的影响。而 AHP 方法的思想基础与系统分析的原则是一致的。它要求决策者在对问题进行决策分析时,首先要找出分析对象的诸影响因素及其彼此的相关关系,从而建立起能清晰反映出这种关系的层次递阶系统结构,使决策者在进行决策分析时,把复杂问题自千头万绪之中条理化。

(2)综合性。

在目前大量的决策问题中,决策者所要考虑的很多因素是属于定性化因素,这些因素无法以某种定量的标度进行表现。如人们在日常生活决策中所遇到的问题,多半属于定性化分析判断问题。AHP 方法在对事物进行决策分析时,能对定性问题定量化进行综合分析处理,并能得到明确的定量化结论,以优劣排序的形式表现出来。这有助于决策者做出判别。孰取孰舍,泾渭分明。这也正是 AHP 决策分析法区别于其他很多决策优化方法的一个重要特征。

(3)简便性。

由于世界的千变万化,社会的迅速发展,这使得从事实际工作的决策者们对决策方法的简便性有很高要求。因为世界对决策反应的速度要求越来越快,而一些繁复的决策方法耗时、耗力、耗资金,在很多场合又不具有令人满意的实用价值。而 AHP 方法对事物的评判决策过程十分简便,易于掌握和运用。

(4)准确性。

在我们的研究对象中,无论决策者所追求的是"满意的决策"或是"最优的决策",AHP 方法都可以提供具有准确性的结果,这是因为它有丰富的数学原理为准确性提供了可信的基础。同时,AHP 方法还能吸取决策者个人或集团的阅历、经验、智慧、判断能力,从而使得决策建立在更扎实的基础上。

从以上所介绍的特点来看,层次分析法在本质上是一种决策思维方式,它具有人的思维分析、判断和综合的特征。作为一个决策工具,层次分析法具有简单、易用、有效、适应性强、应用范围广等优点,因而受到人们广泛的重视。

4.3.2　层次分析法的分析过程

　　层次分析法的具体应用可分为以下几个步骤:第一步,建立待解决问题的递阶层次结构,这项工作的基础是对问题所包含的各项因素及因果关系的分析,进而从中分离出要素层次来实现结构建立;第二步,构造判断矩阵,该项工作主要通过两两比较每一元素关于上一层次中某一准则的重要性来实现;第三步,计算出每层各要素权重值,该权重值的计算依托前一步的矩阵,数据来源于矩阵最大特征值和对应的正交特征向量,在计算方法上采用的是特定公式,得出结果后需要检验各数据是否自相矛盾;第四步,解决问题,涉及评价、排序、指标综合等问题,该步骤是在前一步骤的基础上进行的,首先需要确保前一步骤准确无误,然后将要素对于所研究问题的组合权重计算出来,每一层次均需计算。

4.3.2.1　建立递阶层次结构模型

　　运用层次分析法分析复杂问题时,首先要把问题清晰明了化、层次化,根据问题的性质和要达到的既定目标,把问题分解为不同的组成因素,并将重要程度相近或者联系比较紧密的因素划分为一个层次,从而建立研究对象影响因素的递阶层次结构模型,将研究问题简单化。图 4-1 为一个典型的递阶层次结构。

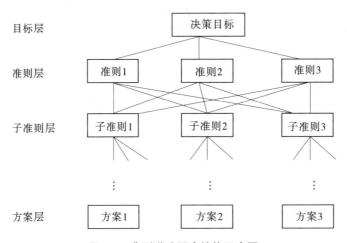

图 4-1　典型递阶层次结构示意图

　　在层次模型中,用作用线表明上一层次因素同下一层次因素之间的关系。如某个因素与下一层次中所有因素均有联系,则称其与下一层次有完全层次关系。如这个因素仅与下一层次中的部分因素有联系,则称其与下一层次存在着不完全的层次关系。

　　构造系统的层次结构的过程是从最高层(目标)开始,通过中间层(准则)到最低层(方案)为止。

4.3.2.2　建立比较判断矩阵

　　建立递阶层次结构模型后,各层次之间的隶属关系就被确定了,接下来就可以对各层次内因素进行分析比较,分别构造判断矩阵。判断矩阵是一个无量纲的矩阵。首先,对同一层次上的各个因素通过两两比较分析,根据其相对重要程度或优劣程度划分为若干个等级,赋以量化值。一般可以采用 1~9 标度法,将其相互重要程度表示出来,数字越大表明越重要。判断矩阵标度及其含义见表 4-1。

表 4-1 判断矩阵标度及其含义

标度	含义
1	表示两个元素相比,具有同等重要性
3	表示两个元素相比,前者比后者稍微重要
5	表示两个元素相比,前者比后者明显重要
7	表示两个元素相比,前者比后者强烈重要
9	表示两个元素相比,前者比后者极端重要
2,4,6,8	表示上述相邻判断的中值
倒数	若 i 元素和 j 元素相对重要性之比为 b_{ij}, 则 j 元素和 i 元素相对重要性之比为 $b_{ji} = 1/b_{ij}$

其次,构造判断矩阵。假设某指标层的因素 $B_1, B_2, \cdots, B_n$ 隶属于上一层次 A 中的元素 a_k,通过两两比较各因素的相对重要性,可获得该层判断矩阵 B。用表格表征判断矩阵见表 4-2。

表 4-2 判断矩阵

a_k	B_1	B_2	$\cdots$	B_j	$\cdots$	B_n
B_1	b_{11}	b_{12}	$\cdots$	b_{1j}	$\cdots$	b_{1n}
B_2	b_{21}	b_{22}	$\cdots$	b_{2j}	$\cdots$	b_{2n}
$\vdots$	$\vdots$	$\vdots$	$\vdots$	$\vdots$	$\vdots$	$\vdots$
B_i	b_{i1}	b_{i2}	$\cdots$	b_{ij}	$\cdots$	b_{in}
$\vdots$	$\vdots$	$\vdots$	$\vdots$	$\vdots$	$\vdots$	$\vdots$
B_n	b_{n1}	b_{n2}	$\cdots$	b_{nj}	$\cdots$	b_{nn}

b_{ij} 表示因素 B_i 与因素 B_j 比较时的相对权值,这些权值可以由本专业具有影响力的专家提供,也可以由决策者通过分析判断得到,或者通过其他合适的途径来确定。

由判断矩阵的构造可知它具有以下性质:

(1) $b_{ij} > 0$。

(2) $b_{ij} = 1/b_{ji}$。

(3) $b_{ii} = 1$。

以下用一个拱式渡槽的结构安全性评定的例子说明比例标度和判断矩阵的建立的方法。

(1)将结构分解(化整为零)。

现有一常用的拱式渡槽,根据其结构特点可将其分解(化整为零)为三个重要组成部分:拱上结构(槽身)、传力结构(主拱圈)和基础(墩台)。三者对渡槽结构安全性的影响程度分别用 W_1、W_2 和 W_3 表示。

(2)确定比例标度。

在作比较判断时,经常可以用一些问题来帮助获得一个相对标度。例如,在比较元素 A 和 B 时,可以思考以下问题:A 和 B 中,哪一个更为重要,或哪一个有更大的影响;A 和 B 比较起来,更愿意发生哪一个;A 和 B 比较起来,更喜欢哪一个。

例如,影响拱式渡槽结构安全性的各影响因素中基础最重要,传力结构次之,上部结构再次之(相对最不重要)。结合多名专家的意见,比较各个因素的重要性,可得到渡槽主要组成部分的比例标度表(见表4-3)。

表 4-3　渡槽主要组成部分对安全性的重要性比例标度表

A	W_1（上部结构）	W_2（拱圈）	W_3（基础）
W_1	$1(a_{11}=W_1/W_1)$	$1/3(a_{12}=W_1/W_2)$	$1/5(a_{13}=W_1/W_3)$
W_2	$3(a_{21}=W_2/W_1)$	$1(a_{22}=W_2/W_2)$	$1/3(a_{23}=W_2/W_3)$
W_3	$5(a_{31}=W_3/W_1)$	$3(a_{32}=W_3/W_2)$	$1(a_{33}=W_3/W_3)$

需要特别说明:表4-3中的重要性比例标度值应由渡槽专家给定,以确保其可靠性;在专家给比例标度值时,仅考虑两两比较。因为在人们判断的思维过程中,前后的判断有出入是正常的,不一定是前者不当,不要用后者去修改前者,当然,也不要前者去修改后者,否则会影响判断的准确性。

(3)建立判断矩阵 B。

表4-3的形式已给出了判断矩阵 B 的所有元素:

$$B = \begin{bmatrix} a_{11} & a_{12} & a_{13} \\ a_{21} & a_{22} & a_{23} \\ a_{31} & a_{32} & a_{33} \end{bmatrix} = \begin{bmatrix} 1 & 1/3 & 1/5 \\ 3 & 1 & 1/3 \\ 5 & 3 & 1 \end{bmatrix} \tag{4-1}$$

4.3.2.3　计算指标权重

根据矩阵理论可以推理得出,各因素的权重系数就是判断矩阵的特征向量 W,它对应矩阵的最大特征值 λ_{max}。各因素的权重系数可由式(4-2)求得:

$$BW = \lambda_{max} w \tag{4-2}$$

在精度要求不高的情况下,计算矩阵特征值和特征向量可以采用近似算法,目前最常用的方法有方根法、和法、幂法等。方根法具有重要的理论意义、计算简单、应用最广泛,方根法计算指标权重系数步骤如下:

(1)将判断矩阵每一行元素相乘,得到 M_i:

$$M_i = \prod_{j=1}^{n} b_{ij} \quad (i=1,2,\cdots,n) \tag{4-3}$$

(2)对 M_i 开 n 次方根,得到 $\widetilde{w}_i$:

$$\widetilde{w}_i = \sqrt[n]{M_i} \quad (i=1,2,\cdots,n) \tag{4-4}$$

（3）将向量 $W = (\widetilde{w_1}, \widetilde{w_2}, \cdots, \widetilde{w_n})^{\mathrm{T}}$ 进行归一化处理,得到:

$$w_i = \frac{\widetilde{w_i}}{\sum_{i=1}^{n} \widetilde{w_i}} \quad (i = 1, 2, \cdots, n) \tag{4-5}$$

由此得到的向量 $W = (w_1, w_2, \cdots, w_n)^{\mathrm{T}}$ 就是所要求的判断矩阵的特征向量,即各指标的权重系数。

（4）求出判断矩阵的最大特征值 $\lambda_{\max}$:

$$\lambda_{\max} = \sum_{i=1}^{n} \frac{(\boldsymbol{BW})_i}{n w_i} = \frac{1}{n} \sum_{i=1}^{n} \frac{(\boldsymbol{BW})_i}{w_i} = \frac{1}{n} \sum_{i=1}^{n} \frac{\sum_{j=1}^{n} b_{ij} w_j}{w_i} \tag{4-6}$$

式中:$(\boldsymbol{BW})_i$ 为 $\boldsymbol{BW}$ 的第 i 个分量。

4.3.2.4　判断矩阵的一致性检验

利用两两比较判断矩阵计算指标权重向量时,由于客观事物的复杂性和人们认识的模糊性,并不能精确地给出两个因素的比重,而只能对它们进行估计判断。因此,在构造判断矩阵时,给出的 b_{ij} 与实际的量值可能会有偏差,并不能完全确保判断矩阵符合一致性。但是,要求判断矩阵大体上保持一致性是应该的,可用 $\lambda_{\max}$ 与 n 的接近程度作为衡量矩阵一致性程度的尺度。

检验判断矩阵一致性的步骤如下所述。

（1）计算一致性指标 CI:

$$CI = \frac{\lambda_{\max} - n}{n - 1} \tag{4-7}$$

（2）查表 4-4 求平均随机一致性指标 RI。RI 是通过多次(500 次以上)重复计算随机判断矩阵特征值后取算术平均得到的,其引入可在一定程度上克服判断矩阵一致性指标 CI 随阶数 n 增大而显著增大的弊端。表 4-4 列出了 n 阶判断矩阵的 RI 值。

表 4-4　平均随机一致性指标(RI)取值

n	1	2	3	4	5	6	7	8	9
RI	0	0	0.58	0.90	1.12	1.24	1.32	1.41	1.45

（3）计算一致性比率 CR:

$$CR = \frac{CI}{RI} \tag{4-8}$$

判断矩阵的一致性指标 CI 与同阶平均随机一致性指标 RI 之比称为随机一致性比率 CR。当一致性比率值 CR 越小时,表明判断矩阵的一致性越好。一般认为当计算出的一致性比率 CR<0.1 时,判断矩阵基本满足完全一致性,否则需要对判断矩阵的元素赋值进行重新调整,直到计算出的 CR<0.1。当判断矩阵为二阶时,因该矩阵总有完全一致性,故不必检验 CR。

综上所述,层次分析法总体分析计算步骤如图4-2所示。

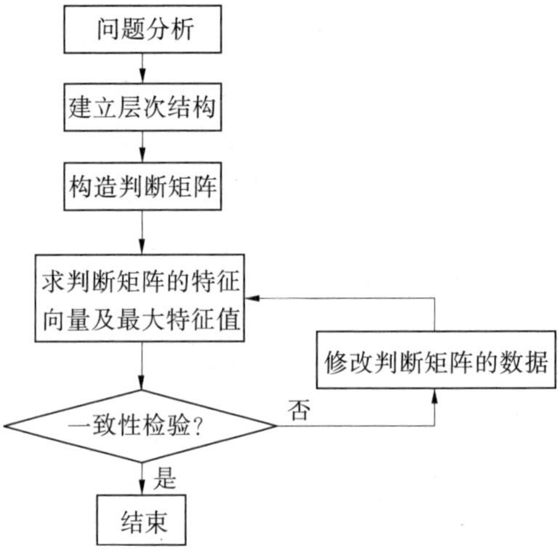

图4-2　层次分析法(AHP)计算步骤

4.3.3　准则指标的确定

对渡槽工程的老化病害现状进行评估,要根据评估渡槽工程的老化病害的具体症状,包括程度、位置、发展趋势等给予赋值。为了得到尽可能具有权威性及可比性的评估指标及其标准,要尽量以水工建筑物有关规范、规程为主要依据,同时参考其他相近行业的规范和规程。

4.3.3.1　评估指标的确定

评估的最终目标是评价建筑物的可靠性。渡槽工程的整体可靠性由安全性、耐久性和适用性3个子目标决定。在安全性评估指标中,主要包括结构安全稳定和结构承载能力,其中结构安全稳定包括结构抗震能力的计算、抗倾能力的计算、抗滑能力的计算和地基稳定的验算;结构承载能力计算主要进行渡槽各个部位对各种荷载的承受能力计算。在适用性评估中,主要是对渡槽的工作状态进行评价,包括对其挠度变化的计算,防水情况的勘察,过流情况的计算。耐久性评价指标主要包括渡槽表面的缺陷和渡槽可以继续使用的时间,包括混凝土表面的破损、钢筋锈蚀、裂缝、渗漏和相对碳化深度等缺陷以及相对剩余寿命。

4.3.3.2　评估标准的确定

各级指标是渡槽工程老化病害评估的基础,采用一定的标准对各级指标进行评级。在安全性指标标准确定时,主要进行各个评估指标计算值与规范值的比较。在适用性指标标准确定时,将实地检测的数据经过分析计算后与设计要求进行对比,得出其是否能够继续安全有效运行。对于耐久性标准,混凝土的表面缺陷经过实地检测后由专家分析得知,渡槽可以继续使用的时间可以根据测得的抗压强度、保护层厚度、碳化深度和环境因素求得。

4.4　模糊综合评价法

4.4.1　模糊综合评价法的原理

模糊性是指边界的不清楚,即从质的角度没有确切的含义,从量的角度没有明确的界限。这种边界不清的模糊概念,不是由于人的主观认识达不到客观实际的要求所造成的,而是因为事物的一种客观属性。1965 年美国控制论专家 L. A. Zadeh 教授首次提出模糊集合的概念,标志着模糊理论的产生,创立了模糊数学这一门新的学科。模糊理论打破了形而上学的束缚,既认识到事物的"非此即彼"的明晰性形态,又认识到事物的"亦此亦彼"的过渡性形态。经过 50 多年的发展,模糊数学的应用范围急剧扩大,现在已经成为科技、经济、社会等诸多领域发展的有力工具。

既然模糊性是事物客观存在的一种属性,是有它自身的规律可循的,因此也是可以描述的。模糊论方法之所以受到普遍重视和广泛应用,是因为它比普通的分析设计方法具有两大优点:①能定量地处理影响分析和设计的种种模糊因素,使分析的结果和设计的方案更符合客观实际,更为优化合理;②能充分考虑事物的中间过渡性质,浮动地选取阈值,从而能给出一系列不同水平下的分析结果和设计方案,为人们提供广泛的选择余地。

由于同一事物具有多种属性或受多种因素的影响,因此评价事物时应兼顾各个方面。所谓综合评价,是指综合考虑在多种因素影响下,对事物或现象进行的全面评价。若这种评价过程涉及模糊因素,便是模糊综合评价。模糊综合评价应用十分广泛,涉及相当多的领域,以致模糊综合评价成为模糊数学中最基本的应用方法之一。对渡槽老化程度的评价问题,由于影响因素多,表现形式多样,且有诸多不能定量的因素,因此从系统的观点,利用模糊集合和隶属度的概念对模糊不确定性因素进行描述并加以量化处理,再利用模糊综合评价方法对渡槽的老化病害程度进行综合评价,能较好地解决这些问题。

4.4.2　模糊数学的基本知识

4.4.2.1　模糊集合的概念

对于普通集合,一个元素 x 和一个集合 A 的关系只能是 $x \in A$ 或 $x \notin A$ 。普通集合也可以通过特征函数来刻画,并且每一个集合都有一个特征函数。设 A 是论域 U 中的一个集合,对任意的 $x \in U$,令

$$V_A(x) = \begin{cases} 1 & (\text{当 } x \in A) \\ 0 & (\text{当 } x \notin A) \end{cases} \tag{4-9}$$

则称 $V_A(x)$ 为集合 A 的特征函数。

$V_A(x)$ 是定义在 U 上的一个实值函数,它的意义就是指明 x 对 A 的隶属程度。不过,隶属程度只有 1 和 0 两种极端状况。

模糊数学则是将二值逻辑 $\{0,1\}$ 推广到可取 $[0,1]$ 上无穷多个数的连续逻辑。因此,特征函数必须做适当的推广,这就是隶属函数 $\mu(x)$ 。它满足: $0 \leqslant \mu(x) \leqslant 1$ 。

设给定论域 U 上的模糊集合 A ,指定一个 U 到 $[0,1]$ 的映射:

$$\mu_A:U \to [0,1] \tag{4-10}$$

$$\mu_A:x \to \mu_A(x) \tag{4-11}$$

式中：μ_A 就是 A 的隶属函数，$\mu_A(x)$ 就是 x 对 A 的隶属程度。

由上述可知，论域 U 上的模糊集合 A 由隶属度 $\mu_A(x)$ 表征，$\mu_A(x)$ 的取值范围为区间 $[0,1]$，$\mu_A(x)$ 的大小反映了 x 对模糊集合的隶属程度。$\mu_A(x)$ 的值接近于 1，表示 x 从属于 A 的程度很高，$\mu_A(x)$ 的值接近于 0，表示 x 从属于 A 的程度很低。特别是当 $\mu_A(x)$ 的值域取 $[0,1]$ 闭区间的两个端点，亦即 $\{0,1\}$ 两个值时，A 便退化为一个普通集合，隶属函数也就退化为特征函数。所以，普通集合是模糊集合的特例，模糊集合是普通集合的推广。

4.4.2.2 模糊关系与模糊矩阵

客观事物之间存在着种种联系，若两种事物之间存在着"非此即彼"的关系，如"父子关系"，这种关系称之为普通关系。而更多事物间的关系并不是明确的，它们的概念和对立概念的界限并不是泾渭分明的，具有着一些中间状态，很难进行精确的判断，它们之间的联系并不清晰，如"长短关系"，则称为模糊关系。

模糊关系是模糊集合概念的推广，表现了事物之间更广泛的联系。如果设定因素集 U 和评判集 V 分别为有限集合，$U=\{u_1,u_2,\cdots,u_m\}$，$V=\{v_1,v_2,\cdots,v_n\}$，$U\times V$ 的模糊关系 R 可以用 $m\times n$ 阶矩阵表示为

$$R=(r_{ij})_{m\times n}=\begin{bmatrix} r_{11} & r_{12} & \cdots & r_{1n} \\ r_{21} & r_{22} & \cdots & r_{2n} \\ \vdots & \vdots & & \vdots \\ r_{m1} & r_{m2} & \cdots & r_{mn} \end{bmatrix} \tag{4-12}$$

其中 $r_{ij}=R(u_i,v_j)$，$r_{ij}\in[0,1]$，式（4-12）矩阵即为模糊矩阵。式中 r_{ij} 表示集合 U 中第 i 个元素 u_i 隶属于集合 V 中第 j 个元素 v_j 的程度。

4.4.3 隶属度的确定

在模糊理论中隶属度（或隶属函数）是一个关键概念，其地位如同概率分布函数在概率论中的地位。隶属度常被用来描述差异的中间过渡，是一种精确性对模糊性的逼近。

然而隶属度的确定是一个非常困难的问题，目前确定隶属度还没有一种成熟、有效的方法，主要停留在依靠经验、从实践效果中进行反馈和不断修正的阶段。这就要求：一方面，隶属度在实际运用过程中，要通过效果的反馈不断加以校正、改善，以便达到更加可信的结论；另一方面，确定隶属度的方法并不是唯一的，需要从比较中进行鉴别和取舍。

这里简要介绍几种确定隶属度的方法。

4.4.3.1 专家确定法

该方法是通过组织评价对象相关领域的专家，在对评价对象情况全面了解的基础上，依据专家个人经验来确定隶属度的取值，这种方法比较适用于论域元素离散的情况。尽管按此方法得到的隶属度在数值上不一定足够准确和可信，但这仍不失为一种可喜的逼近，相较于只有 $\{0,1\}$ 两种隶属度的取值情况，更加符合评价对象的客观真实情况。若能通过详细调查尽可能全面、准确地确定评价对象的基本情况，提供更充分的评价依据，根据合适的评价标准，再综合多次专家经验知识，其可行度和逼近度将会更高。

4.4.3.2　多相模糊统计法

由 n 个评价对象相关领域的专家组成专家组 N，对 m 个模糊集合 $A_1,A_2,\cdots,A_m$ 做针对元素 x 的多相模糊统计，可以求得隶属度 $\mu_{A_i}(x)$，$(i=1,2,\cdots,m)$。对于某个专家 $P\in N$ 要求确定：

(1) $\mu_{A_i}^P=\begin{cases}1 & P\text{ 认为 }x\in A_i\\0 & P\text{ 认为 }x\notin A_i\end{cases}$。

(2) $\sum\limits_{i=1}^m\mu_{A_i}^P=1$，即 x 一定是属于并且仅属于 $A_1,A_2,\cdots,A_m$ 之一。

(3) 元素 x 关于模糊集合 A_i 的隶属度为 $\mu_{A_i}(x)=\sum\limits_{i=1}^n\mu_{A_i}^P/n$ 或加权平均 $\mu_{A_i}(x)=\sum\limits_{i=1}^n w_i\mu_{A_i}^P/n$。

4.4.3.3　隶属函数确定法

在通过调查、试验、计算、评分等手段可以直接或间接获取评价有关参数的前提下，可以采用与评价等级对应的相关函数作为隶属函数以计算确定隶属度。目前，比较常用的隶属函数形式主要有梯形分布型、三角分布型、矩形分布型、正态分布型等。在具体应用过程中，可以根据所研究对象的实际情况选择合适的函数作为隶属函数，并对隶属函数中的待定参数进行确定。

除以上3种方法外，确定隶属度的方法还有对比排序法、德尔菲法、综合加权法等，无论采用哪一种方法，所确定的隶属度均应通过实践来检验，在"学习"和"实践"检验中逐步修改和完善，以求在实际运用中达到相对的稳定。

4.4.4　模糊综合评价法的分析步骤

模糊综合评价法根据实测值和给出的评价准则，把多个描述被评价对象不同方面且量纲不同的定性或定量指标，转化为相对评价值，应用模糊关系合成的特性，从多个指标对被评价对象隶属状况进行综合评判。模糊综合评价法可以兼顾各种因素的影响，可以很好地处理各种难以量化的问题，在综合评价领域应用非常广泛。

4.4.4.1　单层次模糊综合评价的主要步骤

1. 建立评价因素集及因素子集

因素集是影响评价对象的各种因素为元素所组成的一个集合，用 U 表示：

$$U=\{u_1,u_2,\cdots,u_m\}\tag{4-13}$$

式中：各元素 $u_i(i=1,2,\cdots,m)$ 代表各影响因素。

这些因素通常都具有不同程度的模糊性，但也可以是非模糊的。在评价渡槽工程老化程度（可靠性）时，为了通过综合评价得出合理的结论，则影响工程老化程度的因素，如工程安全性、耐久性和适用性就构成了影响因素集。

有时因素集中的因素还受到因素集以外的其他元素的影响，这些元素则称为影响因素的子因素。某一影响因素 u_i 的子因素的集合称为子因素集，也可称为因素子集，可用 U_i' 表示：

$$U'_i = \{u_{i1}, u_{i2}, \cdots, u_{il}\} \tag{4-14}$$

式中：$u_{ik}(k=1,2,\cdots,l)$ 为影响因素 u_i 的各影响子因素。

若问题比较复杂，有必要时，子因素还可构造次子因素集，影响因素受多级子因素集影响。

2. 建立评价集

评价集是评价者对评价对象可能做出的各种评价结果所组成的集合，用 V 表示：

$$V = \{v_1, v_2, \cdots, v_n\} \tag{4-15}$$

式中：各元素 $v_j(j=1,2,\cdots,n)$ 代表各种可能的总评价结果。

模糊综合评价的目的，就是在综合考虑所有影响因素的基础上，从评价集中得出最佳的评价结果。在评价渡槽工程老化程度时，评价集中的元素是衡量工程老化程度的分类结果，如一类老化、二类老化、三类老化、四类老化（或轻度老化、中度老化、较严重老化和严重老化）。

3. 建立权重集

在进行模糊评价时，必须确定各个因素在评价中所占的权重。因各因素的重要程度不同，各因素所赋的权重也就不同。由各权重所组成的集合：

$$A = \{a_1, a_2, \cdots, a_m\} \tag{4-16}$$

称为因素权重集，简称权重集，也称一级权重集。

各权数 a_i（$i=1,2,\cdots,m$），应满足归一性和非负性条件，即：

$$\sum_{i=1}^{m} a_i = 1, a_i \geqslant 0, (i=1,2,\cdots,m) \tag{4-17}$$

它们可视为各因素对"重要"的隶属度，因此权重集可视为因素集上的模糊子集。

同样，若影响因素有因素子集，也必须确定各子因素对上一级因素的重要性隶属度，即权重。这些权重构成的集合：

$$A'_i = \{a_{i1}, a_{i2}, \cdots, a_{il}\} \tag{4-18}$$

称为子权重集，也称二级权重集。同样，其各子权重数也应满足归一性和非负性。

4. 单因素模糊评价

单因素模糊评价就是单独从一个因素出发，采用合适的隶属度确定方法，确定评价因素对评价集中元素的隶属程度。

假设评价因素 u_i 对评价集中元素 v_j 的隶属度为 r_{ij}，则评价因素 u_i 的评价结果可以用模糊集合：

$$R_i = (r_{i1}, r_{i2}, \cdots, r_{in}) \quad \text{或} \quad R_i = \frac{r_{i1}}{v_1} + \frac{r_{i2}}{v_2} + \frac{r_{i3}}{v_3} + \cdots + \frac{r_{in}}{v_n} \tag{4-19}$$

来表示，R_i 为单因素评价集。

对因素集中的每一个因素按上述过程进行评价，将各单因素评价集按行组成矩阵，可得如下矩阵 $\boldsymbol{R}$：

$$\boldsymbol{R} = \begin{bmatrix} R_1 \\ R_2 \\ \vdots \\ R_m \end{bmatrix} = \begin{bmatrix} r_{11} & r_{12} & \cdots & r_{1n} \\ r_{21} & r_{22} & \cdots & r_{2n} \\ \vdots & \vdots & & \vdots \\ r_{m1} & r_{m2} & \cdots & r_{mn} \end{bmatrix} \tag{4-20}$$

该矩阵 $\boldsymbol{R}$ 为一模糊关系矩阵,其本身是没有量纲的,称为单因素评价矩阵。

5. 模糊综合评价

单因素模糊评价只考虑某一个因素对评价对象的影响,要考虑所有因素的影响,得出总的结果,需要进行模糊综合评价。

模糊综合评价的模型为

$$B = A \circ R \tag{4-21}$$

或

$$B = (b_1, b_2, \cdots, b_m) = (a_1, a_2, \cdots, a_m) \circ \begin{bmatrix} r_{11} & r_{12} & \cdots & r_{1n} \\ r_{21} & r_{22} & \cdots & r_{2n} \\ \vdots & \vdots & & \vdots \\ r_{m1} & r_{m2} & \cdots & r_{mn} \end{bmatrix} \tag{4-22}$$

B 称为模糊综合评价集,即为模糊综合评价的结果。$b_j(j=1,2,\cdots,m)$ 为模糊综合评价指标,反映了因素集中元素对各等级的总体隶属程度。式中"$\circ$"为模糊合成算子 $M(\otimes, \Theta)$,"$\otimes$"和"Θ"是模糊变换的两种运算。模糊合成算子 $M(\otimes, \Theta)$ 由两步运算组成:首先进行第一步"$\otimes$"运算,用于 a_i 对 r_{ij} 的修正;然后进行第二步"Θ"运算,用于 a_i 对 r_{ij} 的综合。其具体表现形式为

$$B = A \circ R = (b_1, b_2, \cdots, b_m) = (a_1 \otimes r_{1j}) \Theta (a_2 \otimes r_{2j}) \Theta \cdots \Theta (a_n \otimes r_{nj}) \quad (j=1,2,\cdots,m) \tag{4-23}$$

常用的模糊合成算子类型如表 4-5 所示。

表 4-5　常用的模糊合成算子类型

类型	算子含义
(取小,取大)　(∧,∨)	$a \wedge b = \min(a,b)$;$a \vee b = \max(a,b)$
(乘积,取大)　(*,∨)	$a * b = b * a$;$a \vee b = \max(a,b)$
(取小,有界和)　(∧,+)	$a \wedge b = \min(a,b)$;$a+b = \min(a+b,1)$
(乘积,有界和)　(*,+)	$a * b = b * a$;$a+b = \min(a+b,1)$

在渡槽老化病害评估中,以采用(乘积,有界和)算子为宜,其运算式为

$$b_j = \min\left\{ \sum_{i=1}^{n} a_i r_{ij}, 1 \right\} \quad (j=1,2,\cdots,m) \tag{4-24}$$

这种算子类型的优点是在运算时兼顾了各元素的权重大小,评价结果体现了被评价对象的整体特征,包含了所有因素的共同作用,真正体现了综合。另外,这种算子很好地解决了模糊综合评价失效的问题,所以比较适用于渡槽老化病害评价。

4.4.4.2　多层次模糊综合评价

在复杂系统中,不仅需要考虑的因素很多,而且一个因素还往往有多个层次,即一个因素往往又是由若干个其他因素决定的。例如,渡槽的老化损坏程度,有"安全性、耐久性、适用性"3 个影响因素。这 3 个因素就构成因素集。这 3 个因素又是受低一层次的多

个子因素的影响。如,影响到渡槽安全性的子因素主要由"整体稳定性、结构安全性"因素决定的。这两个子因素就构成了因素子集。有时,子因素又会受多个次子因素的影响。如渡槽的结构安全性就受到"基础(墩台)、传力结构(主拱圈或槽架等)、上部结构(槽身)"的影响。这3个次子因素就构成了渡槽"结构安全性"这一子因素的次子因素集。根据问题的需要,还有可能继续往下分解。

渡槽的影响因素层次结构模型见图4-3。

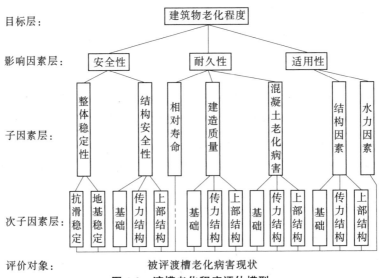

图4-3　渡槽老化程度评估模型

由图4-3可知,像渡槽这种影响因素复杂的层次结构关系,只有用多层次模糊综合评价,才能得到满意的评价结果。

多层次模糊综合评价方法的基本思想是,先按最低层次的各个因素对其上一层对应的因素进行评价,然后再由上一层次的各个因素对其再上一层次对应的因素进行综合评价,这样由低到高一层一层依次递推,评到最高层次,得出总的评价结果。

4.4.4.3　评价指标的处理

在得到评价指标 $b_j(j=1,2,\cdots,m)$ 之后,就可根据以下几种方法确定评价对象的具体结果。

(1)最大隶属度法。

取与最大的评价指标 $\max\limits_{j}b_j$ 相对应的备择集元素 v_L 为评价的结果,即

$$v=\{v_L|v_L\rightarrow\max\limits_{j}b_j\} \tag{4-25}$$

最大隶属度法仅考虑了最大评价指标的贡献,忽略了其他指标提供的信息;而且,当最大评价指标不止一个时,用最大隶属度法很难决定具体的评价结果。因此,通常采用加权平均法。

(2)加权平均法。

如果评价对象是数性量,就可用加权平均法计算,直接得到模糊综合评价的结果,即

$$v = \frac{\sum\limits_{j=1}^{m} b_j v_j}{\sum\limits_{j=1}^{m} b_j} \tag{4-26}$$

（3）模糊分布法。

这种方法是把评价指标归一化,用归一化的评价指标作为评价结果。

求各评价指标之和,即

$$b = b_1 + b_2 + \cdots + b_m = \sum_{j=1}^{m} b_j \tag{4-27}$$

归一化计算,得:

$$B' = \left(\frac{b_1}{b}, \frac{b_2}{b}, \cdots, \frac{b_m}{b}\right) = (b'_1, b'_2, \cdots, b'_m) \tag{4-28}$$

B' 即为归一化的模糊综合评价集;$b'_j(j=1,2,\cdots,m)$ 即为归一化的模糊综合评价指标,并有 $\sum\limits_{j=1}^{m} b'_j = 1$。各评价指标具体反映了评价对象在所评价的特性方面的分布状态,使评价者对评价对象有更深入的了解,并能做出各种灵活的处理。

4.4.5　工程实例

4.4.5.1　工程概况

湖南省宁乡黄材灌区养鱼塘渡槽建于 1967 年,全长 108 m(两节 6 m,两节 12 m,三节 24 m),设计灌溉面积为 7.8 万亩(1 亩 = 1/15 hm²),设计过槽流量为 6.5 m³/s。该渡槽结构形式为梁式渡槽,槽身采用无拉杆 U 形钢丝网水泥砂浆薄壳结构,支撑结构为钢筋混凝土单排架(槽架),两侧均设置有人行道和钢筋混凝土栏杆。槽身过水断面半圆部分半径 1.4 m,直墙部分高 0.7 m,总深度 2.1 m。槽身宽 2.8 m,槽身壁厚 0.07 m。渡槽主跨采用双悬臂装配式对称结构,槽架之间跨度为 12 m,两端各悬臂 6 m。渡槽现状如图 4-4 所示,渡槽立面图如图 4-5 所示。

该渡槽工程建于 20 世纪 70 年代,经过多年的运行,长期风吹日晒雨淋,建筑物出现了不同程度的老化病害现象。其间渡槽进行了两次防渗补强,又经过多年的工作运行至今,渡槽的表面砂浆层剥落、钢筋锈蚀、露筋、渗漏等病害问题依旧突出,由此带来严重的安全隐患,威胁着渡槽的使用寿命。

4.4.5.2　渡槽典型病害

经过多年的使用,养鱼塘渡槽目前面临的主要问题不是结构方面的问题,而是随着使用年限的增加,结构耐久性的问题。主要表现在以下几个方面:

（1）渡槽外壁 1998 年喷射的改性砂浆薄层脱落。

（2）砂浆碳化导致钢筋锈蚀。钢筋锈蚀后体积膨胀,从而导致砂浆开裂。

（3）渡槽伸缩缝处止水带老化,渗水漏水厉害。

（4）人行道护栏、预制板等维护结构破损严重,露筋、锈蚀。

（5）渡槽内壁横向细微裂缝分布比较普遍,尤其是支座附近,对结构耐久性产生严重

图 4-4　渡槽断面实景

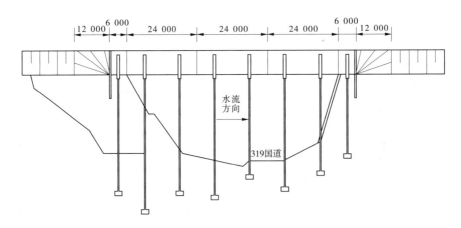

图 4-5　渡槽立面图　（单位:mm）

影响。

4.4.5.3　评价模型的建立

渡槽老化程度评价模型,如图 4-6 所示。

4.4.5.4　渡槽老化病害综合评价

1.渡槽老化病害评价标准

目前,渡槽的老化病害评价还没有统一的标准规范,此处参考桥梁评价的等级划分方法,将渡槽老化病害程度评价等级划分为四类,设评语集为 $V=\{$ 一类老化、二类老化、三类老化、四类老化$\}$。渡槽老化病害程度综合评价标准见表 4-6。

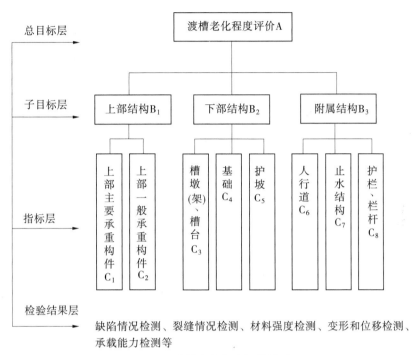

图 4-6　渡槽老化程度评价模型

表 4-6　渡槽老化病害程度综合评价标准

评价标准	一类老化	二类老化	三类老化	四类老化
结构静力安全	满足承载能力极限状态要求,富余度大	满足承载能力极限状态要求	基本满足承载能力极限状态要求	不满足承载能力极限状态要求
结构破损	结构基本完好,无渗水现象	结构基本完好,混凝土结构 3% 以内表面有风化、麻面、局部剥落、露筋等轻微缺陷现象	混凝土结构 3%~10% 的表面出现各种缺损,混凝土结构风化、剥落、露筋锈蚀等缺陷现象较严重	混凝土结构 10%~20% 的表面有各种缺损,钢筋锈蚀和混凝土剥落等缺陷现象严重
结构变形	变形微小,无壅水和阻水现象	变形小,处于弹性阶段	有变形,但不影响过水	变形大,影响过水
混凝土强度	混凝土强度状况良好,满足设计要求	混凝土强度状况较好,基本满足设计要求	混凝土强度状况较差,不满足设计要求	混凝土强度状况很差,远低于设计要求
钢筋保护层厚度	钢筋保护层厚度满足设计要求,富裕度大	钢筋保护层厚度基本满足设计要求	钢筋保护层厚度不满足设计要求	钢筋保护层厚度远低于设计要求

续表 4-6

评价标准	一类老化	二类老化	三类老化	四类老化
裂缝	混凝土结构无裂缝或局部有少量短细裂缝,裂缝宽度小于规范规定的限值	混凝土结构存在少量较明显的裂缝,裂缝宽度小于规范规定的限值	结构存在较多较明显裂缝,裂缝宽度超过规范规定的限值	结构重点部位出现接近全截面开裂,顺主筋方向有纵向裂缝,裂缝宽度超过规范规定的限值
混凝土碳化	最大碳化深度小于混凝土保护层厚度的 1/2	刚有冻融迹象。最大碳化深度在混凝土保护层厚度的 1/2~3/4	混凝土碳化深度接近钢筋保护层厚度	混凝土碳化深度大,大于钢筋保护层厚度
相对剩余寿命	渡槽剩余使用年限与设计使用年限的比值大于 0.6	渡槽剩余使用年限与设计使用年限的比值在 0.4~0.6	渡槽剩余使用年限与设计使用年限的比值在 0.2~0.4	渡槽剩余使用年限与设计使用年限的比值小于 0.2

2. 确定指标权重

各层指标权重通过 4.3 节介绍的层次分析法来计算,即对隶属同一指标层的各因素的重要性进行两两比较,构造两两比较判断矩阵,采用层次分析法中的方根法来计算指标权重值,并对判断矩阵的一致性进行检验。渡槽各评价指标权重见表 4-7~表 4-11。

表 4-7　子目标层指标权重

	上部结构	下部结构	附属结构	权重
上部结构	1	1/2	3	0.31
下部结构	2	1	5	0.58
附属结构	1/3	1/5	1	0.11

表 4-8　指标层权重 1

	上部主要承重构件	上部一般承重构件	权重
上部主要承重构件	1	3	0.75
上部一般承重构件	1/3	1	0.25

表 4-9　指标层权重 2

	槽墩(架)、槽台	基础	护坡	权重
槽墩(架)、槽台	1	2	5	0.58
基础	1/2	1	3	0.31
护坡	1/5	1/3	1	0.11

表 4-10　指标层权重 3

	人行道	止水结构	护栏、栏杆	权重
人行道	1	2	2	0.48
止水结构	1/2	1	1/3	0.17
护栏、栏杆	1/2	3	1	0.35

表 4-11　渡槽各评价指标权重汇总

总目标层	子目标层	权重	指标层	权重
渡槽老化程度评价	上部结构	0.31	上部主要承重构件	0.75
			上部一般承重构件	0.25
	下部结构	0.58	槽墩(架)、槽台	0.58
			基础	0.31
			护坡	0.11
	附属结构	0.11	人行道	0.48
			止水结构	0.17
			护栏、栏杆	0.35

3. 确定底层评价指标隶属度

在确立了评价模型和指标权重后,还需要根据检测实际情况确定各底层评价指标(渡槽部件)的隶属度。在对底层评价指标的等级评定过程中,我国《公路桥涵养护规范》(JTG H11—2004)是采用传统的直接评定法或分类评定法直接评定桥梁部件属于某一等级。此处在借鉴桥梁技术状况评定方法的基础上,引进隶属度的概念,采用模糊综合评价法对渡槽老化病害程度进行评价。

专家根据所采用的评定方法、检测实际情况、相关规范和标准的规定以及自身经验,将各指标对于评价等级的符合程度采用 5 个程度符合值语言表示,即

"完全符合":通过分析论证,如果评价指标因素将肯定属于某一评价等级,也即根据该评价指标因素检测情况肯定是对应某一评价等级的确定内涵,则评价指标对该评价等级隶属度赋值为 1。

"基本符合""有些符合""不太符合":通过分析论证,如果评价指标因素最终无法肯定属于或者不属于某一评价等级,则依据评价指标因素检测情况对评价等级内涵的符合程度,其隶属度赋值分别为 0.75、0.50、0.25。

"完全不符合":通过分析论证,如果评价指标因素将肯定不属于某一评价等级,则评价指标对应该评价等级隶属度赋值为 0。

底层评价指标隶属度评价结果见表 4-12。

表 4-12 底层评价指标的初步隶属度

总目标层	子目标层	权重	指标层	权重	隶属度 R_j
渡槽老化程度评价	上部结构	0.31	上部主要承重构件	0.75	$(0,0,1,0)$
			上部一般承重构件	0.25	$(0,0.25,0.75,0)$
	下部结构	0.58	槽墩(架)、槽台	0.58	$(0,0.75,0.25,0)$
			基础	0.31	$(0,1,0,0)$
			护坡	0.11	$(0,1,0,0)$
	附属结构	0.11	人行道	0.48	$(0,0,1,0)$
			止水结构	0.17	$(0,0,1,0)$
			护栏、栏杆	0.35	$(0,0,0,1)$

4.渡槽老化程度一级模糊综合评价

(1)上部结构的模糊关系矩阵为

$$\boldsymbol{R}_{上} = \begin{bmatrix} R_1 \\ R_2 \end{bmatrix} = \begin{bmatrix} 0 & 0 & 1 & 0 \\ 0 & 0.25 & 0.75 & 0 \end{bmatrix}$$

权重向量 $A_{上} = (0.75,0.25)$,则按照式(4-23)、式(4-24)可计算得该上部结构子系统的模糊综合评价结果为

$$B_{上} = A_{上} \circ R_{上} = (0.75,0.25) \circ \begin{bmatrix} 0 & 0 & 1 & 0 \\ 0 & 0.25 & 0.75 & 0 \end{bmatrix} = (0,0.06,0.94,0)$$

(2)下部结构的模糊关系矩阵为

$$\boldsymbol{R}_{下} = \begin{bmatrix} R_3 \\ R_4 \\ R_5 \end{bmatrix} = \begin{bmatrix} 0 & 0.75 & 0.25 & 0 \\ 0 & 1 & 0 & 0 \\ 0 & 1 & 0 & 0 \end{bmatrix}$$

权重向量 $A_{下} = (0.58,0.31,0.11)$,则按照式(4-23)、式(4-24)可计算得该下部结构子系统的模糊综合评价结果为

$$B_{下} = A_{下} \circ R_{下} = (0.58,0.31,0.11) \circ \begin{bmatrix} 0 & 0.75 & 0.25 & 0 \\ 0 & 1 & 0 & 0 \\ 0 & 1 & 0 & 0 \end{bmatrix} = (0,0.85,0.13,0)$$

(3)附属结构的模糊关系矩阵为

$$\boldsymbol{R}_{附} = \begin{bmatrix} R_6 \\ R_7 \\ R_8 \end{bmatrix} = \begin{bmatrix} 0 & 0 & 1 & 0 \\ 0 & 0 & 1 & 0 \\ 0 & 0 & 0 & 1 \end{bmatrix}$$

权重向量 $A_{附} = (0.48,0.17,0.35)$,则按照式(4-23)、式(4-24)可计算得该附属结构子系统的模糊综合评价结果为

$$B_{附} = A_{附} \circ R_{附} = (0.48, 0.17, 0.35) \circ \begin{bmatrix} 0 & 0 & 1 & 0 \\ 0 & 0 & 1 & 0 \\ 0 & 0 & 0 & 1 \end{bmatrix} = (0, 0, 0.65, 0.35)$$

5. 渡槽老化程度二级模糊综合评价

求得该渡槽各子系统一级模糊综合评价结果后,可建立渡槽整体老化程度的模糊关系矩阵为

$$\boldsymbol{R} = \begin{bmatrix} B_{上} \\ B_{下} \\ B_{附} \end{bmatrix} = \begin{bmatrix} 0 & 0.06 & 0.94 & 0 \\ 0 & 0.85 & 0.13 & 0 \\ 0 & 0 & 0.65 & 0.35 \end{bmatrix}$$

权重向量 $W = (0.31, 0.58, 0.11)$,则按照式(4-23)、式(4-24)可计算得到该渡槽老化程度模糊综合评价结果为

$$B = (0.31, 0.58, 0.11) \circ \begin{bmatrix} 0 & 0.06 & 0.94 & 0 \\ 0 & 0.85 & 0.13 & 0 \\ 0 & 0 & 0.65 & 0.35 \end{bmatrix} = (0, 0.51, 0.44, 0.04)$$

由表 4-12 可知,该渡槽老化程度模糊综合评价结果为 $B = (0, 0.51, 0.44, 0.04)$,渡槽老化病害程度介于二类与三类之间,偏于二类,根据最大隶属度原则确定该渡槽属于二类老化渡槽。

参考文献

[1] 叶瑞禄. 洛河渡槽过流能力影响因素的分析研究[D]. 杨凌:西北农林科技大学,2018.

[2] 杨振柱. 渡槽工程混凝土裂缝成因分析及质量控制探讨[J]. 建材与装饰,2019(35):295-296.

[3] 胡钊. 输水渠渡槽工程裂缝成因及处理方法研究[J]. 四川水泥,2022(5):135-136,139.

[4] 刘志军,张森林,徐明明. 大型输水渡槽工程检测评估及缺陷处理技术简介[J]. 海河水利,2017(5):50-52,60.

[5] 刘金平. 预应力钢筋混凝土大跨度薄壁渡槽设计施工方案研究[J]. 居舍,2018(10):64.

[6] 杨庆胜,刘敬洋,王荣鲁,等. 寒冷地区渡槽老化病害成因分析及防治措施[J]. 大坝与安全,2020(6):67-70.

[7] 唐卫国,唐杨,田俊国. 渡槽的病害与加固方法综述[J]. 长江工程职业技术学院学报,2019,36(4):9-12,36.

[8] 孟胜毅. 高墩大跨连续刚构渡槽箱梁腹板受力状态研究[D]. 重庆:重庆交通大学,2018.

[9] 韩建平,王飞行,王志华. 钻芯法检测评定混凝土强度的若干问题探讨[J]. 工程抗震与加固改造,2008(2):109-117.

[10] 黄锦林,李兆恒,罗日洪,等. 渡槽安全综合评价方法研究[J]. 广东水利水电,2018(12):52-57.

[11] 罗敏. 钢筋混凝土渡槽综合性能评估及加固改造方案决策研究[D]. 长沙:湖南大学,2017.

[12] 马涛. 灌区运行状况及可持续发展评价研究[D]. 沈阳:沈阳农业大学,2008.